现代汽车技术与安全管理

卢　玫　编著

中国人民公安大学出版社
·北　京·

图书在版编目（CIP）数据

现代汽车技术与安全管理/卢玫编著. —北京：中国人民公安大学出版社，2018.8

ISBN 978-7-5653-3360-6

Ⅰ.①现… Ⅱ.①卢… Ⅲ.①汽车工程②汽车—安全管理 Ⅳ.①U46

中国版本图书馆CIP数据核字（2018）第151898号

现代汽车技术与安全管理

卢 玫 编著

出版发行：中国人民公安大学出版社
地　　址：北京市西城区木樨地南里
邮政编码：100038
经　　销：新华书店
印　　刷：北京市泰锐印刷有限责任公司

版　　次：2018年8月第1版
印　　次：2018年8月第1次
印　　张：17.75
开　　本：787毫米×1092毫米　1/16
字　　数：380千字

书　　号：ISBN 978-7-5653-3360-6
定　　价：53.00元

网　　址：www.cppsup.com.cn　www.porclub.com.cn
电子邮箱：zbs@cppsup.com　zbs@cppsu.edu.cn

营销中心电话：010-83903254
读者服务部电话（门市）：010-83903257
警官读者俱乐部电话（网购、邮购）：010-83903253
公安业务分社电话：010-83905672

编写说明

根据习总书记对党忠诚、服务人民、执法公正、纪律严明的要求，本教材编写人员依照浙江警察学院的办学宗旨，以及学校各警察专业的人才培养目标和实施方案编写了本书。该书着力拓展警察的知识与技能、提高其为人民服务的本领。

本书共分五章，主要介绍了汽车发展简史、现代汽车新技术应用以及汽车碰撞理论的基本知识，介绍了机动车认证与查验的基本知识、车辆和驾驶人管理的基本知识、汽车维护与安全的基本知识等。该书荣获浙江省“十三五”新形态教材建设奖。

本书在附录中还总结收录了交通警察车辆管理的常识手册以及国家标准——《机动车运行安全技术条件》的主要内容。

本书可作为公安院校本科各专业选修课《现代汽车技术与安全管理》的选用教材，同时也可为地方院校的相关专业教学及公共选修课教学提供帮助。

卢玫

目　录

第一章　现代汽车技术

第一节　汽车发展史的简要回顾

汽车从出现至今已有一百多年了，已成为随时都能利用的高度自由的运输工具，在社会上占据相当重要的地位。汽车发展的历史是和人类社会文明进程密切结合的，其发展大致经历了 7 个阶段。

一、第一阶段——技术开发阶段

1769 年，法国炮兵工程师尼古拉斯·约瑟夫·古诺制造了世界上第一辆大型的蒸汽动力三轮车（如图 1 – 1 所示），其最高时速为 0. 8km。

图 1 – 1　世界第一辆大型蒸汽动力三轮车

19 世纪，在英国，大量蒸汽动力车已经商业化，往来于城市之间运送乘客和货物。然而这些蒸汽动力车一般没有成规模、成系列地生产，直到哥特里布·戴姆勒和卡尔·奔驰制造的汽车在德国出现，意味着汽车时代到来了。

戴姆勒和奔驰各自生产了由内燃机驱动的轻型小汽车，他们的工作是完全独立进行的。奔驰于 1885 年率先制成了他的汽车（如图 1 – 2 所示），戴姆勒的第一辆汽车（如图 1 – 3 所示）制成于 1886 年。

在第一辆汽车面世后不到 20 年的时间里，不仅在美国而且在欧洲一些国家也相继诞生了不同品牌的名人名车。

1893 年，杜里埃兄弟经过不懈的努力，造出了美国的第一辆汽车。1902

年，亨利·利兰成立了卡迪拉克公司，制造了第一辆凯迪拉克汽车。1903 年，亨利·福特成立了福特汽车公司（如图 1－4 所示）；1904 年，大卫·别克创立了别克公司（如图 1－5 所示），从此开启了美国汽车发展的新纪元。

图-2　1885 年奔驰发明的第一辆汽车

图-3　1886 年戴姆勒发明的第一辆汽车

图 1－4　1903 年美国福特公司生产的汽车

1896 年，法国人阿尔芒·标志创立了以狮子为商标的标志汽车公司（如图 1－6 所示），这就是现代标志雪铁龙的前身。

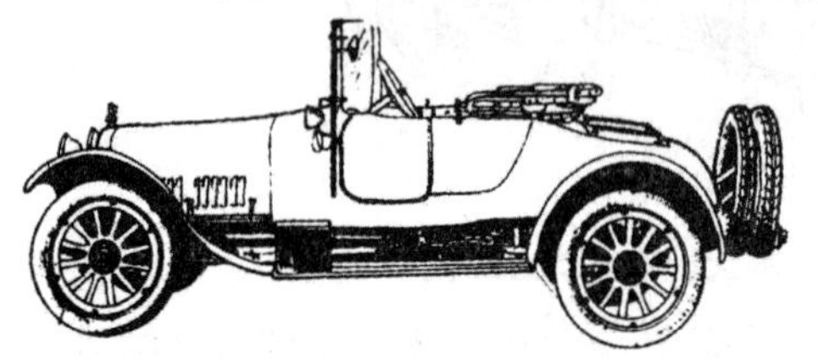

图 1－5　1904 年美国别克公司生产的汽车

图 1－6　1896 年法国标志公司生产的汽车

1898 年，路易丝·雷诺在法国创立了雷诺汽车公司（如图 1－7 所示）。他研制的汽车率先使用了传动轴，是变速器和万向节的先驱，从而奠定了雷诺名车的基础。

1899 年，意大利人乔瓦尼·阿涅利建立意大利都灵汽车制造厂（如图 1－8 所示），后来该厂用都灵汽车厂的缩写，改名为菲亚特汽车公司。

1906 年，英国贵族子弟罗尔斯和工程师罗伊斯联手合作，成立了劳斯莱斯公司（如图1-9所示）。该公司生产的高级轿车以其杰出的质量、优良的性能、豪华的内饰、古色古香的外形以及完善考究的设备而驰名世界，被认为是世界名车之冠。因而劳斯莱斯车成为英国王室成员用车，也是接待外国元首和政府首脑用车，英国的达官贵人也都争相购买这种车，以彰显自己的地位。

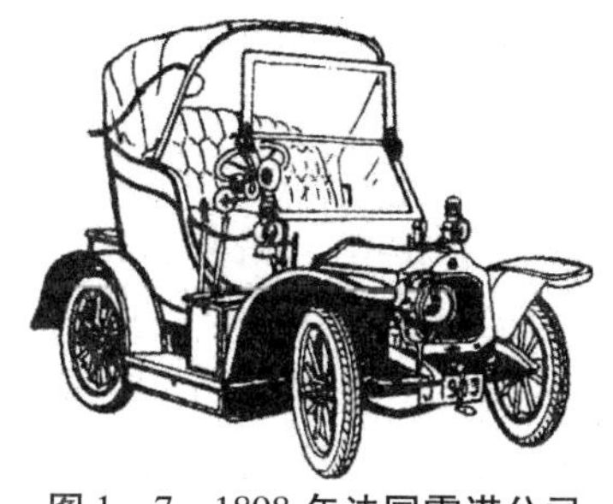

图1-7　1898年法国雷诺公司生产的汽车

图1-8　1899年意大利都灵汽车厂生产的汽车

图1-9　1906年英国劳斯莱斯公司生产的汽车

从19世纪末到20世纪初，汽车仅是发明家和富豪的财产，他们肯花钱制造具有最高性能的流行式汽车，但需求量很小。在这个阶段，汽车制造技术已得到很大提升，但汽车性能主要以满足富裕阶层的个人趣味为目的。

二、第二阶段——大量生产阶段

1908年，亨利·福特首次推出T型车（如图1-10所示）。在以后近20年的时间里，共计1500余万辆T型车面世，由于T型车结构紧凑，设计简单、坚固，加上驾驶容易，价格低廉，深受美国人民喜爱。由于它广泛地被城市、农村的普通家庭采用，因此，美国人民认为T型车改变了他们的生活方式、思维方式和娱乐方式，使他们的生活更自由，视野更广阔且产生了新的人际关系。

T型车在1908年推出时，其特征是四缸发动机，20匹马力（ISKW），重120磅（54.48kg），轴距100英寸（2.54m），轻型T型车售价为825美元，豪华型售价为850美元。1913年，福特成功使用了全世界第一条汽车生产流

图 1-10　福特推出的 T 型车

水装配线以制造 T 型车，从而节省了生产时间，降低了成本。1914 年 10 月，T 型车在未降低汽车质量的前提下售价降至 440 美元，到 1916 年 8 月更降至 345 美元，从而使汽车普及为美国民众的日常交通工具。T 型车改变了汽车仅是富豪们的玩物的历史，成为美国民众也有权享有的工具。

至第一次世界大战结束时，福特公司已控制了北美乃至世界各地的汽车市场，地球上几乎一半的汽车是 T 型车。

三、第三阶段——适用阶段

第一次世界大战期间，福特 T 型车不能适应欧洲泥泞的战场，这使很多汽车厂家意识到，一定要造一种万能车，因为此车由威力斯公司招标承制，所以通常称为威力斯万能车（General - Pur Pose Wills），缩写为 GPW，随后又缩写为 GP，也即 Jeep，中文“吉普”。

吉普车带 2 挡分动器，四轮驱动，外形低矮（避免侦察时被敌人发现，另外也是为了减小火力目标）。该车还采用了可拆放风挡和由钢管架支撑的篷顶。为了减轻自重，增大有限载荷能力，车身板件也是能省则省，未设计车门，仅在侧围开了一个缺口，供上下车用，而且尽量采用曲线型整件侧围。底盘非常坚固，离地间隙大。

随着战争不断深入，吉普车的生产数量逐步增加，到第二次世界大战结束时，吉普车竟已超过 60 万辆。苏联在第二次世界大战期间开发的多栖越野车能在坏路上或在田野、山地间行驶，克服人为障碍的能力很强，因此这种车型在战争条件下具有重要意义。

总的来说，在这一阶段扩大运输范围和提高作战效率是各国汽车发展所追求的目标。

四、第四阶段——产业化时代

第二次世界大战以后，不仅汽车成为不可缺少的公共和个人运输工具，而且汽车工业已成为牵动很多基础材料和相关零部件生产的主导产业。另外，汽车产业的发展促生了很多新工业，如公路建设等，反之又提高了汽车的普及率。

（一）美国

20 世纪五六十年代，美国的汽车业不仅带动了整个美国经济的发展，而且成为最大的产业，总产量比其他国家的总和还要多。这个时期，美国汽车业完成了兼并大战，使美国汽车领域成为通用、福特和克莱斯勒的天下。汽车产品走向多级化，成为世界第一商品。汽车由此发生质的变化，从手工业作坊式的小工业发展成为资金密集、人力密集的现代化大产业，美国也被誉为“绑在轮子上的国家”。

（二）日本

20 世纪 50 年代，日本对基础工业进行了大量投资，原为小手工业作坊式的汽车厂，如日产、五十铃、丰田、日野等公司开始加速发展。特别是在 1955 年以后，当日本经济已经基本恢复元气，准备进一步赶超欧美发达国家时，日本政府和一些经济学家认识到，要达到这个目的，单纯依靠改善企业管理已不可能，而必须使产业结构向高度化方向发展，并确定一个能带动整个经济起飞的“战略性产业”，才能使整个国民经济有一个飞跃，实现其赶超欧美的宏愿。众所周知，这个战略性产业就是汽车工业。在这一时期，日本政府制定了一系列扶持汽车工业的法规条例，使日本汽车工业迅速成长起来，汽车产量由 1955 年的 68932 辆跃至 1960 年的 481751 辆，并且轿车在汽车总产量中的比重也由 1950 年的 5. 3% 上升到 1960 年的 34. 3% 。进入 20 世纪 60 年代后，日本的汽车产量更是直线上升，1965 年达到 187 万辆，创造了汽车发展史上的奇迹。

（三）德国

20 世纪 60 年代也是苏联帮助德国的汽车工业大发展的时代。十年中，苏联共帮助德国汽车公司生产了 338 万辆汽车，平均每一千人的汽车占有量为 236 辆。

因此，从第二次世界大战后到 20 世纪 60 年代中期被称为汽车发展的“产业化时代”，在这个时代汽车工业成为世界上最有活力的产业之一。

五、第五阶段——摩擦时代

20 世纪 70 年代初，受中东战争及石油危机的影响，世界汽车销售量急剧下降，市场严重萎缩，这对汽车制造业特别是中小规模的厂家来说简直是致命的打击，世界汽车市场的格局发生了重大的变化。石油危机爆发帮助日本将其省油、价廉的汽车打入美国市场，抢占了约 30% 的原属于美国的轿车市场，引发了一场愈演愈烈的日美汽车大战。

越来越严重的汽车排放污染问题以及20世纪70年代美国政府制定的严格的排污法规，又给汽车业的发展带来了阴影。

在这个阶段，人们意识到汽车是“行走凶器”，汽车造成废气污染，汽车引起的振动噪声以及汽车导致的石油危机等。汽车的普及使原社会系统中滋生了各种倾轧和摩擦现象，为了求得社会相容，人们开始研制低公害汽车和低油耗汽车。

六、第六阶段——高级化时代

从20世纪80年代中期汽车开始进入高级化时代，浓缩着人类文明的汽车业又展现出一幅波澜壮阔的画卷，老牌群雄势不可当，新的竞争者也是当仁不让，把世界汽车工业推向了一个更高的阶段。1988年，全世界共生产汽车4850万辆，其中日本生产了1270万辆，西欧1850万辆，美国1119万辆，日本、美国、德国、法国、西班牙、意大利六国的产量占世界产量的70%。这些汽车生产大国利用自己的优势，加速企业兼并，推动技术开发，进一步提高了垄断程度和竞争能力。

在美、日等国汽车业龙头的带领下，一些现代工业较发达的国家也不甘落后，且成绩骄人。例如，1981年的巴西汽车产量为78万辆，到1993年已达到139万辆。韩国的汽车产量增长势头更猛，1981年只生产了15万辆汽车，到1993年已达到200万辆。这些新的汽车大国的崛起，令原有的汽车大国不敢轻视，世界范围内汽车业的竞争更加激烈。

汽车进入高级化时代的标志，一是随着世界汽车量的大幅度增加，使汽车成为人们日常生活中不可缺少的工具。二是人们越来越追求汽车驾驶的舒适性、安全性以及环境的适应性。环境保护和不断提高的安全技术方面的要求对汽车工业产生重大影响。而解决此类问题的最佳手段就是运用电子技术，而汽车电子技术的发展使汽车的一些性能指标达到了前所未有的高度。作为汽车工业竞争焦点的质量和成本已经发生了质的变化，即成本已退居次要位置，而质量也不再仅着眼于可靠性和舒适性（包括方便性），在电子技术方面落后的厂家必将丧失竞争力，单纯依靠价格竞争已经没有出路。三是人们对20世纪70年代的全球能源危机已经淡忘，美国人又开始追求大型豪华轿车，同时大型豪华轿车又成为世界车型的热点。

20世纪90年代初，美国大型豪华轿车的复活不是偶然的，是当代电子技术和电子计算机迅猛发展的必然结果。高技术已对传统工业产生了深远的影响，汽车工业也不例外。借助于高技术，汽车在动力性、经济性、制动性和舒适性等方面，将得到依靠传统设计所无法达到的改善。这也是 20 世纪 90 年代汽车工业发展的总趋势。

七、第七阶段——电子化时代

自 20 世纪 90 年代至今，汽车又进入一个电子化和高级智能化时代，主要表现在汽车的智能化方面。也就是说，给汽车装上“大脑”，让汽车“学会思考”。在汽车上集辅助驾驶技术、碰撞主动规避、智能泊车以及智能交通技术于一体的新技术正在迅猛发展，当时预计智能汽车将成为 21 世纪的主要交通工具。

近几年来，智能汽车的概念出现。长期以来，人们在充分享受汽车带来的巨大便利的同时，也开始为它的前途担忧：道路不堪负荷，堵车常见，事故不断。单就美国一些大城市而言，人们每年由于堵车而浪费的时间就达人均 110 小时，美国一年因交通事故造成的直接或间接损失更高达 1700 亿美元。

现实状况迫使人们改变以往依靠增修道路、加强管理来改善交通状况的思路，试图寻求更科学的方法。首先，既然事故是造成交通阻塞的最直接也是最主要的原因，那么，缓解交通阻塞的最有效的办法就是让车“学会”预防事故。其次，在事故发生的情况下，使汽车能够在智能交通管理系统的指挥下，绕道而行。

智能汽车在车身各部位装有几十个各类传感器，犹如“千里眼”“顺风耳”，能提供各种信息，由车载主控计算机对运行状况进行调控。另外，智能汽车还装有事故规避系统，它随时以光、声的形式向驾驶员提供车体周围必要的信息，从而有效地防止事故的发生。

由人工驾驶、电脑提供辅助信息的第一代智能汽车近年来获得长足进步，随着电子技术的迅猛发展，具有自动驾驶功能的智能汽车也已经出现。

八、汽车发展的利与弊

汽车工业的发展给人们的生活、生产方式带来巨大的变化，进而影响到社会的变革，所以人们称汽车是“改造世界的机器”。汽车发展给社会带来的影响有好的方面，也有坏的方面，因此，我们要用全面的观点来看待汽车发展带来的得与失、祸与福。

纵观汽车发展的一百多年，它给人类社会带来了以下四种变化。

（一）汽车工业成为国际性支柱产业，汽车成为国际贸易的主要商品

进入 20 世纪以来，世界汽车年产量和汽车保有量呈稳步增长的态势。1900 年，全世界汽车产量尚不足 1 万辆。随着科学技术的进步、生产方式的

变革、需求的增长，到1989年，世界汽车产量已达4970万量，其中75%是轿车。进入20世纪90年代以后，由于全球经济不景气，世界汽车产量有所下降，1990年为4860万辆，1991年为4660万辆，1992年为4742万辆，1994年恢复至4972万辆，其中轿车为3520万辆，2000年为5830万辆，2006年为6921万辆，2009年为6099万辆。如今，汽车工业已成为世界上融合先进技术最多、结构最复杂、产量最大、最引人注目的一个国际性支柱产业。

汽车贸易在世界贸易中占有举足轻重的地位，其创汇能力极大。20世纪末，世界汽车贸易额占全球总贸易额的12% ~15%，汽车成为世界第一商品。因此发达国家都十分重视汽车贸易，竞相争夺市场，寸步不让，尤其是日、美间的汽车贸易战已整整打了几十年，并且每次都是以美国施压、日本让步的结果而告终。日美汽车贸易摩擦、汽车配件贸易摩擦日益加剧。

（二）汽车已成为改变地球面貌和改造人类的最主要机器

铁路的发展逐渐停滞，相比之下，公路建设得到大力发展。有些地区铁路运输的主导地位已被公路运输所代替，主要是因为汽车运输方便、机动灵活、成本低。汽车发展促进了公路的发展，而公路的发展又反作用于汽车发展。

高速公路从第二次世界大战末已成为遍布地球的交通网络，迄今为止，美国高速公路占世界总量的一半以上，在货运和客运行业中汽车占到七八成，成为最主要的交通工具。

（三）汽车和交通事故已成为人类的最大杀手

汽车在给人类带来方便、舒适的同时，也带来了一系列严重的社会问题。

自汽车问世以来，全世界因车祸丧生的已有千百万人，致残的超过4.5亿人，累计死于汽车车轮下的人数已超过第二次世界大战的伤亡人数。我国近几年交通事故呈上升趋势，死伤人数逐年攀升，“车祸猛于虎”。

更严重的是，汽车尾气排放物中的有害气体如一氧化碳、碳化氢、碳化物和铅等是城市大气污染的重要因素。每年因汽车排放造成的因疾病和癌症死亡的人数也非常多。

（四）汽车已成为能源的最大消耗者，世界石油行情影响国家的政治形势

据统计，每年汽车用油量占世界石油总产量的九成，世界性的能源危机已成为人类面临的最紧迫问题。作为一次能源的地下石油，其贮藏量随开采量的不断增长而逐渐减少，石油资源枯竭之日已为期不远，预计到2050年前后，汽车将面临“饥饿”和“死亡”的威胁。例如，中东战争、海湾战争等多数战争的动机都是为了石油这一军事战略物资。

由此可见，汽车轮子虽小，却转得动大国的政治舞台。

在过去的百年中，汽车改变了社会，但预计未来社会将改变汽车。科学家正在按照社会的需要不断地改造汽车，如已在市场上应用的汽车替代燃料，有天然气、甲醇、酒精等，也包括电动汽车、混合动力汽车等。

第二节　机动车总体构造与安全性

一、机动车分类

（一）《机动车运行安全技术条件》中对机动车的分类

《机动车运行安全技术条件》（GB 7528—2012）是我国机动车运行安全管理最基本的技术标准。根据该标准，机动车是指由动力装置驱动或牵引，上道路行驶的供人员乘用或用于运送物品进行专项作业的轮式车辆，包括汽车及汽车列车、摩托车、拖拉机运输机组、轮式专用机械车、挂车等。一般所说的机动车就是该标准中所指的那些被允许在机动车道上行驶的挂有机动车号牌的车辆，除此之外的都是非机动车，也就是说，交通管理中所指的非机动车不是物理意义上的非机动车，如实际当中非机动车道上行驶着很多电动自行车和电动残疾车等物理意义上的机动车。

（二）车辆登记时的分类

除了上述分类标准外，公安交通管理部门按照机动车辆的规格、结构和使用性质等对机动车进行登记、签发行驶证，交警在执法过程中可以据此确认车辆的装载、外廓尺寸、使用性质等是否合法，详见表 1－1、表 1－2 和表 1－3。

表 1－1　机动车规格术语分类表

<table>
<tr><th colspan="3">分　类</th><th>说　明[c]</th></tr>
<tr><td rowspan="4">汽车</td><td rowspan="4">载客汽车[a]</td><td>大型</td><td>车长大于等于 6000mm 或者乘坐人数大于等于 20 人的载客汽车</td></tr>
<tr><td>中型</td><td>车长小于 6000mm 且乘坐人数为（10～19）人的载客汽车</td></tr>
<tr><td>小型</td><td>车长小于 6000mm 且乘坐人数小于等于 9 人的载客汽车，但不包括微型载客汽车</td></tr>
<tr><td>微型</td><td>车长小于等于 3500mm 且发动机气缸总排量小于等于 1000mL 的载客汽车</td></tr>
</table>

续表

分类			说明[c]
汽车	载货汽车	重型	最大允许总质量（以下简称“总质量”）大于等于12000kg的载货汽车
		中型	车长大于等于6000mm或者总质量大于等于4500kg且小于12000kg的载货汽车，但不包括低速货车
		轻型	车长小于6000mm且总质量小于4500kg的载货汽车，但不包括微型载货汽车和低速汽车（三轮汽车和低速货车的总称，下同）
		微型	车长小于等于3500mm且总质量小于等于1800kg的载货汽车，但不包括低速汽车
		三轮（三轮汽车）	以柴油机为动力，最大设计车速小于等于50km/h，总质量小于等于2000kg，长小于等于4600mm，宽小于等于1600mm，高小于等于2000mm，具有三个车轮的货车。其中，采用方向盘转向、由传递轴传递动力、有驾驶室且驾驶人座椅后有物品放置空间的，总质量小于等于3000kg，车长小于等于5200mm，宽小于等于1800mm，高小于等于2200mm。三轮汽车不应具有专项作业的功能
		低速（低速货车）	以柴油机为动力，最大设计车速小于70km/h，总质量小于等于4500kg，长小于等于6000mm，宽小于等于2000mm，高小于等于2500mm，具有四个车轮的货车。低速货车不应具有专项作业的功能
	专项作业车		专项作业车的规格术语分为重型、中型、轻型、微型，具体参照载货汽车的相关规定确定
有轨电车			有轨电车的规格术语参照载客汽车的相关规定确定
摩托车	普通		最大设计车速大于50km/h或者发动机气缸总排量大于50mL的摩托车
	轻便		最大设计车速小于等于50km/h，且若使用发动机驱动，发动机气缸总排量小于等于50mL的摩托车
挂车[b]	重型		总质量大于等于12000kg的挂车
	中型		总质量大于等于4500kg且小于12000kg的挂车
	轻型		总质量小于4500kg的挂车

[a]对《道路机动车辆生产企业及产品公告》记载的乘坐人数为区间的国产载客汽车（包括以载运人员为主要目的的专用汽车），以《道路机动车辆生产企业及产品公告》上记载的乘坐人数上限确定其规格术语。乘坐人数包括驾驶人

[b]不适用于设计和制造上需由拖拉机牵引的挂车

[c]机动车实车的车长与《道路机动车辆生产企业及产品公告》或者其他技术资料记载的机动车车长的公差应符合相关管理规定

表 1－2　机动车结构术语分类表

分类			说明
汽车	载客汽车	普通客车	车身为长方体或近似长方体，单层地板，一厢或两厢式结构，安装座椅的载客汽车，但不包括面包车
		双层客车	车身为长方体或近似长方体，双层地板，一厢或两厢式结构，安装座椅的载客汽车
		卧铺客车	车身为长方体或近似长方体，单层地板，一厢或两厢式结构，安装卧铺的载客汽车
		铰接客车	车身为长方体或近似长方体，单层地板，由铰接装置连接两个车厢且连通，安装座椅的载客汽车
		轿车	车身结构为两厢式且乘坐人数不超过 5 人，或者车身结构为三厢式且乘坐人数小于等于 9 人的载客汽车
		面包车	平头或短头车身结构，单层地板，发动机中置（指发动机缸体整体位于汽车前后轴之间的布置形式），宽高比（指整车车宽与车高的比值）小于等于 0.90，乘坐人数小于等于 9 人，安装座椅的载客汽车
		专用校车	设计和制造上专门用于运送 3 周岁以上学龄前幼儿或义务教育阶段学生的载客汽车
		专用客车	需经特殊布置安排后才能载运人员（通常为特定人员）的载客汽车，如囚车、殡仪车、救护车、客车整车改装的运钞车等，包括旅居车、乘坐人数大于 6 人的专用汽车（如电力工程车），但不包括专用校车
		无轨电车[a]	以电动机驱动，与电力线相连，具有四个或四个以上车轮的非轨道承载道路车辆
		越野客车[a]	车身结构为一厢式或者两厢式，所有车轮能够同时驱动，接近角、离去角、纵向通过角、最小离地间隙等技术参数按照高通过性设计的载客汽车

续表

分类			说明
汽车	载货汽车[b]	普通货车	载货部位的结构为栏板的载货汽车（包括具有随车起重装置的栏板载货汽车），但不包括具有自动倾卸装置的载货汽车
		厢式货车	载货部位的结构为厢体且与驾驶室各自独立的载货汽车；厢体的顶部应封闭、不可开启
		仓栅式货车	载货部位的结构为仓笼式或栅栏式且与驾驶室各自独立的载货汽车；载货部位的顶部应安装有与侧面栅栏固定的、不能拆卸和调整的顶棚杆
		封闭货车	载货部位的结构为封闭厢体且与驾驶室连成一体，车身结构为一厢式或两厢式的载货汽车
		罐式货车	载货部位的结构为封闭罐体的载货汽车
		平板货车	载货部位的地板为平板结构且无栏板的载货汽车
		集装箱车	载货部位为框架结构，专门运输集装箱的载货汽车
		车辆运输车	载货部位经过特殊设计和制造，专门用于运输商品车的载货汽车
	载货汽车[b]	特殊结构货车	载货部位为特殊结构、专门运输特定物品的载货汽车，但不包括车辆运输车，如混凝土搅拌运输车
		自卸货车[c]	载货部位的结构为栏板且具有自动倾卸装置的载货汽车
		半挂牵引车	不具有载货结构，专门用于牵引半挂车的载货汽车
		全挂牵引车	不具有载货结构，专门用于牵引全挂车的载货汽车
	专项作业车	无载货功能的专项作业车（非载货专项作业车）	不具有载货结构，或者虽具有载货结构但核定载质量小于1000kg的专项作业车
		有载货功能的专项作业车（载货专项作业车）	核定载质量大于等于1000kg的专项作业车
摩托车	二轮摩托车		装有两个车轮的摩托车
	正三轮载客摩托车		装有与前轮对称分布的两个后轮，具有载客装置的摩托车
	正三轮载货摩托车		装有与前轮对称分布的两个后轮，具有载货装置的摩托车
	侧三轮摩托车		在二轮摩托车的右侧装有边车的摩托车

续表

分　类		说　明
全挂车	普通全挂车	载货部位为栏板结构的全挂车
	厢式全挂车	载货部位为封闭厢体结构的全挂车；厢体的顶部应封闭、不可开启
	仓栅式全挂车	载货部位的结构为仓笼式或栅栏式的全挂车；载货部位的顶部安装有与侧面栅栏固定的、不能拆卸和调整的顶棚杆
	罐式全挂车	载货部位为封闭罐体结构的全挂车
	平板全挂车	载货部位的地板为平板结构且无栏板的全挂车
	集装箱全挂车	载货部位为框架结构且无地板，专门运输集装箱的全挂车
	自卸全挂车[c]	载货部位的结构为栏板且具有自动倾卸装置的全挂车
	旅居全挂车	装备有必要的生活设施，用于旅游和野外工作人员宿营的全挂车
	专项作业全挂车	装置有专用设备或器具，用于专项作业的全挂车
中置轴挂车	中置轴旅居挂车	装备有必要的生活设施，用于旅游和野外工作人员宿营的中置轴挂车
	中置轴车辆运输车	设计和制造上专门用于运输商品车的并装双轴框架式中置轴挂车
	中置轴普通挂车	中置轴旅居挂车和中置轴车辆运输车以外的其他中置轴挂车
半挂车	普通半挂车	载货部位为栏板结构的半挂车
	厢式半挂车	载货部位为封闭厢体结构的半挂车；厢体的顶部应封闭、不可开启
	仓栅式半挂车	载货部位的结构为仓笼式或栅栏式的半挂车；载货部位的顶部应安装有与侧面栅栏固定的、不能拆卸和调整的顶棚杆
	罐式半挂车	载货部位为封闭罐体结构的半挂车
	平板半挂车	载货部位的地板为平板结构且无栏板的半挂车
	集装箱半挂车	载货部位为框架结构且无地板，专门运输集装箱的半挂车
	自卸半挂车[c]	载货部位的结构为栏板且具有自动倾卸装置的半挂车
	低平板半挂车	采用低货台（货台承载面离地高度不大于 1150mm）、轮胎规格最大为 8.25－20（8.25R20）、与牵引车的连接为鹅颈式且车长大于等于 13m 时车轴为轴线结构（一线二轴或二线四轴等）的半挂车

续表

[a]符合无轨电车或越野客车结构术语定义的汽车，即使同时符合其他客车结构术语的定义，也应确定为无轨电车或越野客车；同时符合两者结构术语定义的汽车，应确定为无轨电车。

[b]邮政车、冷藏车、保温车等以载运货物为主要目的的专用汽车，以及非客车整车改装的运钞车，根据其载货部位的结构特征确定为相对应的载货汽车。

[c]货车、全挂车和半挂车的载货部位为非栏板结构时，若载货部位具有自动倾卸装置，结构术语确定为“载货部位的结构特征＋自卸”，如“平板自卸”。

表 1－3　机动车使用性质细类表

分　类		说　明[a]
营运	公路客运	专门从事公路旅客运输的机动车
	公交客运	城市内专门从事公共交通客运的机动车
	出租客运	以行驶里程和时间计费，将乘客运载至其指定地点的机动车
	旅游客运	专门运载游客的机动车
	租赁	专门租赁给其他单位或者个人使用，以租用时间或者租用里程计费的机动车
	教练	专门从事驾驶技能培训的机动车
	货运	专门从事货物（危险货物除外）运输的机动车
	危化品运输	专门用于运输剧毒化学品、爆炸品、放射性物品、腐蚀性物品等危险化学品的机动车
非营运	警用	公安机关、国家安全机关、监狱、劳动教养管理机关和人民法院、人民检察院用于执行紧急职务的机动车
	消防	公安消防部队和其他消防部门用于灭火的专用机动车和现场指挥机动车
	救护	急救、医疗机构和卫生防疫部门用于抢救危重病人或处理紧急疫情的专用机动车
	工程救险	防汛、水利、电力、矿山、城建、交通、铁道等部门用于抢修公用设施、抢救人民生命财产的专用机动车和现场指挥机动车
	营转非	原为营运机动车，现改为非营运机动车
	出租转非	原为出租客运机动车，现改为非营运机动车

续表

<table>
<tr><th colspan="2">分　类</th><th>说　明[a]</th></tr>
<tr><td rowspan="4">运送学生</td><td>运送幼儿
（幼儿校车）</td><td>用于有组织地接送3周岁以上学龄前幼儿上下学的7座及7座以上载客汽车</td></tr>
<tr><td>运送小学生
（小学生校车）</td><td>用于有组织地接送小学生上下学的7座及7座以上载客汽车</td></tr>
<tr><td>运送中小学生
（中小学生校车）</td><td>用于有组织地接送义务教育阶段学生（小学生和初中生）上下学的7座及7座以上载客汽车</td></tr>
<tr><td>运送初中生
（初中生校车）</td><td>用于有组织地接送初中生上下学的7座及7座以上载客汽车</td></tr>
<tr><td colspan="3">[a]非营运机动车没有对应细类的，使用性质确定为“非营运”。除使用性质确定为“非营运”“营转非”“出租转非”以外的机动车，为生产经营性车辆</td></tr>
</table>

（三）机动车制造行业对机动车的分类

机动车按行驶机构的特征可分为轮式车辆及其他类型行驶机构的车辆。轮式车辆通常按驱动情况分为非全轮驱动和全轮驱动两种类型。汽车的驱动情况常用符号“n×m”表示，其中n是车轮总数（装在同一个轮载上的双轮胎仍算1个车轮），m是驱动轮数。例如，普通轿车和大多数汽车通常属于4×2（非全轮驱动）类型，而越野汽车属于全轮驱动类型，有4×4（如BJ2020轻型越野汽车）、6×6（如EQ2080中型越野汽车）、8×8（如JN2182重型越野汽车）等。其他类型行驶机构的车辆，如履带式、雪橇式车辆等，从广义上讲还可以包括气垫式、步行式等无车轮的车辆。

我们通常所说的机动车是指轮式车辆，主要包括汽车、挂车、摩托车及轻便摩托车，以及汽车和挂车的组合——汽车列车。机动车制造行业通常按照《机动车辆及挂车分类（GB/T 15089—2001）》《汽车和挂车类型的术语和定义（GB/T 3730.1—2001）》和《摩托车和轻便摩托车术语——车辆类型（GB/T 5359.1—1996）》等标准，根据结构和用途对汽车、挂车、汽车列车、摩托车和轻便摩托车进行分类。此外，汽车制造行业有时也根据动力装置类型、行驶道路条件、行驶机构特征、发动机位置及驱动形式等标准对汽车进行分类。

1. 按动力装置类型对汽车分类。按动力装置类型，汽车可分为内燃机汽车、电动汽车、喷气式汽车和其他动力装置汽车。

（1）内燃机汽车。内燃机汽车分为活塞式内燃机汽车和燃气轮机汽车两种。

①活塞式内燃机汽车。活塞式内燃机可按活塞的运动方式分为往复活塞

式和旋转活塞式等类型。目前，汽车几乎采用往复活塞式内燃机作为动力装置。按照燃料的不同，内燃机汽车又分为汽油机汽车、柴油机汽车、混合燃料汽车和代用燃料汽车等。目前代用燃料主要有合成液体石油、液化石油气（LPG）、压缩天然气（CNG）、醇类等燃料。混合燃料汽车主要是在发动机起动阶段使用柴油，当发动机达到一定转速后，自动切断柴油的供给，转而使用代用燃料继续行驶。

②燃气轮机汽车。燃气轮机汽车是一种涡轮式内燃机汽车。与活塞式内燃机相比，燃气轮机功率大、质量小、转矩特性好，对燃油没有严格限制，但耗油量较大、噪声较大、制造成本较高。

（2）电动汽车。电动汽车是指以电动机为驱动机械，并有自身供电能源的车辆（不包括依靠架线供电行驶的车辆）。

①蓄电池式电动汽车（ZEV）。由于传统的铅酸电池具有质量大、能量低、充电时间长、寿命短等缺点，蓄电池式电动汽车在车速和续驶里程等性能方面还无法与轻巧强劲的内燃机汽车相媲美。但是，这种汽车却具有许多优点：不需石油燃料、零排放、操纵简便、噪声小，以及可在特殊的环境下工作（如太空、海洋、真空）。研制出轻巧、高效、价廉的蓄电池是这种车辆进一步发展的关键。

②燃料电池式电动汽车（FCEV）。这种车辆是使燃料在转化器中产生反应而释放出氢气，再将氢气输送到燃料电池中与氧气结合而发出电力，以推动电机工作。该项技术的问题已基本解决，但汽车的性能仍不及内燃机汽车，而且价格较高。

③复合式汽车（HEV）。复合式汽车又称混合动力汽车，是装备两套动力装置的车辆。这种车辆通常装有内燃机发电机组及蓄电池。汽车低负荷时，发电机组除向驱动汽车的电动机供电外，多余的电能存入蓄电池；汽车高负荷时，蓄电池也参与供能。这种车辆的优点是发电机组的内燃机排量小（小型柴油机工作容积仅 1.0L），而且可调节至恒定的最佳工作状态（效率高达43%），其油耗和排放仅为同级别内燃机汽车的 1/3，而且克服了蓄电池式电动汽车动力性差、续驶里程短的缺点。可见，复合式汽车是将电动汽车和内燃机汽车两者扬长避短的折中式车型，虽然复合式汽车结构复杂，但如能大批量生产以降低成本，则会有较好的发展前景。

（3）喷气式汽车。喷气式汽车是依靠航空发动机或火箭发动机以及特殊燃料，并以喷气反作用力驱动的轮式汽车。普通汽车和竞赛汽车都不允许采用这种结构形式，其只能用于创造速度纪录。1997 年 10 月，英国的安迪·格林在美国内华达州黑岩沙漠驾驶“推力 SSC”喷气式汽车，以时速

1227.73km 的速度（超过声速）创造了陆上车辆行驶速度的最高世界纪录。

（4）其他动力装置汽车，有早期的蒸汽机汽车和新研制的太阳能汽车等。

2. 按发动机位置及驱动形式分类。按发动机的布置位置及汽车的驱动形式可分为以下五种。

①发动机前置后轮驱动（FR）。这是传统的布置形式。大多数货车、部分轿车或客车采用这种形式。

②发动机前置前轮驱动（FF）。这是现代大多数轿车所采用的布置形式，具有结构紧凑、整车质量小、地板高度低、高速行驶时操纵稳定性好等优点。

③发动机后置后轮驱动（RR）。这是目前大、中型客车采用的布置形式，具有车内噪声小、空间利用率高等优点。有少数轿车也采用这种形式。

④发动机中置后轮驱动（MR）。这是方程式赛车和大多数跑车采用的布置形式，将功率和尺寸很大的发动机布置在驾驶员座椅与后轴之间，有利于获得最佳的轴荷分配，提高汽车的性能。少数大、中型客车也采用这种布置形式，把卧式发动机安装在地板下面。

⑤全轮驱动（nWD）。这是越野汽车常采用的布置形式。通常发动机前置，通过变速器之后的分动器将动力分别输送给全部驱动轮。目前，部分轿车也采用四轮驱动形式，以提高整车的性能。

二、机动车总体构造和组成

（一）汽车的总体构造和组成

汽车是由成千上万个零件所组成的结构复杂的交通工具。根据其动力装置、使用条件等不同，汽车的具体构造可以有很大的差别，但总体结构通常由发动机、底盘、车身和电气设备四大部分组成。汽车总体构造如图 1－11 所示。

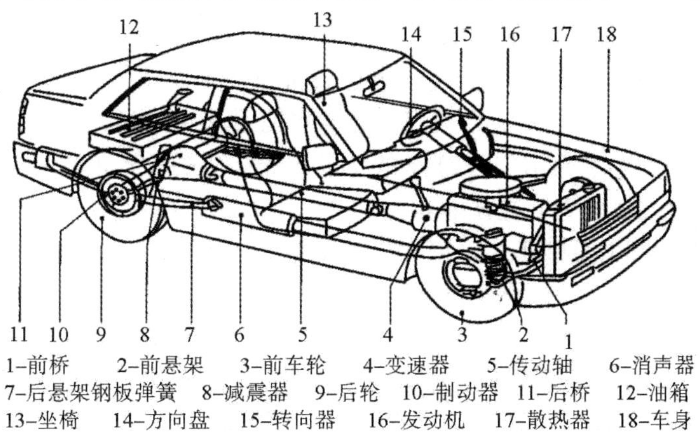

1–前桥　2–前悬架　3–前车轮　4–变速器　5–传动轴　6–消声器
7–后悬架钢板弹簧　8–减震器　9–后轮　10–制动器　11–后桥　12–油箱
13–坐椅　14–方向盘　15–转向器　16–发动机　17–散热器　18–车身

图 1－11　汽车总体构造

1. 发动机。发动机是使输送进来的燃料燃烧而发出动力的部件，是汽车的动力装置。在现代汽车上广泛应用的发动机是往复活塞式汽油和柴油内燃机，一般由曲柄连杆机构、配气机构、供给系统、冷却系统、润滑系统、点火系统（仅用于汽油内燃机）和起动系统组成。

2. 底盘。底盘是接受发动机的动力，使汽车运动并按驾驶人的操纵正常行驶的部件。它是汽车的基体，发动机、车身、电气设备及各种附属设备都直接或间接地安装在底盘上，主要由传动系统、行驶系统、转向系统和制动系统四个部分组成：

（1）传动系统主要将发动机的动力传给驱动车轮。传动系统包括离合器、变速器、传动轴、主减速器及差速器和半轴等部分。

（2）行驶系统支承整车的质量，传递和承受路面作用于车轮上的各种力和力矩，缓和冲击，吸收振动，保证汽车在各种条件下正常行驶。行驶系统包括支承全车的承载式车身及副车架、悬架和车轮等部分。

（3）转向系统使汽车按驾驶人选定的方向行驶。转向系统通常由带转向盘的转向操纵机构、转向器和转向传动机构组成，有的汽车还装有动力转向装置、碰撞防伤装置、转向减震器等。

（4）制动系统使汽车减速或停车，并保证汽车可长时间停驻。制动系统包括制动器、控制装置、供能装置和传动装置等。

3. 车身（驾驶室）。车身是驾驶人工作的场所，也是装载乘客和货物的部件。它有承载式车身和非承载式车身之分。车身主要包括发动机罩、车身本体及副车架，还包括货车的驾驶室、货箱以及某些汽车上的特种作业设备。

4. 电气和电子设备。电气设备包括电源组（蓄电池、发电机）、发动机点火设备、发动机起动设备、照明和信号装置、仪表、空调、刮水器、音像设备、门窗玻璃电动升降设备等。电子设备包括导航系统、电控燃油喷射及电控点火设备、电控自动变速设备、电子防抱死设备（ABS）、电子驱动防滑设备（ETS）、车门锁的遥控及自动防盗报警设备等各种人工智能装置等。

（二）摩托车的总体构造和组成

摩托车的种类虽然很多，但它们的基本结构大同小异，其主要组成部分包括发动机、传动装置、行动与操纵装置及电气装置与仪表等。

1. 发动机。发动机主要由曲柄连杆机构、配气机构、燃料供给系统、润滑系统、点火系统、排气和冷却系统等组成。它是摩托车的心脏部位，其作用是产生动力。

2. 传动装置。传动装置主要包括离合器、变速器和传动机构等，其作用是把发动机产生的动力经过一定的转换传给后轮，从而达到驱动摩托车行驶的目的。

3. 行动与操纵装置。行动与操纵装置主要包括车架、前叉、后悬挂、车轮、制动器、转向把、操纵钢索等，其作用是支承车体重量及保证车辆正常行驶。

4. 电气装置与仪表。电气装置与仪表主要包括电源部分（磁电机）和蓄电池、照明和信号灯具、喇叭及车速里程表，其作用是支承发动机的起动与点火，以及车辆的灯光照明、发出声光信号，以确保车辆的行驶安全。

三、机动车安全性概述

机动车的安全性主要是指机动车安全技术性能状况应符合国家标准《机动车运行安全技术条件（GB 7258—2017）》的要求。其内容主要包括对整车、发动机、转向系统、制动系统、照明、信号装置和其他电气设备、行驶系统、传动系统、车身、安全防护装置等技术条件的解释，以及对消防车、救护车、工程抢险车和警车的附加要求与环保要求。另外，还包括如对银行运钞车等特殊车辆的安全技术条件的要求等。

对在用车辆安全技术状况的监督，主要是指机动车应符合安全性能检测线上的主要安全性能的要求，包括制动装置及性能的检测、前轮侧滑量的检测、车速表误差检测、灯光检测、轴重检测和尾气排放检测等。

第三节　现代汽车新技术综述

随着社会经济的高速发展，汽车保有量日益增长，车辆事故和因车祸伤亡的人数也在不断增加。汽车在给人类带来极大方便的同时，也给道路交通带来了很大的安全问题。因此，汽车安全问题已越来越受到汽车生产企业、政府管理部门和消费者的重视，促使其积极探索如何改进技术，减少汽车的损耗和驾乘人员的伤亡，满足人们对汽车安全性能的要求。

在汽车一百多年的发展史中，有关汽车安全性能的研究和新技术的应用也发生了日新月异的变化，从最初的安全带、安全气囊装置到汽车碰撞试验、车轮防抱死制动系统研究，汽车的安全性能正日趋完善。特别是近几年来，随着科学技术的迅速发展，越来越多的先进技术被应用到汽车上。

一、发动机功率和排放闭环控制系统

（一）电子点火正时

电子点火正时，利用专用微机或大规模芯片实行对点火时刻的实时控制。

其关键部件是高精度曲轴转角传感器、负荷传感器（节气门开度或进气管真空度）、排气含氧量传感器、燃爆传感器、进排气温度传感器、冷却水温度传感器。

（二）电子控制燃油供给系统

目前使用最普遍的是电子汽油喷射系统，其次是电子化油器和柴油机的电子控制等。其关键部件除与电子点火正时系统相同外，还包括进气量传感器、燃油泵、喷嘴。

电子技术在发动机上的应用往往是综合性的，这样才易于降低成本，提高性能。例如，日本公司的ECCS系统就同时具有点火正时、汽油喷射、废气再循环、怠速系统及故障诊断等多种功能。

（三）汽油机电子控制

汽油机电子控制装置除能完成一般的电子控制汽油喷射装置的起动油量控制、伺服喷油量控制、暖车工况控制外，还能实现空燃比反馈控制、点火时刻控制、排气再循环控制、怠速控制等。

此外，新型汽油机电子控制装置还装有自适应控制、智能控制及诊断操作等部件。

（四）柴油机电子控制

实施柴油机电子控制系统的目的在于使发动机在各工况下能得到最佳的喷油量。例如，电子—液压喷射调节装置用来调节与发动机载荷和转速有关的喷射时刻，由此不仅明显改善柴油机的燃油经济性，而且也使废气排放和噪声污染得到了进一步改善。一般认为，发动机电子控制装置的节能效果在15%以上，但更令人看重的是在其环境保护方面的贡献。一般来说，没有装发动机电子控制装置的汽车，一定不能满足现行的发达工业国家的环境保护标准要求。

二、动力系统的变速器、电子变扭器

（一）自动变速器

电子控制的自动变速器，可以根据发动机的载荷、转速、车速、制动器工作状态及驾驶人所控制的各种参数，实现变速器换挡的最佳控制，即可得到最佳挡次和最佳换挡时间。

电子自动换挡装置是利用电子装置来取代机械换挡杆及其与变速机构间的连接，并通过电磁阀及气动伺服气缸来执行，它不仅能明显地简化汽车操纵步骤，而且还能实现最佳的行驶动力性和安全性。

1. 汽车采用自动变速器的优点。汽车采用自动变速器的优点有以下几点：

（1）大大提高了发动机和传动系统的使用寿命。采用液力自动变速器的汽车与采用普通机械变速器的汽车对比试验表明：前者发动机寿命可提高 85%，变速器寿命提高 1 倍至 2 倍，传动轴、半轴寿命可提高 75% 至 100%。

（2）提高汽车通过性。采用液力自动变速器的汽车在起步时，驱动轮上的驱动扭矩是逐渐增加的，防止车身过度振动，减少车轮打滑，使起步容易且更加平稳。它的稳定车速可以降到很低。

（3）具有良好的自适应性。一般液力传动汽车都采用液力变矩器，它能自动适应汽车驱动轮负荷的变化，当行驶阻力增大时，汽车自动降低车速，增加驱动轮扭矩；当行驶阻力减小时，减小驱动力矩，增加车速。这说明变矩器能实现无级变速，大大减少行驶过程中的换挡次数，有利于提高汽车的动力性和平均车速。

（4）操纵轻便。装备液力自动变速器的汽车，采用液压操纵或电子控制，使换挡实现自动化。当需换挡时，只需操纵液压控制滑阀，这比普通机械变速器通过拨叉滑动齿轮实现换挡要简单、轻松得多。

2. 汽车采用液力自动变速器的主要缺点。汽车采用液力自动变速器的主要缺点有以下几点：

（1）结构复杂，制造成本高。

（2）传动效率低，仅为电子变扭器的 82% 至 86%。

（二）电子变扭器

电子变扭器的主要形式有以下几种：

（1）相对传统的液力变扭器实施电子控制，以提高其效率。

（2）电子操纵行星轮系，即行星齿轮变速系统。

（3）电子操纵电磁离合器耦合方式。

（4）电子操纵的皮带传动无级变速器，即 CVT。

三、主动安全性技术

（一）车轮防抱死系统（Anti－lock Breaking System，ABS）

（1）车轮防抱死系统概念。汽车制动防抱死系统是指在汽车制动过程中自动控制和调节制动力大小，防止车轮抱死，进而消除制动过程中的侧滑、跑偏、丧失转向能力等非稳定状态，以获得良好的制动性能、操纵性能和稳定性能的系统。

（2）车轮防抱死系统特点。该系统能在制动全过程保持车轮处于转动状态（滑动率为 15% 至 20%），从而保证制动时车辆的方向稳定性，以便制动力达到最大。在多数路面上，装有ABS的汽车与普通的制动系统相比，制动力更强且制动距离更短。

（3）车轮防抱死系统的主要构成。该系统通常由车轮速度传感器、电子控制装置及制动压力调节器组成，另外还包括制动警告灯、防抱死警告灯、继电器等。

驾驶员可在汽车启动时，观察仪表板或开关上有无短时间点亮的ABS警告灯，以判断该车是否装备车轮防抱死系统。制动时，前轮抱死汽车将失去转向能力，后轮抱死则会导致车辆跑偏或侧滑。而车轮防抱死系统则通过阻止车轮抱死帮助车辆在制动时保持对汽车的操纵控制，这样驾驶员可以通过转向绕开障碍物。

车轮防抱死系统中的电子控制器根据车轮转速传感器信号，按照一定的控制逻辑，通过电磁阀调节各车轮制动器的压力，如同驾驶员的反复点刹动作。车轮防抱死系统工作时，驾驶员会感受到制动踏板的抖动，同时也会听到液压控制器工作的声音，这时驾驶员要牢牢踩住踏板。

在大多数情况下，车轮防抱死系统车的制动距离要比非车轮防抱死系统车更短一些，尤其是在冰雪路面或潮湿路面上。

一旦车轮防抱死系统失效，车轮防抱死系统警告灯就会持续点亮，此时车轮防抱死系统不起作用，但常规制动系统完好无损，驾驶员只需按照常规方法制动即可。

使用ABS“四要四不要”

“四要”

要始终用脚踩住制动踏板不放松，这样才能保证有足够和连续的制动力，使ABS有效地发挥作用。

要保持足够的制动距离，当在良好的路面上行驶时，至少要保证离前面的车辆有三秒钟的制动时间，在不好的路面上行驶时要留给制动更长的时间。

要事先练习ABS，使自己对ABS工作时的制动踏板震颤有准备和适应能力，停车场和广场是练习紧急制动、使用ABS的理想地方。

要事先阅读汽车驾驶员手册，从而进一步理解安装ABS的汽车生产厂所提供的各种操作说明。

“四不要”

不要在驾驶ABS汽车时比驾驶非ABS汽车更随意。即使是ABS汽车，急转弯和快速变道以及其他急打方向盘的做法，也是不适当和不安全的。

不要反复踩制动踏板。在驾驶ABS汽车时，反复踩制动踏板会使ABS时通时断，导致制动效能减低和制动距离增加。实际上，ABS 本身会以更高的速率自动增减制动力，并提供有效的方向盘可控能力。

不要忘记转动方向盘。ABS 为驾驶员提供了方向盘的可控能力，可它本身并不能自动完成汽车转向操作。

不要在 ABS 制动时被 ABS 的正常液压工作噪声和制动踏板震颤吓住。这种声音和震颤是正常的，且可让驾驶员由此而感知 ABS 正在起作用。

（二）驱动防滑系统（ASR）

驱动防滑系统是指牵引控制系统，可以看作对车轮防抱死系统的完善和补充。车轮防抱死系统是防止车轮打滑的，而车辆在起动或加速时，驱动轮打滑也会使车辆的牵引力大打折扣；同样，在冰雪路面上，驱动轮打滑有可能导致方向失控。随着滑转率升高，承受侧向力的能力会降低，方向稳定性变坏，而牵引控制系统则可以解决这方面的问题。这一系统就是依靠电子装置感知各个车轮的角速度，当它推测到驱动轮的转速高于从动轮时（这是加速打滑的特征），就会发出信号，使一个或两个驱动轮的制动器起作用，或减少发动机功率，或用其他方法使驱动轮不再打滑。

牵引控制系统主要有三个作用（指在光滑路面上）：一是提高加速性；二是提高后轮驱动车辆的行驶稳定性和前轮驱动车辆的可操纵性；三是适当地发挥驱动力，提高爬坡能力。

图 1－12 所示为在易滑路面上起步加速时汽车的运动状态，对后轮驱动和前轮驱动以及有、无牵引控制系统的车辆进行的比较。在后轮驱动车没有驱动防滑系统的情况下加速时，后轮打滑，由于没有侧向力，车辆甩尾，行驶稳定性降低；当后轮驱动车有驱动防滑系统时，能适当地发挥驱动力，并确保侧向力，故提高了行驶稳定性。在前轮驱动车没有驱动防滑系统时，当前轮打滑时就会导致方向失控；而在有驱动防滑系统时，通过适当地发挥驱动力，可以确保车辆的转向效果。

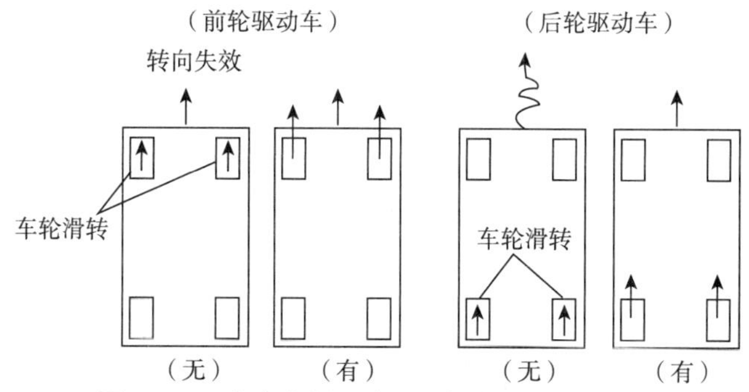

图 1－12　汽车在易滑路面上起动时的运动状态

图 1－13 所示为在易滑路面上转弯加速时车辆的运动状态，如果没有牵引控制装置，那么在前轮驱动的情况下，由于前轮打滑，侧向力下降，车辆会向外侧滑移。而在后轮驱动的情况下，后轮侧向力降低，会导致车体向内侧偏移。当有驱动防滑系统时，无论前、后轮驱动，车辆都可能沿着正确的路线转弯。

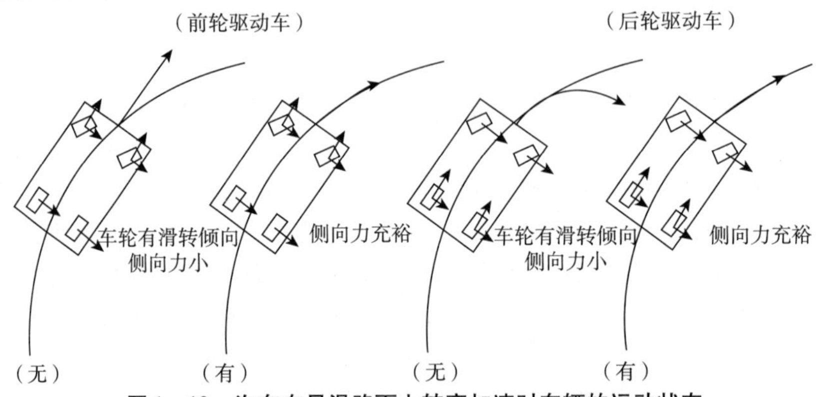

图 1－13　汽车在易滑路面上转弯加速时车辆的运动状态

（三）半主动悬挂系统（半主动，主动悬架控制系统）

半主动悬挂系统以法国雪铁龙公司的半主动油气悬架最为知名，其具有根据行车状况自动调节悬架系统的刚性和阻尼的功能，部分车型兼有车高自动调节功能。半主动悬架的关键部件主要有车身传感器、加速度传感器、转向和加速度传感器、制动压力传感器、高性能液压组件等。液压式主动悬架可以同时大幅度提高操纵稳定性和乘坐舒适性。

（四）电动转向

汽车电动转向系统按转向的能源不同可分为：

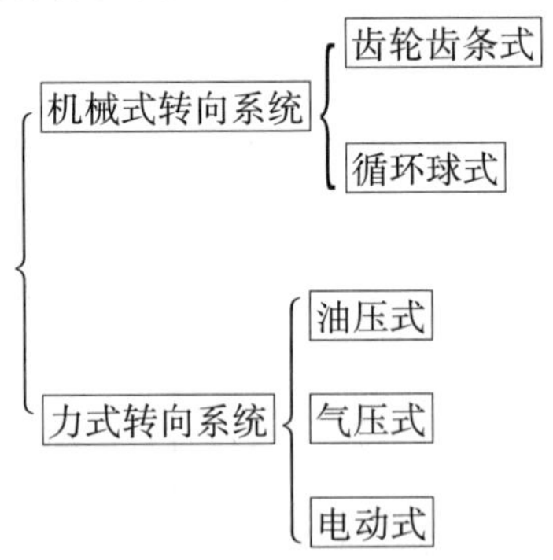

电动式转向的优点有节省能源、灵活可靠、易于装车、控制系统简单。

电子控制式转向系统是一种直接依靠电机提供辅助扭矩的转向系统。这种系统不需要复杂的控制机构，只要控制了电机电流的幅值和方向，就能实现转向系统控制的要求。其主要构成有扭矩传感器、车速传感器、控制元件及电机和减速机。

（五）轮胎气压监测系统（TPMS）

轮胎气压监测系统主要用于在汽车行驶时实时地对轮胎气压进行自动监测，对轮胎漏气和低气压进行报警，以保障行车安全，是驾车者和乘车人员的生命安全保障预警系统。目前装置于车辆上的胎压监测系统分为两种：一种为使用设置在轮胎上的无线接口传感器的直接量测系统的直接式胎压监测系统，另一种为使用车轮防抱死系统传感器的间接量测系统的间接式胎压监测系统。

1. 直接式胎压监测系统。直接式轮胎气压监测系统为一无线智能感应监测系统，主要由两部分硬件组成，即安装于轮胎内的感应器及发射器（感应器和发射器二合一，集成为一个完整的模块单元）和安装于驾驶室内的接收器及显示器（用于后装市场的轮胎气压监测系统，通常是接收器和显示器二合一，集成为一个完整的模块单元）。感应器为电桥式电子感应装置，可精确地实时感应，测量每个轮胎内的气压与温度值，发射器将所感应到的气压、温度的数据以无线（射频 RF）的方式发射给接收器，显示器将所接收到的信息显示出来。这样，整个系统便对轮胎的气压、温度状况做到了实时全程的监测。当任何一个轮胎的气压、温度出现异常时，轮胎气压监测系统都会即刻向驾驶员以声、光形式报警提醒。

2. 间接式胎压监测系统。间接式轮胎压监测系统不是直接通过轮胎内的压力温度感应器，而是利用车轮防抱死系统中的车轮转速感应器和一个分析软件间接地将车轮转速的变化换算成轮胎气压的变化，其本身的硬件成本基本为零，主体部分仅为一个分析软件。其工作原理是，当某个轮胎气压不足时，轮胎的直径就相对变小，其转速相对于对角线上的另外一个轮胎的转速就会变大，这样就可以将轮胎转速的变化间接换算为气压的变化，可以发现是否存在气压不足的情况。

3. 两者优劣。相比于直接式胎压监测系统，间接式胎压监测系统的优势是成本低，只需加装一个分析软件即可，但弊病却很多：一是监测的精准度不够，只是一个估测的结果，只有当轮胎气压严重不足时才能侦测出来。二是当系统报警轮胎气压不足时，无法显示具体哪个轮胎出现了问题，须将四个轮胎逐一检测才能确定。三是平时无法显示轮胎的气压值，只有在报警时，才有警示符号出现，且无法对高压及高温进行监测。四是车辆在静止状态、低速行驶，或在凹凸不平的路面行驶时系统不起作用。五是当四个轮胎同时气压不足时，如当发生季节温度变化时，系统无法告知。六是换上备胎容易引起误报，因为备胎没有磨损，直径比其他轮胎大。七是换雪地轮胎时，容易引起误报，因为雪地轮胎比普通轮胎的直径大。八是在以较快的速度转弯时，容易引起误报，因为外侧轮胎的转速大于内侧轮胎。九是在某些天气或路面状况下，轮胎可能打滑，引起几个轮胎的转速不同，也容易引起误报。

4. 识别两者。如何识别汽车安装的是直接式胎压监测系统还是间接式胎压监测系统，卸下轮胎，如果钢圈的气门嘴处装有感应发射器模块，就是直接式胎压监测系统；如果没有，就是间接式胎压监测系统。

总之，安装轮胎气压监测系统，不仅可以为车辆的安全护航，而且还会延长轮胎寿命、降低油耗、保证车辆最佳操纵性及减少车辆部件异常磨损等。

（六）电子制动力分配（EBD）

汽车制动时，如果四只轮胎附着地面的条件不同，如左侧轮附着在湿滑路面，而右侧轮附着于干燥路面，四个轮子与地面的摩擦力不同，在制动时（四个轮子的制动力相同）就容易产生打滑、倾斜和侧翻等现象。电子制动分配的功能就是在汽车制动的瞬间，高速计算出四个轮胎由于附着地面不同而产生的不同摩擦力数值，然后调整制动装置，使其按照设定的程序在运动中进行高速调整，达到制动力与摩擦力（牵引力）的匹配，并配合车轮防抱死系统保证车辆的平稳和安全。同样，车辆在弯道制动时，因为弯道离心力使外侧车轮承受较大的车身自重及惯性载荷，这时电子制动分配会增大外侧车轮的制动力，防止制动力突破轮胎的抓地力而使车辆发生“自旋”。

（七）牵引力控制系统（TCS）

汽车在光滑路面制动时，车轮会打滑，甚至使方向失控。同样，汽车在起步或急加速时，驱动轮也有可能打滑，牵引控制系统就是针对此问题而设计的。牵引控制系统依靠电子传感器探测到从动轮速度低于驱动轮时（打滑的特征），就会发出一个信号，调节点火时间、减小气门开度、减小油门、降挡或制动车轮，从而使车轮不再打滑。牵引控制系统可以提高汽车行驶稳定性，提高加速性度和爬坡能力。

（八）电子稳定程序（ESP）

电子稳定程序几乎可以在所有紧急驾驶状况下保证驾驶员行驶安全。从功能上来说，它涵盖了防抱死制动系统、牵引力控制系统和电子制动力分配等多种功能。电子稳定程序由控制单元及转向传感器（监测方向盘的转向角度）、车轮传感器（监测各个车轮的速度转动）、侧滑传感器（监测车体绕垂直轴线转动的状态）、横向加速度传感器（监测汽车转弯时的离心力）等组成。系统可以根据转向角度识别出驾驶员的转向意图。每个车轮上的速度传感器可以测出相应的轮速；同时，横摆角传感器可以测量出车辆沿其纵轴的转动及横向加速度。电子控制单元可根据这些数据测算出车辆的实际行驶方向，并且在每秒钟以几十次的频率将其和驾驶员的转向意图作比较。如果两者不一致，那么系统将在驾驶员还未做出行动前立即做出反应。电子控制单元以降低引擎动力来保持车辆的稳定性，也可对各个车轮分别进行相应的制动。车辆产生的旋转运动抵消了侧滑倾向——在物理极限范围内，车辆保持在应有的轨道上。电子稳定程序对过度转向或不足转向特别敏感，如汽车在路滑时左拐过度转向（转弯太急）时会产生向右侧甩尾，传感器感觉到滑动就会迅速制动右前轮使其恢复附着力，产生一种相反的转矩而使汽车保持在原来的车道上。控制单元通过这些传感器的信号对车辆的运行状态进行判断，进而发出控制指令。

ESP 是电子稳定程序（Electronic Stability PrOgram）的简称。当车辆在行驶中出现险情时，如一只动物突然闯入路上，电子稳定程序能够帮助驾驶员避免车辆出现不稳定状态。但是，电子稳定程序提供的主动安全性是有限的，不能利用其进行冒险驾驶。全神贯注地驾驶，注意路牌和交通警示，这是驾驶员的首要职责。

电子稳定程序在大众、奥迪、奔驰等品牌，以及东风雪铁龙等车型上使用。在其他品牌或车型上，相同或相近功用的系统采用了不同的名字如宝马品牌为 Dynamic Stability Control（DSC）、丰田品牌使用 Vehicle Stability Control（VSC）。

电子稳定程序是一个主动安全系统，是建立在其他牵引控制系统之上的一个非独立的系统（如图1－14、图1－15 所示）。装备电子稳定程序的车辆，将同时具有 ABS/EBD、TCS（ASR）、EDL（EDS）功能。装备 TCS 的车辆，将同时具有 EDL（EDS）、ABS、EBD 功能，还具有 MSR（发动机牵引扭矩调节）、HBA（液压制动辅助）功能。

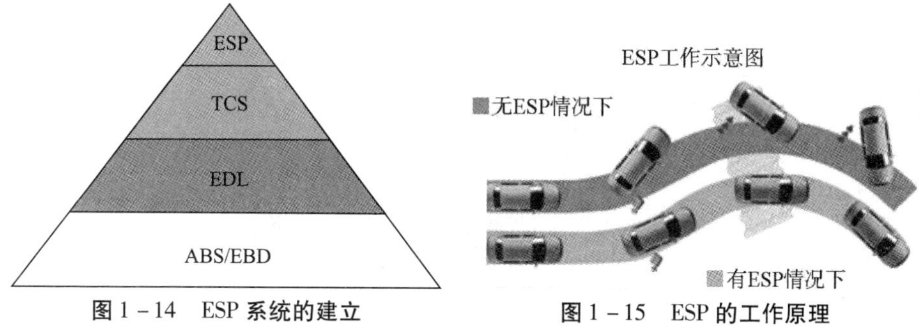

图1－14　ESP 系统的建立　　图1－15　ESP 的工作原理

车轮防抱死系统或驱动防滑系统就是要防止在车辆加速或制动时出现所不期望的纵向滑移，是处理各种紧急状况的主动安全系统，减轻驾驶员的精神紧张及身体疲劳。只要电子稳定程序识别出驾驶员的输入与车辆的实际运动不一致，就会马上通过有选择的制动或发动机干预来稳定车辆。

在车辆行驶过程中，电子稳定程序主要起以下三个作用：能躲避突然出现的障碍物（如图 1 – 16 所示），在急转弯车道上高速行驶（如图 1 – 17 所示），在附着力不同的路面上行驶，还有其他新增功能，如制动保护（禁止带有制动适应巡航装置的车）越野模式、挂车稳定性、滚翻稳定性、制动性能衰退补偿、制动盘清洁、紧急制动信号等。

行驶工况：“避让障碍物”

没有装备ESP

1.紧急制动，猛打方向盘，车辆转向不足

2.车辆继续冲向障碍物，驾驶员反复打方向盘，以求控制车辆，车辆避开障碍物

3.当驾驶员尝试恢复正常的行驶路线时，车辆产生侧滑

装备有ESP

1.紧急制动，猛打方向盘，车辆有转向不足的倾向

2.增加左后轮制动压力车辆按照转向意图行驶

3.恢复正常的行驶路线，车辆有转向过度的倾向，在左前轮上施加制动力

4.车辆保持稳定

图 1 – 16　车辆躲避前方突然出现的障碍物

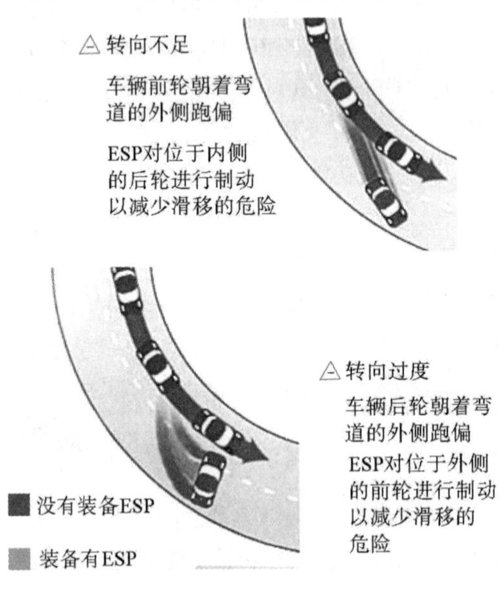

图 1 – 17　车辆在急转弯车道上高速行驶

2009 年，欧盟委员会根据其（EC）661/2009 号安全法规，推出了一系列改善道路交通安全的措施；2011 年 11 月起，所有在欧盟新注册的乘用车必须装配电子稳定控制系统；自 2014 年 11 月 1 日起，所有车型（包括乘用车、客车、卡车和挂车）的新车必须安装电子车辆稳定控制系统。电子稳定程序的益处在实际的市场应用以及若干研究中都已得到证实，尤其是该技术为大型旅游客车、卡车和挂车带来的安全保护更是毋庸置疑的。例如，在欧盟法规规定的生效时间之前，戴姆勒公司就提前在新车上安装了这些系统。

（九）电动助力转向系统

电动助力转向系统是汽车转向系统的发展方向。该系统由电动助力机直接提供转向助力，省去了液压动力转向系统所必需的动力转向油泵、软管、液压油、传送带和装于发动机上的皮带轮，既节省能量，又保护了环境。另外，还具有调整简单、装配灵活以及在多种状况下都能提供转向助力的特点。正是有了这些优点，电动助力转向系统作为一种新的转向技术，将挑战大家都非常熟知的、已有 50 多年历史的液压转向系统。

（十）自动紧急制动系统（AEBS）

车辆在行驶过程中，当与前方车辆距离过近或前方有静止障碍物时，该系统会提示驾驶人减速，如果驾驶人没有反应，随着距离进一步拉近，系统会自动按当前车速的 30% 减速刹车；在车辆处于即将发生碰撞的速度临界点时，系统会 100% 紧急刹车，避免车辆发生碰撞。这一系统的应用主要针对驾驶人醉酒、吸毒、发病或疲劳驾驶等情形，驾驶人未能及时控制或不能控制车速而采取的物理辅助制动措施，可有效避免车辆碰撞。

欧盟委员会根据（EC）661/2009 号安全法规，推出了一系列改善道路交通安全的措施：2013 年 11 月 1 日起获得型号批准的、整车总重大于 3.5 吨的 9 座客车车型必须装备自动紧急制动系统；2015 年 11 月 1 日之后所有新注册的车辆都必须安装自动紧急制动系统。

自动紧急制动系统是一种汽车主动安全技术，主要由测距模块、数据分析模块和执行机构模块 3 大模块构成，其中测距模块的核心包括微波雷达、激光雷达和视频系统等，它可以提供前方道路全面、准确、实时的图像与路况信息。自动紧急制动系统采用雷达测出与前车或者障碍物的距离，然后利用数据分析模块将测出的距离与报警距离、安全距离进行比较，小于报警距离时就进行报警提示，而小于安全距离时即使在驾驶员没来得及踩制动踏板的情况下，自动紧急制动系统也会启动，使汽车自动制动，从而为安全出行保驾护航。

由欧盟新车安全评鉴协会官方网站（Euro NCAP）发布的 AEB 系统市场

调查结果得知，目前自动紧急制动系统主要分为以下 3 类。

1. 城市专用。一般的城市交通事故都发生在路口和环岛上，主要是因为驾驶员的注意力往往集中在交通指示灯或者环岛的出口处，通常加快前进的速度，而事实上前方车辆并未前进或者前进速度过慢。这很符合城市内驾驶的特点：速度慢，易发生不严重的碰撞，而这些小事故大约占全部交通事故的 26%。

城市专用自动紧急制动系统可以监测前方路况与车辆移动情况，一般有效距离为 6 米至 8 米。它主要是利用安装在前风挡位置激光雷达探测车前路况，如果探测到潜在的风险，它将采取预制动措施，从而车辆将有更迅捷的响应。如果在反应时间内未接到驾驶员的指令，该系统将会自动制动或采取其他方式避免事故。而在任何时间点内，如果驾驶员采取了紧急制动或猛打转向盘等措施，该系统将停止。

在欧盟新车安全评鉴官方网站的调查中定义城市专用型自动紧急制动系统在车速不超过 20km/h 的情况下工作，因为该速段集中了城市交通事故的 80%。即使在恶劣的天气条件下，通过雨刷的清扫也能让此系统正常工作。

2. 高速公路用。在高速公路上发生的事故与城市交通事故相比呈现明显的不同。高速公路上的驾驶员可能由于长时间驾驶而分心，而当其意识到危险时可能又因车速过快而为时已晚。为了能适应这种行驶情况，高速公路用自动紧急制动系统应运而生。此系统在更高车速下工作，以微波雷达探测前方的车辆（通常能达到 200m），通过报警来提醒驾驶员潜在的危险。如果在反应时间内，驾驶员没有任何反应，第二次警示将启动（比如突然的制动或安全带收紧），此时制动器将调至预制动状态。如果驾驶员依然没有反应，那么该系统将会自动实施制动。这套系统还包括安全带预紧功能。

高速公路用自动紧急制动系统主要在车速为 50～80km/h 时起作用。这个系统主要针对城市间行驶的情况，在低速情况下可能只是提醒驾驶员。其中，微波雷达的一个潜在优势是无论天气、照明条件如何，都不会受到影响。

3. 行人保护系统。除探测道路上的车辆外，自动紧急制动系统也可以用来检测行人和其他道路上的弱势群体。该系统通过车上前置摄像头传输的图像，辨别出行人的图形和特征，计算相对运动路径，以确定是否有撞击的危险。如果有危险，该系统发出警告，并在安全距离内采用全制动措施使车停下来。然而，预测行人行为是很困难的，从算法角度来说非常复杂。该系统要做到在面临一个潜在的威胁时必须做出有效的反应，而没有威胁时，如当行人走到路边停下允许车辆通过时，就不能采取紧急制动。

主流的汽车厂商都有自己的预碰撞安全系统，不过各个厂商的名称、功能实现效果及技术细节有所不同，如丰田的 PCS 预碰撞系统、奔驰 Pre - safe 安全系统、大众 Front Assist 预碰撞安全系统、沃尔沃 City Safety 系统、斯巴鲁 Eye Sight 安全系统等。

目前，虽然 AEB 系统主要配备在高级乘用车上，但国内的商用车上已经推出了该系统，也就是宇通公司。宇通自动紧急制动系统已经比肩国际知名汽车品牌的主动安全系统，这在国内客车行业尚属首例。从 2012 年立项到 2014 年正式推出，宇通的研发灵感来源于用户，由于用户认为客车车体较大，侧方、后方存在视线盲区，换道过程是碰撞事故多发的一个危险点，换道时客车存在的安全隐患亟须解决。通过对车辆事故的统计分析，宇通技术人员发现车辆碰撞事故在交通事故中占较大比例，于是客车智能主动防碰撞系统的研究因此形成。

宇通智能防碰撞技术主要由自动紧急制动和换道决策辅助两个系统组成。客车在行驶过程中可以智能识别外界目标物，自动判断碰撞条件，控制车辆制动。客车利用安装在车辆侧面的摄像头监测车辆盲区，换车道时，系统自动判断是否存在换道危险，并提醒驾驶员后方安全范围内有无来车，以消除视线盲区，避免换道过程中可能出现的碰撞危险。后来，这项技术也成为宇通智能无人驾驶技术的关键组成。

据 Left Lane News 报道，美国公路安全保险协会日前发布研究报告，称自动紧急制动系统能够将追尾事故的发生率降低 40%，而前向碰撞预警系统在没有自动紧急制动系统的情况下，也能够降低 23% 的追尾事故发生率。

美国福特全球技术公司已于 2014 年 9 月在中国北京申请了专利（专利号：CN29410079597. 3），该专利的描述是这样的：本发明涉及一种用于控制带有稳定性控制系统（ESC）的机动车辆的自动紧急制动系统（AEBS）的方法。尽管在停用的 ESC 和 AEBS 干预的情况下，为了避免出现车辆不稳定，至少提出了如下步骤：确定稳定性控制系统被停用或者处于低效模式，其中，同时确定稳定性控制系统是无缺陷的，即使在稳定性控制系统停用或处于低效模式的情况下，也保持自动紧急制动系统启用，确定危险状况，生成紧急制动指令，并启动紧急制动，如果生成了紧急制动指令，则至少暂时启用稳定性控制系统，如果检测到危险状况已经消除，则将稳定性控制系统重新设置回停用或低效模式，其中，保持紧急制动系统处于启用模式。

如果我国的车辆都安装了 AEBS 系统，类似发生在陕西延安的“8 · 26”包茂高速特大交通事故是可以避免的。

案例 2012年8月26日，包茂高速公路延安市境内发生一起重大交通事故。一辆双层卧铺大客车和一辆重型半挂货车相撞，致36人死亡、3人受伤。时隔近8个月，国家安监总局在其官方网站发布了国务院调查组对这起事故的调查报告，报告显示：事故系卧铺大客车司机疲劳驾驶，事故发生时，未采取任何制动措施所致。

国务院调查组认定，该事故为一起生产安全责任事故。

事故直接原因：事故发生时，卧铺大客车驾驶人陈×已连续驾驶4小时22分钟，属于疲劳驾驶，且未能采取任何制动措施，这是导致事故发生的主要原因。货车驾驶人闪××从匝道违法驶入高速公路，在高速公路上违法低速行驶，是导致事故发生的次要原因。据悉，该路段设计时速为80公里，事故发生时，重型半挂货车的行驶速度仅为21公里/小时，而卧铺大客车的行驶速度为77.2公里/小时。

事故间接原因：卧铺大客车所属的呼运（集团）客运安全管理主体责任落实不力，未认真督促事故大客车在凌晨2时至5时停车休息；开展道路运输车辆动态监控工作不到位；重型半挂货车所有人、河南省焦作市孟州市汽运公司安全管理责任落实不到位，未纠正事故重型半挂货车驾驶人没有在公司内部备案、没有参加过安全教育培训等问题，未认真开展危险货物运输动态监控工作，对事故货车未按规定配备两名合格驾驶人和超量装载危险货物等问题失察；呼市交通运输管理部门道路客运安全监管责任落实不到位；焦作市交通运输管理部门危险货物运输的监管责任落实不到位；陕西省延安市、内蒙古自治区呼和浩特市、河南省焦作市孟州市公安交通管理部门道路交通安全监管责任落实不到位。这起延安“8·26”特大交通事故3省区26名官员被问责。

事故详情 2012年8月25日16时55分，内蒙古呼和浩特市呼运（集团）有限责任公司一辆卧铺大客车从呼和浩特市出发，前往西安市，大客车核载39人，出站时实载38人。19时，客车途中搭乘一名乘客，乘务员下车。22时50分，该车又搭载一名乘客，此时实载39人。车辆由陈×、高××轮换驾驶。

当天19时3分，河南孟州市汽车运输有限责任公司一辆重型半挂货车在装运35.22吨甲醇后，前往陕西韩城市昌顺化工厂，车辆由闪××、张××轮换驾驶。货车核定载货33.5吨，但实际装载了35.22吨甲醇，超载1.72吨。

凌晨2时15分，货车进入安塞服务区休息并换驾驶员。2时29分，闪××驾车从服务区出发，违法越过出口匝道导流线驶入包茂高速第二车道。此时，大客车正由北向南在第二车道行驶至该路段。两分钟后，大客车在未采取任何制动措施的情况下，正面追尾碰撞货车，使货车甲醇泄漏，也造成客车电气设备短路，引发爆燃起火。事故造成大客车内36人死亡，包括司机陈××、高××，另有3人受伤。大客车报废，货车、高速公路路面和涵洞受损，直接经济损失达3160.6万元。

该起事故经过深度调查之后，有10人已被司法机关采取刑事强制措施。其中，货车司机闪××、张××两人因涉嫌危险物品肇事罪，已被批捕，并于2013年1月15日被移送起诉。

调查组同时建议对负有监管和领导责任的河南焦作孟州市副市长（分管孟州市交通运输局）王××，以及呼和浩特交通运输局局长、党委书记王××等26名相关官员给予党纪、政纪处分。调查组认为延安市公安局交警支队高速公路交警大队安塞中队中队长王××，作为事发时的值班领导，对包茂高速安塞服务区出口加速车道通行秩序疏导不到位，对车辆违法越过导流区进入高速公路主线缺乏有效管控措施。对事故的发生负有重要领导责任，建议给予记大过处分。

（十一）自适应巡航控制（ACC）

自适应巡航控制是一种智能化的自动控制系统，主要由雷达传感器、方向角传感器、轮速传感器、制动控制器、扭矩控制器和发动机控制器等组成。雷达传感器安装在散热器的护栅内，可探测到汽车前方200米的距离；在前后轮毂上均装有轮速传感器，可测出车辆的行驶速度；方向角传感器用于判断车辆行驶的方向；发动机控制器和扭矩控制器用以探测和调整发动机接通和输出扭矩，以提高发动机的动力性，并适时调整车辆的运行速度。各种控制器和传感器均由车内计算机控制。

（十二）后视镜新技术

强化后视功能方面的新技术主要包括：改变形状、增加面积，改变镜面曲率。

平面镜、球面镜是传统镜面采用的两大系列，它们各有所长，但都存在明显的功能缺陷。平面镜的优点是后视物体无失真，能真实反映车后物体的真实外形及实际距离，使司机有比较准确的判断信息；缺点是后视范围较小，造成过多的视觉盲区。球面镜的特点是后视物体缩小，后视范围、视角扩大，不能真实反映车后物体大小及实际距离，驾驶人须经过一段时间适应对比过程。基于这两种镜面的优劣势，人们用改变镜面曲率的方法开发出新技术和新产品。双曲率镜面是目前比较新颖的镜面产品，它弥补了平面镜后视范围过小，球面镜反映后方物体不真实的不足，其球面部分曲率半径较大，一般为SR2000，基本上解决了失真问题。

（1）变曲率镜面。变曲率镜面是依据车型、驾驶人眼点位置与后视镜相对位置、视野要求等要素，运用光学原理和数据方法，对车辆的前后左右不同视野角度选择不同的曲率半径，并平滑过渡，以在满足基本不失真的条件下进一步扩大视野、减少盲区，既满足了国家强制性标准，又解决了盲区问题。另外，在镜面的设计上采用分界线的办法来警示驾驶人变曲率镜面仅供观察车后大致情况，在后视安全性的设计上是一个创新，但制造工艺较为复杂，制造成本较高。

（2）全景后视镜。欧洲和日本已经采用了一种全景后视镜来消除驾驶人的盲点。这种后视镜中间三分之二的面积用平面镜，靠外三分之一的面积用大弧度的凸面镜，这样驾驶人就能看到车后全景，消除转弯时的盲点，视野扩大了200%。为减少盲点，瑞典在10多年前就采用了具有凸面玻璃的外后视镜。这种后视镜看远处的物体有失真现象，但其有助于消除盲点，现已在不少国家和地区使用。

（十三）智能化头灯系统

（1）自动水平调整系统。自动水平调整系统依据原厂设定的基础角度，透过轮轴高度差传感器侦测车身的荷重情形，计算出光线投射角度的偏移量，往上或往下调整HID灯组，维持适当的照射角度。进阶的自动水平调整系统，投射角度还会随着车速的快慢作调整。高速行驶时，将光束照得较远，以便实时看清较远距离的路况；慢速行驶时，灯光角度往下修正，避免照射对向车道。

（2）自适应性转向头灯系统。自适应性转向头灯系统将灯光正确照射在前面即将通过的弯路上，参考方向盘与车速传感器传来的动态行车信息，电子控制单元（ECU）驱动控制头灯转向的电动马达，调整光线与方向盘转向相同的照射方向，达到灯随路转的境界，协助驾驶员辨清行驶路径与状况。

（3）结合动态控制系统作出最准确的指示。最新的转向头灯所依照的参数不仅是方向盘转角，更融入了行车速度、偏转率及方向盘的转动速率，也就是所谓的自动转向头灯，其中信息往返、指令传送的过程十分复杂，也就是所谓的汽车网络。

（十四）夜视系统

夜间行车在整个公路交通中只占四分之一，但有70%的交通事故却是在夜间发生的。普通汽车前大灯近光灯的照射范围只有30米远，所有光线没有直接照射到的地方，驾驶员都很难看清楚，或者根本看不见。远光灯虽然可以改善，但由于影响逆向车道驾驶员的视线，因此只能在必需的情况下使用。车载夜视系统属于主动式安全设备，能够大大提高汽车在特殊天气行驶的安全性，有人可能对此配置的实用性有所怀疑，可能会认为晚上只要有车灯照亮就可以了，但实际上我们知道就算是最明亮的氙气大灯也有限定照明范围，光线范围外依然是视线盲区，而夜视系统是利用红外成像，车头前方均为覆盖范围，几乎没有盲区，因此更加可靠（如图1－18所示）。

图1－18　夜视辅助系统成像

与白天行车相比，夜间行车发生事故的危险性翻倍。从欧洲地区来看，每年因在夜间行车发生的事故，导致50多万人受伤，超过2万人死亡。尤其是行人和骑自行车的人，最容易造成夜间的交通事故。比如着装不易于辨认的慢跑者和照明亮度不足的骑自行车的人，驾驶人在行驶过程中很难及时辨别出路人并做出相应反应。尤其是当路人不在灯光光束范围内时，就更难辨别。

探究黑暗中行车事故频发的原因，一是街路视野不好或视野受到很大限制；二是有障碍物或急转弯，近光灯来不及识别（如图1－19所示）；三是司机缺少定位标记作为参考，因此对车速和距离估计有误；四是相向车道车辆的灯光造成眩目；五是车速不符合周围环境的要求。

2014年上市的奥迪A8L装备了夜视辅助系统。在夜间行车时，这种夜视辅助系统可以帮助司机提前识别危险情况。该系统将车辆前部的热敏图像显示在组合仪表显示屏上。图像采用红外摄像头采集，而摄像头安装在奥迪车前部的圆环中。人或动物会产生热辐射，因此其图像也比周围环境要亮，司机也就很容易在显示屏上将他们识别出来（如图1－20、图1－21所示）。如果该系统将某物识别为人，那么图像还会加上颜色。热敏图像不仅能识别生物，还能识别车道和建筑物轮廓。

图1－19　车辆急转弯

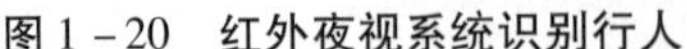

图 1-20　红外夜视系统识别行人

图 1-21　红外夜视系统识别动物

通常，非对称近光灯在相向车道侧照射距离为 60 米，在靠近路沿侧照射距离约为 120 米，即使是远光灯，照射距离也只有 200 米，而奥迪车夜视系统的作用距离可达 300 米，其远远低于夜视系统的作用距离。如遇恶劣天气，夜视系统的作用距离明显受限（如图 1-22 所示）。

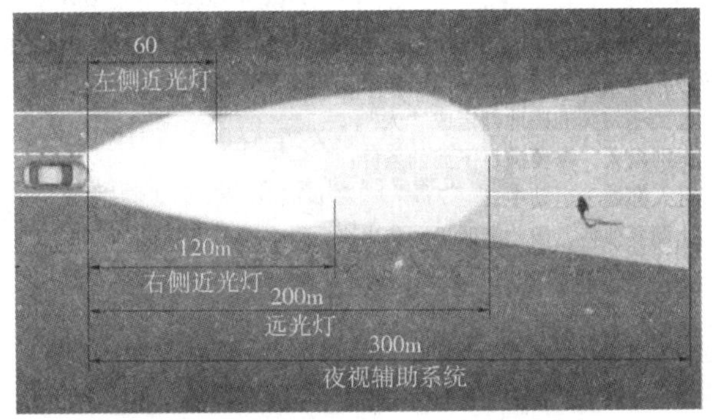

图 1-22　灯光和夜视系统的作用距离

（十五）远光灯辅助系统

1. 远光灯辅助系统的功能。远光灯辅助系统可以根据当时的交通状况自动打开或者关闭远光灯，从而提高在黑暗中行车的舒适性。在夜间行车时，它可以使视野得到明显的改善。

虽然在夜间行车时打开远光灯能够明显地提高能见度从而增强安全性，但很多驾驶员并没有这么做，原因主要有三种：一是不愿因远光灯的强光照射而使对面行驶车辆中的人员感到刺眼；二是对所行驶的路段非常熟悉，从而认为可以不必使用远光灯；三是疲于因为对面不时驶过的车辆而频繁地手动开启或者关闭远光灯。

关闭远光灯，再打开近光灯行驶时，驾驶员对物体的辨别能力远比打开远光灯时低。打开远光灯行车时，往往很早就能够识别出前方的物体，从而有足够的时间及时刹车或者作出规避行为。图 1-23 所示为远光灯辅助系统的摄像头；图 1-24 所示为远光灯辅助系统的扫描区，其最远可达 1000 米。

当远光灯辅助系统的摄像头发现对面驶来的或者前方行驶的车辆时，便

图 1－23 远光灯辅助系统的摄像头

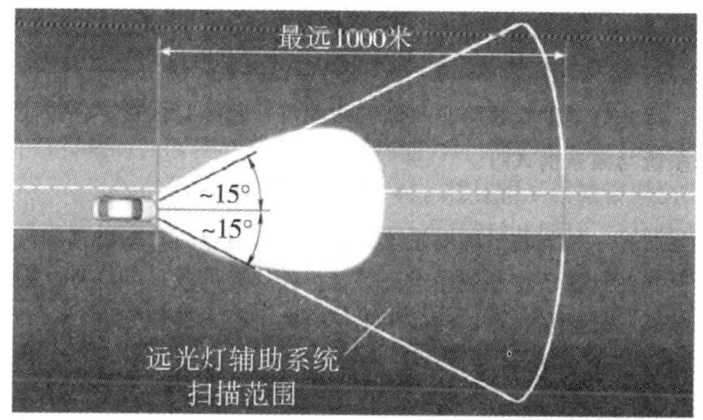

图 1－24 远光灯辅助系统的扫描区

会及时转换为近光灯，这样其他车辆的驾驶员就不会被照花眼。如果发现这些车辆从远光灯辅助系统的扫描范围内消失，便会自动地转换为远光灯（如图 1－25、图 1－26 所示）。

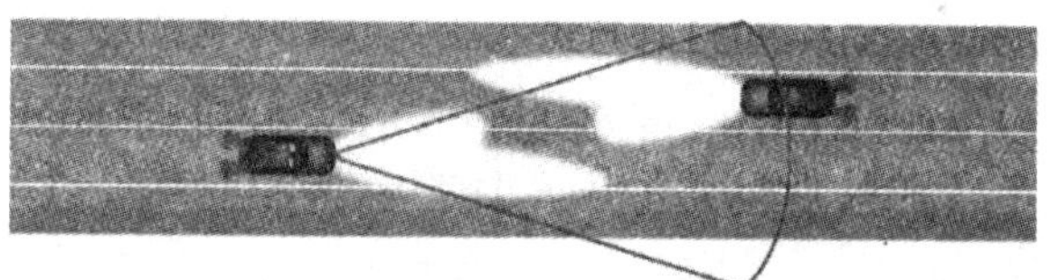

图 1－25 远光灯辅助系统的摄像头发现对面驶来的车辆

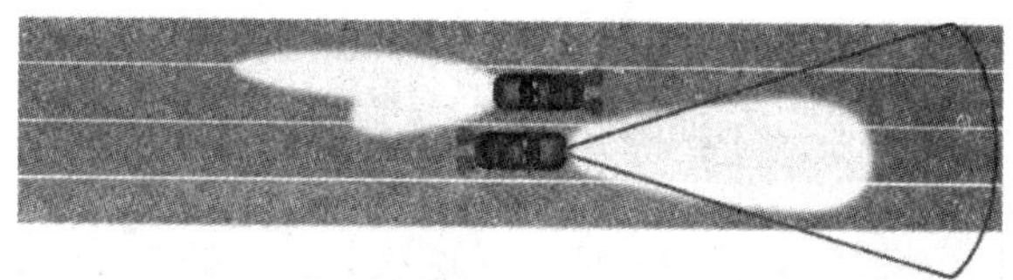

图 1－26 摄像头发现车辆从远光灯辅助系统的扫描范围内消失

根据路面的照明情况，远光灯辅助系统也会识别出城镇或城市等不同行驶路面，接着系统同样会将远光灯转为近光灯；离开城镇或城市后，又会自动转换为远光灯。该系统也可以识别出浓雾等不利天气情况，同样可以把远光灯转为近光灯。

远光灯辅助系统是一种驾驶员辅助系统，帮助驾驶员在黑暗中行车时自动打开和关闭远光灯。但是，开车时认真负责地使用远光灯，仍是驾驶员的责任。因此，即便激活了远光灯辅助系统，驾驶员也应随时手动打开和关闭远光灯。

2. 打开和关闭条件。

（1）通过远光灯辅助系统打开远光灯。为了能够使用远光灯辅助系统，驾驶员必须首先向前推动远光灯操纵杆将其激活。不过，只有当车灯开关处于“自动”（Auto）位置时，才能激活该系统。

（2）只有当满足下述全部条件时，被激活的远光灯辅助系统才会打开远光灯：一是远光灯辅助系统的摄像头发出信息，环境亮度已低于预先设定的极限值；二是已经根据雨量和光照传感器的要求打开近光灯；三是车速超过60km/h；四是既未发现有对面驶来的汽车或摩托车，也未发现在前方行驶的汽车或摩托车；五是没有识别到城镇等行驶路面。

（3）通过远光灯辅助系统关闭远光灯。如果远光灯已经通过远光灯辅助系统打开，则在下述情况下又会重新关闭：一是发现对面驶来的汽车或摩托车；二是发现前面行驶的汽车或摩托车；三是发现照明充足的村镇或城市；四是车速降到30km/h以下；五是远光灯辅助系统探测到浓雾。

3. 远光灯辅助系统的工作方式。

（1）会车。图1－27所示为对面驶来的汽车还处在远光灯辅助系统扫描区之外；图1－28所示为对面驶来的汽车已经处在远光灯辅助系统的扫描区内，但还有足够远的距离，所以远光灯辅助系统还没有将远光灯转换为近光灯。

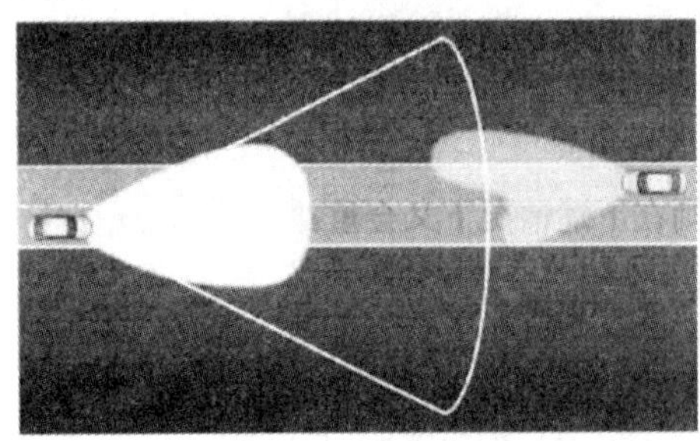

图1－27　会车（1）

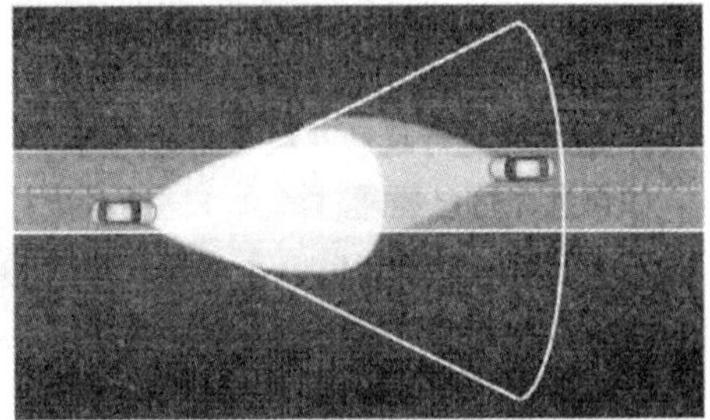

图1－28　会车（2）

当对面驶来的汽车已经离得很近，为了不影响对面车上驾驶员的视线，远光灯辅助系统将远光灯转换为近光灯。

图1－29、图1－30所示为当远光灯辅助系统探测不到对面驶来的汽车，且超过一秒钟的时候，系统重新打开远光灯。

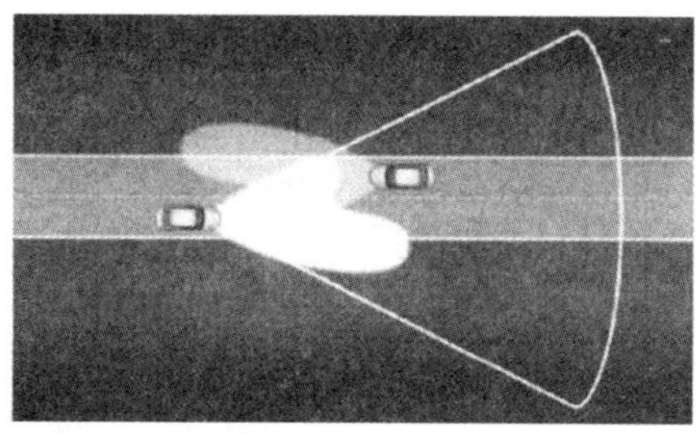

图 1－29　会车（3）

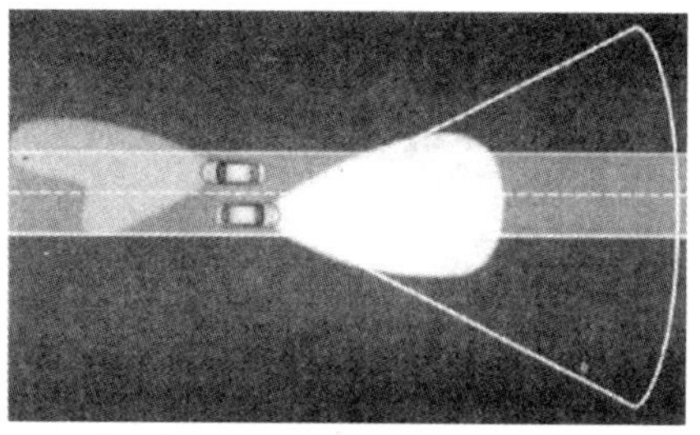

图 1－30　会车（4）

（2）尾随或超车。图 1－31 所示为在前面行驶的汽车尚处在远光灯辅助系统的扫描区之外。图 1－32 所示为在前面行驶的汽车进入远光灯辅助系统的扫描区内，但还有足够远的距离，所以远光灯辅助系统让远光灯继续亮着。

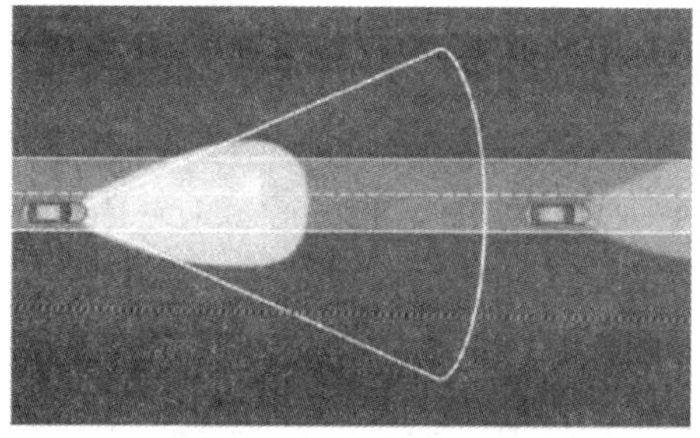

图 1－31　尾随（1）

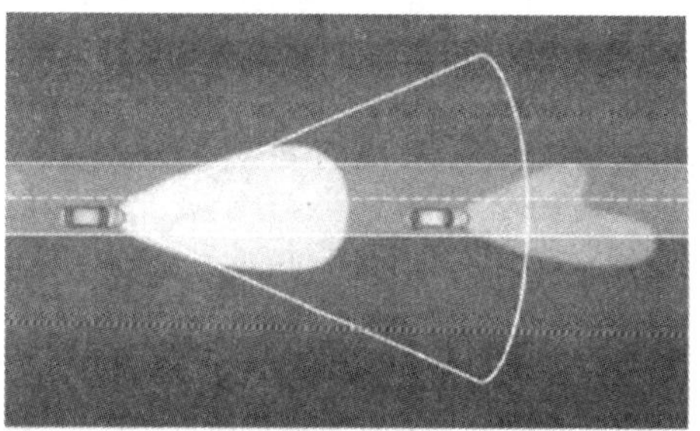

图 1－32　尾随（2）

图 1－33 所示为距离前面行驶的汽车已经很近，于是远光灯辅助系统转换为近光灯。图 1－34 所示为在前面行驶的汽车被超，但在最后 3 秒仍然被远光灯辅助系统探测到它的尾灯，所以近光灯暂时亮着。

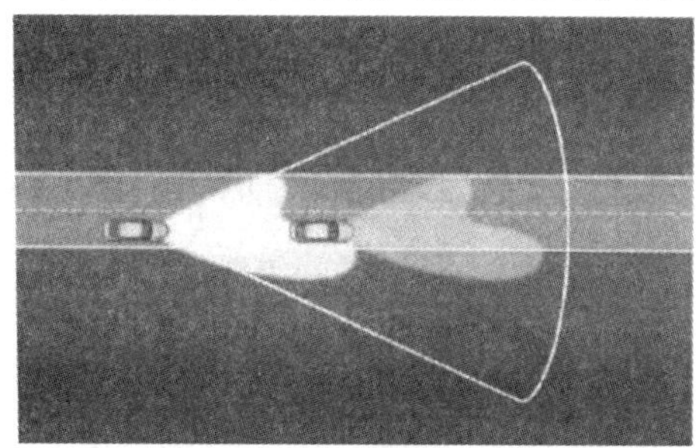

图 1－33　尾随（3）

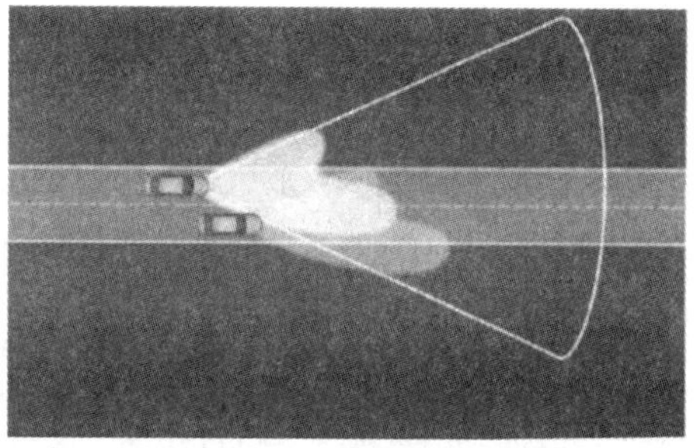

图 1－34　超车（1）

图 1－35 所示为超车 3 秒后，被超越汽车的尾灯离开远光灯辅助系统的扫描区，因而远光灯重新开启。图 1－36 所示为超车过程结束，远光灯辅助系统让汽车开着远光灯继续前行。

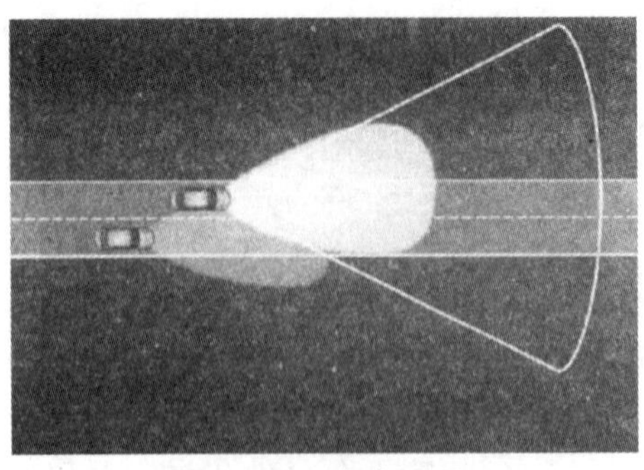

图 1－35　超车（2）

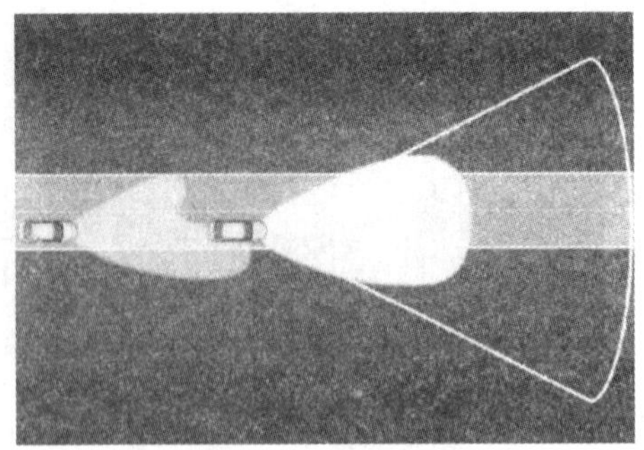
图 1－36　超车（3）

（3）驶过城镇。图 1－37 所示为城镇地区还未进入远光灯辅助系统的扫描区，因而远光灯辅助系统开启远光灯。图 1－38 所示为城镇地区进入远光灯辅助系统的扫描区但还有很远距离，所以远光灯仍然开着。

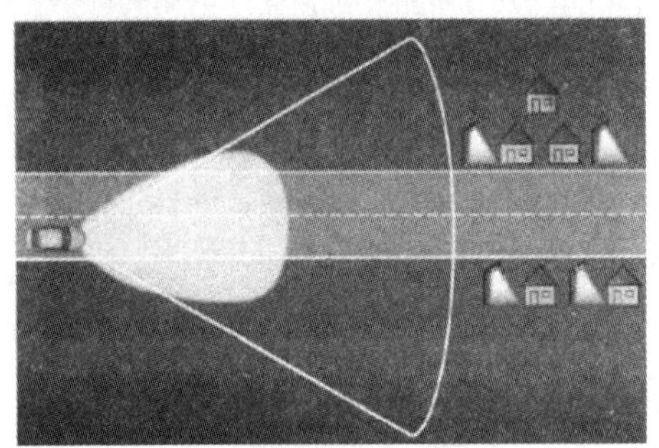
图 1－37　驶过城镇（1）

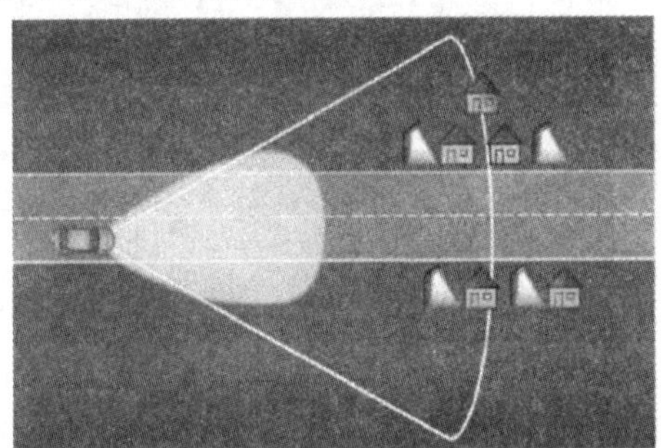
图 1－38　驶过城镇（2）

图 1－39 所示为由于发现城镇地区的照明足够明亮，因而远光灯被关闭。图 1－40 所示为汽车驶过城镇地区，远光灯辅助系统探测不到光源，所以重新打开远光灯。

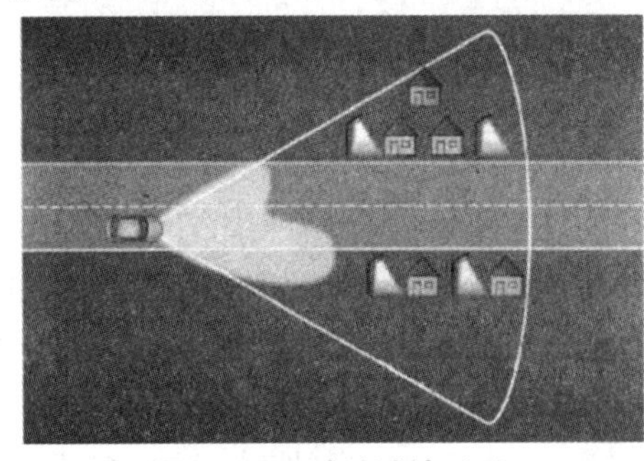
图 1－39　驶过城镇（3）

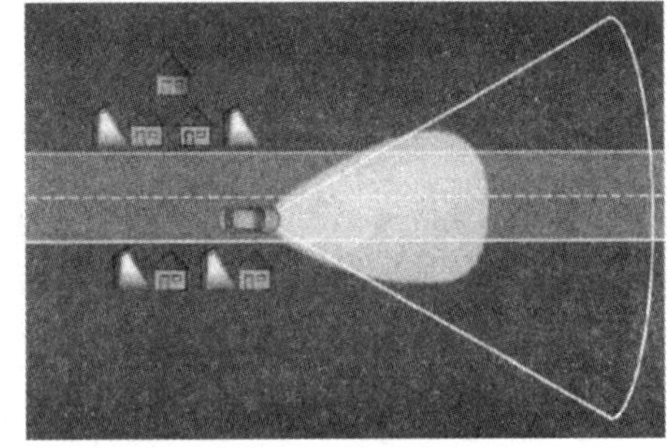
图 1－40　驶过城镇（4）

城镇中能够被远光灯辅助系统探测到的光源必须达到最低照明强度，如街灯便可满足这一条件。

（4）驶过离公路较远的城镇。图 1－41 所示为距离公路较远的城镇尚未进入远光灯辅助系统的扫描范围，因此远光灯处于开启状态。图 1 – 42 所示为城镇进入远光灯辅助系统的扫描范围但还有很远距离，远光灯仍保持开启状态。

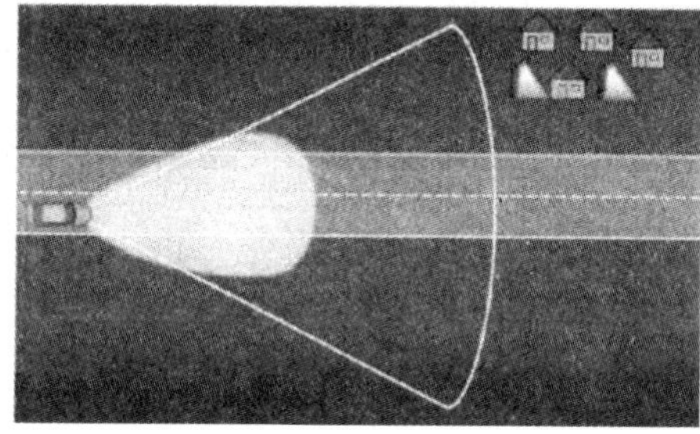

图 1 – 41　驶过离公路较远的城镇（1）

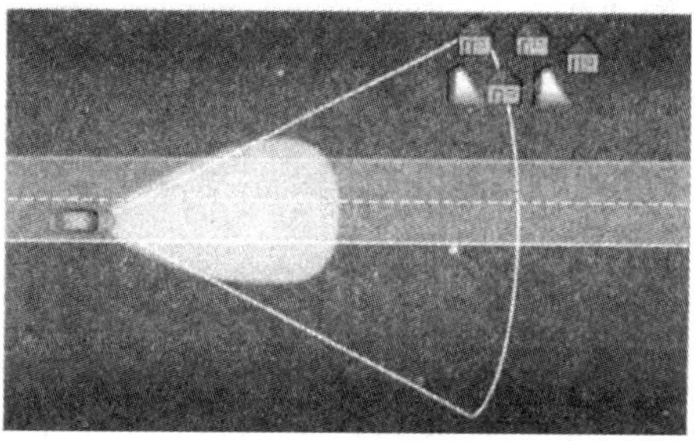

图 1 – 42　驶过离公路较远的城镇（2）

图 1 – 43 所示为该城镇被远光灯辅助系统视为光照不足。由于汽车以超过 90km/h 的速度行驶，远光灯保持开启状态。假如车速低于 90km/h，则远光灯会被关闭。对于远光灯辅助系统而言，90km/h 的速度是一个至关重要的条件，但是只在这一具体情况下才起作用。图 1 – 44 所示为城镇不再处于远光灯辅助系统的扫描范围之内，远光灯保持开启状态。

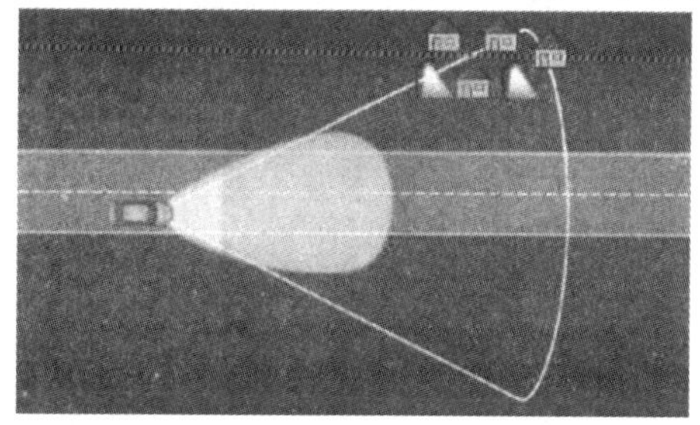

图 1 – 43　驶过离公路较远的城镇（3）

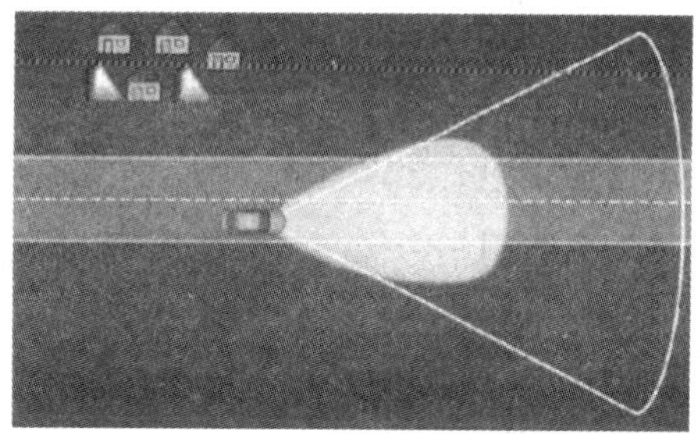

图 1 – 44　驶过离公路较远的城镇（4）

（5）驶过公路边的独栋房屋。图 1 – 45 所示为房屋和路灯尚未进入远光灯辅助系统的扫描区，远光灯处于开启状态。图 1 – 46 所示为房屋和路灯进入远光灯辅助系统的扫描区，远光灯保持开启状态。图 1 – 47 所示为由于只探测到一个光源，因此远光灯保持开启状态。图 1 – 48 所示为房屋和路灯离开远光灯辅助系统的扫描区，远光灯继续保持开启状态。

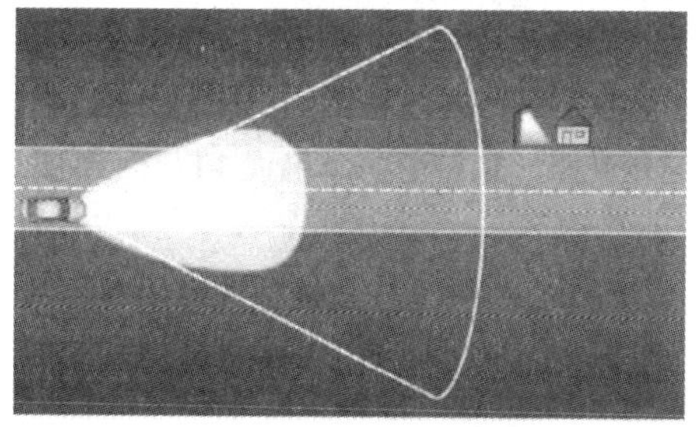

图 1 – 45　驶过公路边的独栋房屋（1）

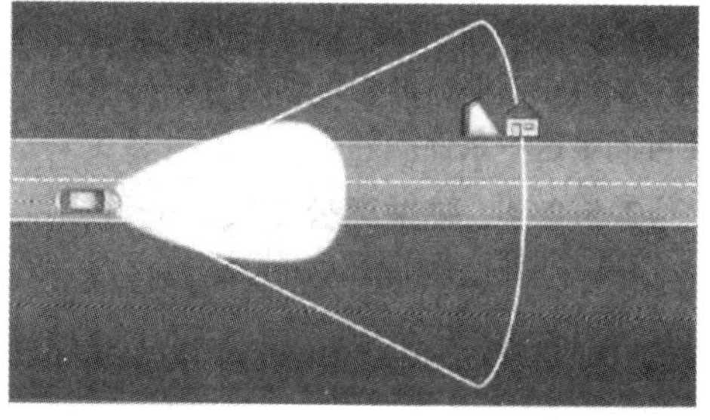

图 1 – 46　驶过公路边的独栋房屋（2）

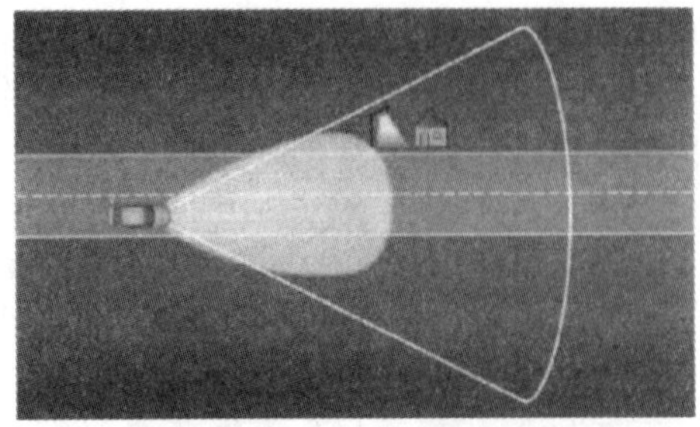

图 1-47　驶过公路边的独栋房屋（3）

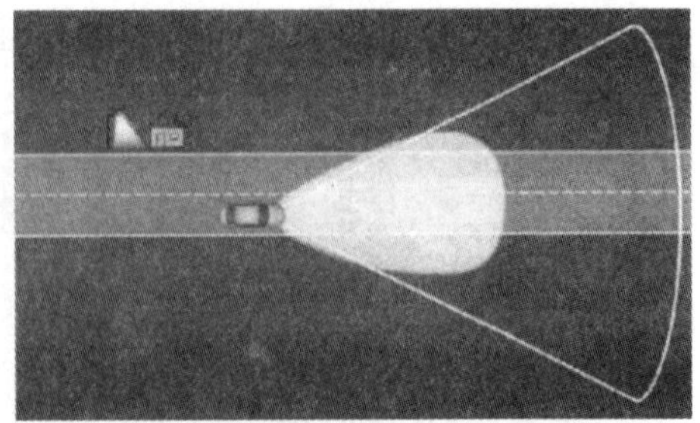

图 1-48　驶过公路边的独栋房屋（4）

（十六）盲区提示系统

盲区提示系统的工作同样离不开微波雷达探头，通过吸收反射回来的雷达波，车载电脑能够得知是否有车辆进入驾驶者的视野盲区，如果有就会对驾驶者进行提示，从而降低因驾驶者一时大意而造成事故的可能性。

（十七）倒车辅助系统

（1）倒车雷达。倒车雷达是汽车泊车或者倒车时的安全辅助装置，由超声波传感器（俗称探头）、控制器和显示器（或蜂鸣器）等部分组成，能以声音或者更为直观的显示告知驾驶员周围障碍物的情况，解除驾驶员泊车、倒车和起动车辆时前后左右探视所造成的困扰，并帮助驾驶员扫除视野死角和消除视线模糊的缺陷，提高驾驶的安全性。

（2）倒车影像。倒车影像可以在倒车时使车后的状况更加直观可视，对于倒车安全来说是非常实用的配置之一。当挂倒车挡时，该系统会自动接通位于车尾的高清倒车摄像头，将车后状况清晰地显示于倒车液晶显示屏上，让驾驶者准确把握后方路况，倒车亦如前进般自如、自信。显然，倒车影像监视系统比起全方位的倒车雷达更加直观和实用。倒车雷达是依靠回音探测距离并通过不同频率的声音来进行提示的，但仅凭声音提示显然没有视觉影像来得直观，而且对声音的判断也必然会存在误差。

（3）自动倒车。汽车前后保险杠四周安装感应器，它们既可以充当发送器，也可以充当接收器。这些感应器会发送信号，当信号碰到车身周边的障碍物时会反射回来。然后车上的计算机会利用其接收信号所需的时间来确定障碍物的位置。其他系统则使用安装在保险杠上的摄像头或雷达来检测障碍物，但最终结果都是一样的：汽车会检测到已停好的车辆、停车位的大小以及与路边的距离，然后将车子驶入停车位。

（十八）电子驻车制动系统

电子驻车制动系统代替了传统的机械杠杆和轮胎钢索，取代了传统拉杆手刹的电子手刹按钮为司机提供更好的帮助。电子驻车制动系统比传统的拉杆手刹更安全，不会因驾驶者力度的强弱而改变制动效果，把传统的拉杆手刹变成了一个触手可及的按钮。

（十九）车辆智能安全保障系统

车辆智能安全保障系统是高端车辆控制系统的一部分，它包括安全系统、危险预警系统和防撞系统等，涉及传感技术、通信技术、决策控制技术、信息显示技术、驾驶状态监控技术。这些车载设备包括安装在车身各个部位的传感器、激光雷达、红外线、盲点传感器等，均由计算机控制，在超车、倒车、变道、雨天、大雾等容易发生事故的情况下，随时通过声音、图像等方式向驾车者提供车辆周围及车辆本身的相关信息，并可以自动或半自动地对车辆进行控制，从而有效地防止事故发生。同时，利用装在车身四周的传感器分别控制车辆前后左右的路况，为驾车者提供及时回避操作指令，防止车与车、车与其他物体或车与行人之间的碰撞。如今，全球各大汽车厂商都在开发相应的智能车辆保障技术，并积极应用在车辆上。

随着智能化电子技术被大量地应用在汽车的各个部分，汽车的各项性能指标有了新的提高，汽车会变得更加安全可靠，更舒适轻松，更有利于环保。

汽车安全性已经不仅仅是技术问题，在某种程度上也是一个重要的社会问题。欧、美、日等汽车工业发达的国家对于汽车安全技术的研究十分重视，且已取得了实质性的进步。而我国，随着国民经济的快速发展，车流量的加大，再加上人口众多，交通问题会更加突出。对此，我国应该采取相应的措施，加强汽车的自身安全性。

四、汽车被动安全技术

（一）碰撞保护系统

众所周知，当汽车受到撞击时，车子很容易受到冲击而变形，从而直接伤害到车内乘员。为了提高汽车的安全性能，不少汽车公司就针对各个方向的撞击，设计出了碰撞保护系统，主要有正面防撞、侧面防撞、后部防撞和车身安全吸能等技术。

（二）安全玻璃

安全玻璃主要包括两种：钢化玻璃与夹层玻璃。钢化玻璃是在玻璃处于炽热状态下使之迅速冷却而产生预应力的强度较高的玻璃；其破碎时分裂成许多无锐边的小块，不易伤人。夹层玻璃共有 3 层，中间层韧性强并有黏合作用，被撞击破坏时内层和外层仍黏附在中间层，不易伤人。汽车用的夹层玻璃，中间层加厚一倍，因有较好的安全性而被广泛采用。

（三）预紧式安全带

正确系好安全带，可使安全带有效吸收人体的动能（如图 1－49 所示），而没有系好安全带的乘客在车辆已减速的情况下，还会继续向前运动，直到碰到方向盘，乘客的这种向前运动才会得到强烈抑制（如图 1－50 所示）。安全带在 50km/h 速度正碰时能够吸收的动能相当于从四楼自由落体时产生的动能。

图 1－49　安全带有效吸收人体动能示意图

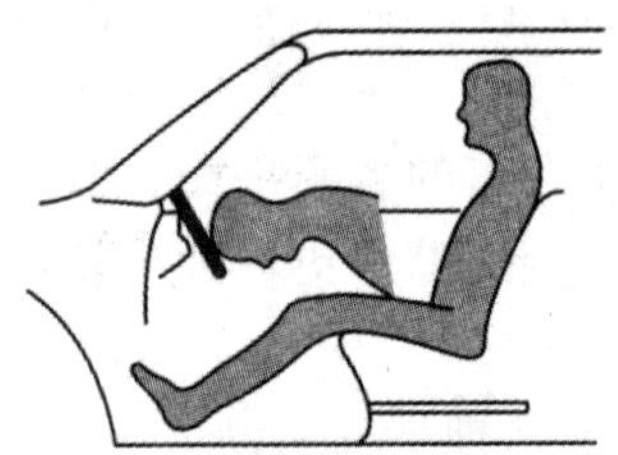
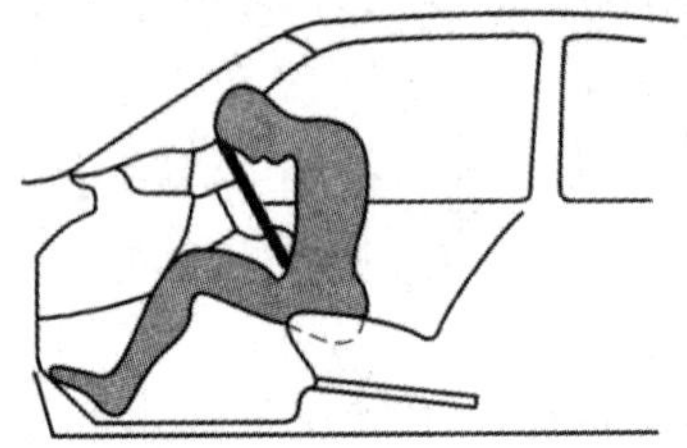

图 1－50　没有系安全带的驾驶人

安全带主要有两点式和三点式（如图 1－51、图 1－52 所示）两种。

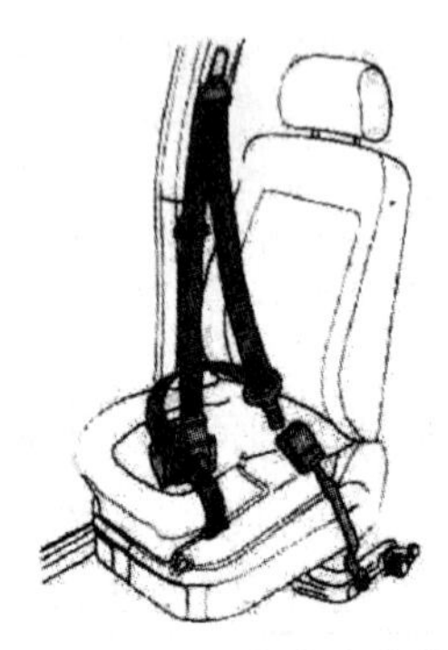

图 1－51　两点式安全带

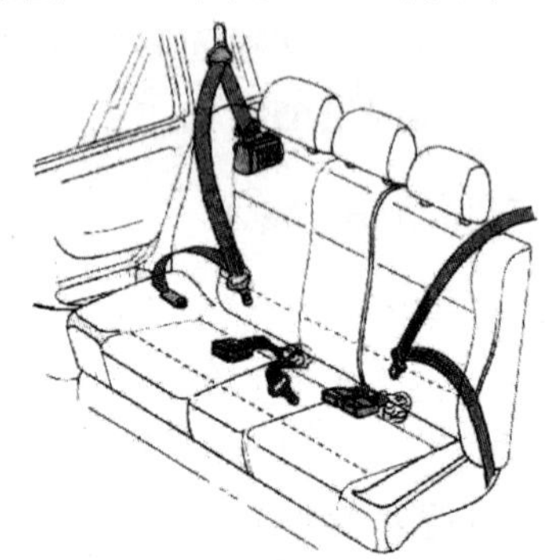

图 1－52　三点式安全带

预紧式安全带的特点是当汽车发生碰撞事故的一瞬间，乘员尚未向前移动时即会首先拉紧织带，立即将乘员紧紧地绑在座椅上，然后锁紧织带防止乘员身体前倾，有效保护乘员的安全。预紧式安全带中起主要作用的卷收器与普通安全带不同，除了普通卷收器收放织带的功能外，还具有当车速发生急剧变化时，能够在 0.1 秒左右加强对乘员的约束力的功能，因此它还有控制装置和预拉紧装置。

（四）安全气囊（SRS）

安全气囊主要由传感器、微处理器、气体发生器和气囊等部件组成。传感器和微处理器用以判断撞车程度，传递及发送信号；气体发生器根据信号指示产生点火动作，点燃固态燃料并产生气体向气囊充气，使气囊迅速膨胀，气囊容量在 50～90 升。同时气囊设有安全阀，当充气过量或囊内压力超过一定值时会自动泄放部分气体，避免使乘客挤压受伤。安全气囊所用的气体多是氮气或一氧化碳。除了驾驶人侧有安全气囊外，有些轿车前排也安装了乘客用的安全气囊（双安全气囊规格），乘客用的与驾车人用的相似，只是气囊的体积要大些，所需的气体也多一些。另外，有些轿车还在座位靠门一侧安装了侧面安全气囊。

智能安全气囊是在普通型的基础上增加传感器，以探测出座椅上的乘员是儿童还是成年人，以及安全带系的位置和高度。通过采集这些数据，由电子软件分析、处理和控制安全气囊的膨胀程度，使其发挥最佳作用，避免安全气囊出现无必要的膨胀，从而极大地提高其安全作用。智能安全气囊比普通型多了两个核心元件，即传感器和与之配套的计算机软件。

（五）乘员头颈保护系统（WHIPS）

当轿车受到后部的撞击时，头颈保护系统会迅速充气膨胀起来，其整个靠背都会随乘坐者一起向后倾，乘坐者的整个背部和靠背安稳地贴在一起，以最大限度地降低头部向前甩的力量，座椅的椅背和头枕会向后水平移动，使身体的上部和头部得到轻柔、均衡的支撑与保护，以减轻脊椎以及颈部所承受的冲击力，并防止头部向后甩所带来的伤害。

（六）汽车行人安全保护技术

（1）爆发式行人撞击引擎盖抬升系统。在与行人发生碰撞的事件中，新型可弹起引擎盖迅速自动向上弹起数英寸，从而在发动机与发动机罩之间形成了缓冲效应，有助于把行人与车体的坚硬处分离，值得注意的是，弹起所耗时间不足眨眼所需时间的十分之一。

（2）行人安全气囊。发动机罩气囊由一个碰撞预警传感器激发，在 50～75 毫秒完成充气，并能保持充气状态达数秒。充气后的气囊在前照灯之间的部位展开，由前保险杠顶面向上伸展到发动机罩表面以上。气囊的折叠模式和断面设计保障气囊展开时能与汽车前端的轮廓组合，以保护儿童头部和成人腿部的安全。

五、通信、娱乐、乘坐舒适、导向等方面的装置

当前汽车主要装有车载蜂窝电话、自动空调和大型远程客车上的影视音

响设备。例如，电子控制的高性能导航系统可以根据驾驶人提供的目标资料，向驾驶人提供距离最短且能绕开车辆密度相对集中处的最佳行驶路线。其装有电子地图，可以显示前方道路，并采用卫星导航系统。

六、行驶动力学调节系统

这是一种新型的主动行驶安全性系统，命名为行驶动力学调节系统，用以取代现代汽车的防抱死制动系统或驱动防滑系统。行驶动力学调节系统的基本特点在于，它保持并改进了防抱死制动系统或驱动防滑系统的基本功能，即在制动和驱动加速过程中的纵向动力学调节作用，还增加了横向动力学的调节作用，从而使汽车在全部或部分制动、自由滚动、驱动、各向滑移、载荷变换等各种工况下，可避免故障发生，实现汽车的安全操纵。

七、电子控制自动空调

电子控制自动空调可利用电子控制装置对汽车与箱内的温度进行预选以及对左右侧不同温度、局部温度、箱内气流控制等进行调节，对乘员室内的振动和噪声实现主动控制，使它们达到最低，最大限度地提高车厢内的乘坐舒适性。

八、汽车仪表显示

20 世纪 70 年代以后，由集成电路组成的电子仪表开始进入实用化阶段，包括液晶显示、真空荧光数码显示以及发光二极管显示等。一些公司正在研制由微处理机控制的屏幕集中显示型仪表及人—机对话的语言合成器。

九、车联网技术

（一）车联网的概念

车联网（Internet of Vehicles）概念引申自物联网（Internet of Things），根据行业背景不同，对车联网的定义也不尽相同。传统的车联网定义是指装载在车辆上的电子标签通过无线射频等识别技术，实现在信息网络平台上对所有车辆的属性信息和静、动态信息进行提取和有效利用，并根据不同的功能需求对所有车辆的运行状态进行有效监管和提供综合服务的系统。

（二）车联网的应用与发展

在大数据潮流的影响下，车联网无疑是一个大项目。2015 年 1 月 22 日，百度官方正式宣布，百度车联网战略将于 2015 年 1 月 27 日正式发布。至此，包括腾讯、阿里巴巴、百度在内的互联网三巨头全部加入了车联网系统争夺战。车联网的最终目标就是实现智能交通，这也是交通的最佳状态。在一个城市里，车辆之间、车辆与行人之间、车辆与建筑物之间，全部通过时时通信，保证信息的动态回馈，从而大大地提高车辆行驶的安全性。而且，整个交通线的数据都能够及时地收集，让车辆在自动行驶时选择最快的一条路径，以避免堵车。可以说，车联网技术的成熟将是人类交通的一个里程碑式的阶段。

由于车联网技术能够及时地统计汽车的数据，所以对于汽车的整个行驶过程都能够进行记录，可以在汽车遭到损坏时进行合理地赔偿，分清车辆的损坏原因。这样对于汽车的商家无疑提供了巨大的保护。

（三）车联网的瓶颈

车联网的发展也遇到了瓶颈。车联网技术的使用并无严格限制，目前就有一些部门开始使用基础的车联网技术，如开展实时交通路况、导航、救援定位、车况检测、4S 店预约等运营服务。但将车联网技术应用在汽车上则需要高昂的费用对汽车进行改造，使其能够为汽车生产商提供汽车的数据。这就要求汽车生产商不再仅仅作为一个硬件的提供者，同时还是汽车数据的收集者，并为车主提供服务。由此可见，汽车生产商需要对车联网技术进行资金上的支付，以此来保障对客户的服务。

除了资金来源问题，技术支持也很重要。显然，我们对于车联网的要求绝不仅仅是导航定位那么简单，我们需要的是对于整个汽车数据的实时记录，不断地反馈到中心，实现一个车与车直接地互动，从而达到智能交通，当然这对于无线网络的要求就更高了。我国目前的 3G 网络不能够支持那么高强度的数据传输。而 4G 网络和专用短程通信等自主网技术等也还没有完全突破。除了外界的技术还没有足够成熟以外，我国对于车联网芯片的开发技术也不达标。

所以，车联网在未来对于智能交通的作用是可观的，只要突破了相关的技术限制，那么交通就会更加安全与舒适。

十、汽车燃料

（一）汽车燃料的分类与现状

（1）用石油作为汽车燃料的汽车。汽车燃料主要是指汽油机（点燃式发动机）用燃料和柴油机（压燃式发动机）用燃料，是当前汽车运行的主要动力来源。我国及世界石油资源已逐渐枯竭，为了维系国内经济的发展，世界上各大国都在激烈争夺石油资源的控制权。

（2）混合动力的汽车。此类汽车是一个进步，其使用天然气与石油共同为汽车提供动力，甚至有一部分车可以仅仅利用天然气来驱动车辆前行。这种技术已经十分成熟，使用天然气作为燃料的汽车已经大批量生产，并投入市场使用。

（3）采用电力驱动的汽车。采用电力驱动的汽车共分为三类：纯电动汽车，技术已经较为成熟，但是因为电池的蓄电能力不强，并且价格昂贵，所以大批量地推广使用还是不可能的；混合动力汽车，使用两种能源作为动力的汽车，可以是燃料配合电力使用；燃料电池汽车，是指以氢气、甲醇等为燃料，通过化学反应产生电流，依靠电机驱动的汽车。

（4）氢动力汽车。氢动力汽车是一种真正实现零排放的交通工具，燃烧后排放的是水，真正做到无污染。目前，以氢气作为动力的汽车已经可以生产，并已出现在车展中，但是，氢气的来源还是较为困难，所以无法实现高效推广。

（5）太阳能汽车。太阳能汽车也能达到零排放，而且也是人类在未来发展的目标能源。太阳能取之不竭，无污染。但是由于目前人们无法高效地将太阳能用于汽车行驶上，如转换效率不高、汽车行驶距离不远、制作成本过高，所以，太阳能汽车还在试验阶段。

（二）新能源的应用及前景

新能源的应用是整个世界的发展趋势。能源资源紧缺制约了整个汽车社会的可持续发展。从目前的统计数字来看，我国石油资源相当匮乏，人均可采储量不到世界人均可采储量的10%。汽车保有量不断增多，世界可供开采的石油年限大约是46年，我国目前的年限应该是10多年，所以我们认为应该拓展新的车用能源，否则汽车社会是不可持续发展的。

我国的传统汽车产业发展较为落后，但是在新能源汽车领域，我国的发展走在前端，所以，尽早地大力发展该领域，使我国在摆脱石油紧缺困扰的同时，走在世界的前沿。如果能够较好地推进新能源汽车的使用，那么因为尾气排放带来的环境污染问题亦可得以解决。

新能源汽车的使用，将是对汽车社会的一个大改变。新的产业链条会形成，使传统汽车被淘汰，又能够推进经济的高速发展。

十一、汽车智能（自动驾驶技术）

（一）自动驾驶技术的基本原理

汽车的智能主要体现在自动行驶技术上。目前，不断有汽车公司对于自己研发的自动驾驶汽车进行上路试验，结果十分乐观，并且进行了少量的生产。只要该技术能够发展得更加成熟，那么大批量的自动驾驶车辆很快就会涌入市场。

例如，2012 年 5 月，美国内华达州向谷歌自动驾驶汽车发出了第一张牌照，2012 年 9 月，加利福尼亚州又向谷歌公司研发的自动驾驶汽车颁发了加州偏僻路段的上路测试牌照。谷歌自动驾驶汽车启动后，只需在笔记本电脑上搜索并设置目的地，系统便会自动给出最佳线路，自动驾驶模式下最高限速为 60km/h。这项自动控制系统较为先进，推出后可帮助残疾人士实现自行驾车出行的愿望。

如图 1－53 所示，自动驾驶汽车是利用车载传感器来感知车辆周围环境，并根据感知所获得的道路、车辆位置和障碍物信息，控制车辆的转向和速度，从而使车辆能够安全、可靠地在道路上行驶。该汽车集自动控制、体系结构、人工智能、视觉计算等众多技术于一体，是计算机科学、模式识别和智能控制技术高度发展的产物。

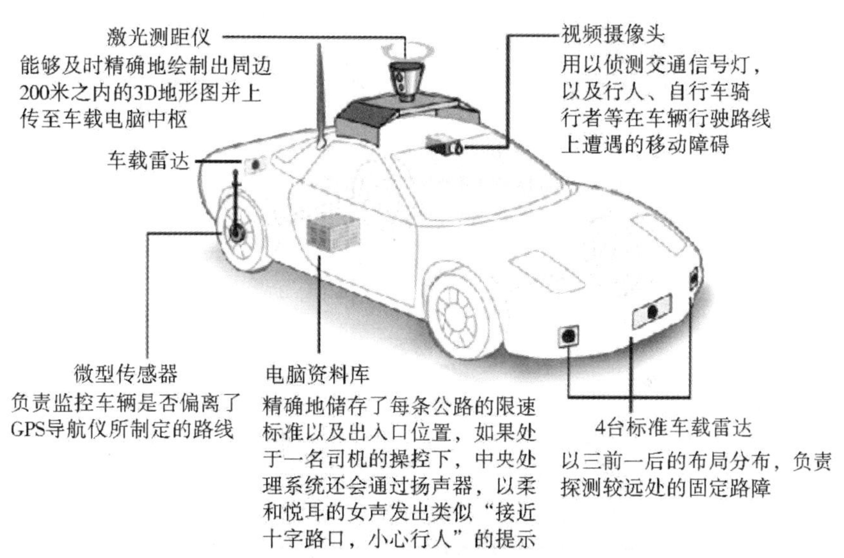

图 1－53　谷歌无人驾驶汽车基本组成系统

从外观上看，无人驾驶汽车外表同一般汽车类似，只是在车顶托架上安装有一个烟囱状圆柱形设备——它起着汽车“眼睛”的作用。无人驾驶汽车利用一套包括视频摄像机、雷达传感器和激光测距仪在内的控制系统侦测道路上的其他车辆，同时按照预先设定的路线行驶。现阶段，谷歌汽车仍存在缺陷，如遇陌生路段、无详细记录车况、系统故障等问题，谷歌汽车会提醒驾驶员手动操作，甚至直接强制靠边停车。

图 1－54 所示为谷歌公司生产的无人驾驶汽车，车顶有一台探测半径为 200 英尺的激光雷达，内置 GPS 和计算机，带有前后距离雷达，2014 年 5 月 15 日，谷歌邀请媒体对自己正在研发当中的无人驾驶汽车进行了试驾。无论

是在小道还是在高速公路，这款汽车都可以自由驰骋，能够感应到周围的事物，并相应地进行自动调整。

谷歌本次所展示的汽车是改装的雷克萨斯 RX450h 混合动力汽车，虽然这是目前在售的车型，但谷歌在这些汽车上安装了数量众多的传感器，以帮助汽车判断周围的一切，包括静止或运动物体。汽车的内部一切如常，除了一些额外的摄像头和一个大大的红色按钮（如图 1 - 55 所示）。按下这个按钮之后，用户就可以停止自动驾驶模式并进行接管。

谷歌已经在旧金山湾区对自己的无人驾驶汽车进行了多年的测试。目前他们已经行驶了超过 70 万英里的路程，其间并无重大事故发生。

图 1 - 54　谷歌无人驾驶汽车

图 1 - 55　驾驶室的红色按钮

谷歌的无人驾驶汽车使用了激光雷达（LIDAR）技术来查看周围的情况。这套系统被安装在汽车顶部，并会时常进行旋转来评估周围环境。但是，这套系统的造价十分高昂，成本约为 7 万美元。但如果要面向主流市场，谷歌预计成本最终可能会有所下降。

除了顶部的激光雷达传感器之外，谷歌的无人驾驶汽车和普通汽车并无二致。谷歌在车辆的两侧都印上了“自动驾驶汽车”的字样（如图 1 - 56 所示），供道路上的其他司机清晰辨别并保持距离。

这部谷歌自动驾驶汽车的展示品置于山景城计算机历史博物馆（如图1－56所示）。

图1－56 置于山景城计算机历史博物馆展出的谷歌无人驾驶汽车

图1－57 谷歌无人驾驶汽车的雷达部件

这辆车的前面并没有雷克萨斯标志，而是一个雷达部件（如图1－57所示），用于检测其正面的情况以及行驶速度。它会和主系统进行连接，并控制汽车的加速和减速。摄像头和传感器安装在挡风玻璃上，但仪表盘并没有任何改动。

位于汽车顶部的摄像头也会对车辆前方的情况进行检测（如图1－58所示），其内部还装备了方向传感器、激光雷达扫描仪、位置传感器和板载处理器，这些元件会对收集到的数据进行分析，并对汽车下达命令。

图1－58 位于驾驶室顶部的摄像头

但谷歌公司目前尚未在雪天测试过无人驾驶汽车，且为了安全考虑取消了大雨等恶劣天气下的测试；虽然汽车的摄像头可以识别出交通信号灯的颜色，不过整个团队目前还在解决车辆面朝阳光时，摄像头无法准确进行识别的问题；汽车可以通过是否移动和外形来识别行人，不过还不能识别出在马路边的交警做出的手势；汽车传感器尚不能识别道路上的岩石阻碍或小纸片，所以车辆在遇到上述情况时都会选择绕开。

无论怎样，可以说谷歌无人驾驶汽车是人类社会发展到目前最完备的能够自行控制的交通运输工具，在汽车的创新与发展上，还有很长一段路要走。

再如，上汽大通 D90 车型中的自动驾驶系统。该高级驾驶辅助系统（ADAS）主要包含自适应巡航系统（ACC）、碰撞预警（ACC）、自动紧急刹车（AEB）、车道保持辅助（LKA）、车道偏移报警系统（LDWS）等。

自适应巡航系统是一种智能化的自动控制系统。D90 搭载的自适应巡航系统，支持从 0～150 公里的自动跟车。该系统可以自动调节车速并和前车保持设定距离，当系统检测到前方的车辆开始减速，会同时对车辆加以制动，以维持设定的距离；还可以有效减轻驾驶员在驾驶中的疲劳感，大大提高驾驶的舒适性和安全性。

其中，防追尾的碰撞预配合自动刹车的主要作用是碰撞预警通过声音和视觉来进行预警。当 D90 与前车或行人距离小于安全距离时，自动刹车系统会主动刹车，并发出警报，有效避免或减少追尾等碰撞事故的发生，但当时车速小于 30km/h 则可以避免碰撞。

车道保持辅助系统的作用原理是系统会帮助驾驶员智能识别车辆行驶过程中与所在车道的横向位移状态。若驾驶员在不开灯的情况下压到任何一侧的行车线，方向盘会自动施加反作用力并且进行震动提醒以保证车辆安全。驾驶员长时间驾驶容易走神或瞌睡，车道保持辅助系统会充当“闹铃”，不仅会替驾驶员把车牢牢“摁”在车道内行驶，也会用方向盘把驾驶员震醒。

自动泊车系统的作用原理是系统会采用红外线或传感器等不同的方法来检测汽车周围的物体。这些感应器会发送信号，当信号碰到车身周边的障碍物时会反射回来。车上的计算机会利用其接收信号所需的时间来确定障碍物的位置，随后，车上的计算机系统将接管方向盘。计算机通过动力转向系统转动车轮，将汽车完全倒入停车位。

（二）自动驾驶技术的研究与应用

在不到一年的时间内，国内外已经有多家厂商推出了外形几乎与现有汽车一样的无人驾驶汽车，由此可见无人驾驶技术在国内外几乎处于日新月异的发展时代。

2016年9月以美国总统奥巴马为首的美国政府，公开提出“在无人驾驶产业保持美国科技业领先优势，防止中国赶超”。一个月后，中国政府发布了第一份关于无人驾驶技术的全面技术发展路线图，制定了无人驾驶汽车发展的三个五年阶段需要达成的目标，力求高度或完全自动驾驶汽车在2021年到2025年能够上市。2026年到2030年，每辆车都应采用无人驾驶或辅助驾驶系统，即全面普及无人驾驶车辆。中国电动汽车百人会专家预言，无人驾驶技术极可能使中国在科技产业获得国际领跑地位，帮助国家实现产业升级。

事实上，中国客车无人驾驶技术早已走在世界同行之前。2015年8月29日，宇通客车推出的全球首台自动驾驶大客车完成道路测试。这被誉为中国客车行业的一个里程碑事件。

1. 宇通无人驾驶客车。宇通无人驾驶客车是宇通与包括中国工程院院士李德毅在内的总参61所等联合研发的，耗时五年。其在无人驾驶条件下成功安全驾驶的核心是整车智能驾驶系统，由智能主控制器、智能感知系统、智能控制系统3大主要部分组成。

该车配置2个摄像头、4部激光雷达、1部毫米波雷达以及组合导航系统，可在全开放环境下安全行驶，完成跟车行驶、自主换道、邻道超车、自动辨别红绿灯通行、定点停靠等试验科目，顺利到达测试终点。

2. 金旅无人驾驶客车。2017年6月7日，厦门金旅6.2米无人驾驶小巴在上海嘉定国际汽车城——中国首个国家级智能网联汽车试点示范区完成了2千米的场景测试，全程模拟城市道路寻迹行驶、自动避过障碍、自动实现环岛绕行、到站自动停靠、自主变道。

3. 中车无人驾驶客车。2017年7月18日，中车电动自主研发的全球首款12米智能驾驶客车在湖南省株洲市经过封闭环境中2个月的测试，公开无人驾驶路试，且自动完成了牵引、转向、变道等动作，最高时速达到40km/h。

这辆可容纳80人的客车周身共有8个传感器，包括摄像头、激光雷达、毫米波雷达、超声波雷达、高精度组合惯导等，实现了厘米级别的高精度定位，用于识别周边车辆、行人等障碍物，可探测到前方200米范围内的障碍物，可识别前方行人、红绿灯和车辆种类。该车采用夜视摄像头与毫米波雷达的“超融合”，可实现白天、夜晚的智能驾驶功能，可对复杂路面进行感知。

4. 国内首款无人驾驶通勤车。2017年6月29日，在天津梅江会展中心举办的2017年世界智能大会上，一家名为“天津清智科技有限公司”的ADAS创业公司，发布了旗下第一台用于园区运营的全自动驾驶智能网联通勤车的产品原型车，据称这是国内首款该类型的通勤车。

目前，该车设计运行时速可以达到20km/h，续航里程可以达到60千米，能够乘坐8人至10人，能识别和判定车辆前方50米、180度范围内的行人、车辆或障碍物。在内饰设计方面，考虑到乘客的舒适度，面对面放置的真皮环形座椅方便乘客进行商务洽谈。

2017年6月30日，该公司分别和天津东丽区政府、航天十五所以及隆基泰和实业有限公司签署了战略合作协议。首批无人驾驶通勤车投放于华明高新区以及东丽湖景区。

据了解，清智公司已经与厦门金龙、福建万润新能源等合作伙伴共同开展实车试装。清智公司实际上已经与福建万润完成了关于商用车自动驾驶关键技术中预告紧急制动体系（AEBS）的共同研发，并已通过国家检测，而其样车部分采用的是金旅10.5米车型。

5. 金龙无人驾驶推进情况。2017年7月5日，百度公司在北京国家会议中心举办了2017百度AI开发者大会。会上，百度宣布正式开发Apollo平台，并公布了汽车自动驾驶生态战略目标，以及首批加入Apollo生态圈的50家企业，其中金龙客车是唯一一家国内客车企业。

作为战略合作伙伴，金龙客车将深度参与百度Apollo计划，基于金龙客车平台和Apollo计划共同开发商用客车领域的自动驾驶车型，共建自动驾驶生态。长期以来，金龙客车在汽车智能化、网联化、电动化、共享化等方面进行了广泛布局，并启动自动驾驶客车项目研发。2016年，金龙客车就已掌握了微循环车在封闭园区的自动驾驶能力。

6. 福田欧辉无人驾驶推进情况。2016年1月11日，在福田汽车集团——福田戴姆勒汽车2016商务年会期间，福田欧辉现场推出并升级了智蓝新能源一体化解决方案，同期上市发布了BJ6180系列在线充电纯电动城市客车——BJ6180无人驾驶BRT概念车。该产品包含BRT独特的公交系统，采用了雷达、车道引导、激光定位器、全球定位系统、红外照相机、立体图像、车轮编码器等先进技术。

2016年7月6日，北汽集团新技术研究院与辽宁盘锦市大洼区人民政府在北京举行无人驾驶汽车战略合作协议签约仪式。双方决定在盘锦“红海滩国家风景廊道”，合资合作共同开发建设无人驾驶体验项目。未来参观红海滩景区的游人，可乘坐无人驾驶车在22平方千米的景区内实现不同景点间的交通。所有使用车辆均由北汽旗下的各个品牌新能源电动车改装而成，有承载量为2~4人、6~8人，以及20人左右的车型。

7. 法国无人驾驶客车遍布全球。美国在无人驾驶技术方面比较高调，就无人驾驶客车（巴士）行业来看，法国绝对是欧洲大陆上对无人电动巴士最

“热情”的一个国家。2015年年底，无人驾驶电动巴士首次在法国亮相后，截至目前已经遍布英、美、希腊、日本、新加坡等多个国家和地区。据媒体报道，个别地方已经在2016年进入无人驾驶电动巴士正式运营期。

而法国Navya与Easymile两家公司是无人驾驶客车（巴士）领域势头最强劲的两家创业公司。

Navya公司在2016年年底便对外宣布已获得来自法国三大运营集团之一的Keolis与汽车零部件巨头法雷奥（Valeo）的3400万美元投资。截至目前，Navya无人巴士旗舰车型Arma在法国投入运营的城市已增至7个，在全球共有45辆无人巴士，遍布5个大陆，搭载的乘客人次超过17万。

EasyMile公司则获得另一家汽车零部件巨头大陆集团的投资，还拿到了不少国家的私人公交运营商与私人企业的订单（以租赁或购买两种形式）。如日本永旺集团引进了多辆EasyMile的主打车型EZ10，让无人巴士在日本千叶县丰砂公园内进行小范围试运营；再如，日本手游公司DeNA，也在园区内用EasyMile无人巴士来接送员工。

此外，EasyMile公司与Ligier公司合作，共同在法国的Vichy生产代号为EZ10的无人驾驶汽车。

在经过几个月的封闭测试之后，2017年1月，法国巴黎的无人驾驶巴士开始公开测试，并在每周免费供市民使用。巴黎此次公开测试的是两辆名为EZ10的电动无人驾驶迷你巴士，一次可搭载6人，往返于里昂和奥斯特利茨车站，此次的公开测试一直持续到2017年4月初。

EZ10无人驾驶电动迷你巴士由法国EasyMile公司设计，装有GPS定位系统，设计时速为15公里。

而Navya公司于2017年1月在美国拉斯维加斯试运营可容纳15人的巴士，运营里程为460米。2017年秋天，这款无人驾驶巴士进入美国密歇根大学为师生服务。该巴士高大宽敞，可容纳15人在密歇根大学2英里的环路上行驶，速度为每小时15英里。为购买该巴士与操作系统，密歇根大学无人驾驶测试虚拟小镇MCity花费了50万美元。

EasyMile公司生产的无人驾驶巴士限乘12人，2017年3月6日开始在美国旧金山湾区一个空闲的停车场中试运行。

2016年，EZ10在芬兰赫尔辛基公共道路上进行为期数月的测试，在地铁站和公交站之间做摆渡，最高时速只有10公里。此批EZ10全长3.9米，宽2米，高2.7米，重量为1700千克，内部装有空调，最多可以载12位乘客（6座6站）。

2016年8月31日，阿拉伯联合酋长国迪拜道路交通管理局宣布，一种用于载客摆渡的无人驾驶汽车于9月1日起在迪拜市中心开始为期1个月的试运营。

迪拜使用的是EZ10的10座无人驾驶电动车，外形方正，车身不分前后，可以双向行驶，具备可移动坡道，同时可为使用轮椅的乘客提供方便。该项目由迪拜道路交通管理局与伊玛尔地产公司联合推出，最高时速可达40千米，运营巡航时速约为25千米，相对适用于行人和自行车密集区。

2017年，新加坡的无人驾驶穿梭巴士服务开始运营。这辆巴士名为Arma，由法国公司Navya开发。Arma使用激光雷达和摄像头探测道路前方的障碍物，并通过GPS向基站报告自身位置。因此，操作人员可以知道车辆的实时位置。

Arma采用电力驱动，根据行驶距离和交通状况的不同电池容量可以持续使用半天，能搭载15名乘客，行驶路线是从南洋理工大学校园至约1.5千米外的CleanTech生态产业园。南洋理工大学官方已通过Facebook发布视频，展示了这辆新的空调巴士，并宣布这一巴士将于2017年秋季学期启用。

台湾大学同台企喜门史塔雷克产学合作，引进首辆电动无人驾驶巴士EZ10，开放民众试乘，至2017年7月13日结束。

EZ10可容纳12名乘客（6个座位+6个站位），在充满电的情况下可以行驶8个小时，1个小时可行驶20公里，总共可以行驶160公里。

这辆由法国Ligier公司制造的迷你小巴士，车身长度不到4千米，采用电能驱动。巴士四周以及正车头/尾都有镭射测距扫描防撞系统，搭配前/后玻璃上方的摄影机，以及车顶的GPS定位系统，使迷你巴士不仅能实现自动驾驶与车辆周围侦测功能，若遇到障碍物时还能自行判断并停车。

2017年7月18日，Navya公司开发的名为“NAVYA ARMA”的不设驾驶位的车辆，在东京都港区的芝公园畅通无阻地行驶。该巴士可通过摄像头检测到障碍物，根据预设的路线行驶。

8. 美国无人驾驶巴士。2016年6月16日，来自美国亚利桑那州的3D打印汽车公司Local Motors推出了一辆3D打印的自动驾驶电动公交车Olli，从发布之日起，该车在华盛顿特区的大街上为乘客服务。该车外形四四方方，造型新颖，车内有12个座位，使用了Phoenix Wings的自动驾驶技术来执行导航功能。Olli可以模仿一名司机所需的社会功能：乘客可以向它咨询一些与汽车相关的问题，如你是怎么工作的？我们将要去哪里？为什么作出这样的驾驶决定？Olli装载系统均可应答自如，并且还能够为乘客推荐当地最受欢迎的餐馆和旅游景点。开发者希望这一“人机对话”功能能让乘客享受更轻松的旅途。

9. 英国无人驾驶巴士。2017 年 4 月 4 日，英国无人驾驶巴士 GATEway 在伦敦公路运行，正式投入使用。

伦敦市交通局邀请 100 名市民参与一条无人驾驶巴士线路的试乘。这条试运行巴士线路全长 2 英里，位置靠近伦敦 02 体育馆，建设初衷是为了方便格林威治周边街区的居民能更加快捷地抵达已有的公众交通总站。

该巴士上安装了五台摄像机和三台镭射仪器，帮助巴士进行导航。试运行经过的河岸小道原先是行人和自行车专用道，因此，巴士的测试时速仅为 10 英里。同时，巴士上还有一名专业操作人员，在特殊情况发生后，他可以采取紧急制动。

2017 年，伦敦政府宣布投入 1 亿英镑建设基础设施，以推动无人驾驶技术的发展。其中无人驾驶巴士项目名为 GATEway 计划，斥资近 800 万英镑。据悉，该项目将根据试运行结果于 2019 年年底前正式投入运营。未来，项目还将拓展至英国全境。

10. 俄罗斯无人驾驶巴士。2017 年 6 月，俄罗斯远东大学与巴库林汽车集团签署合作协议，在俄远东大学进行俄罗斯首辆无人驾驶巴士“Matryoshka”的最后测试工作。

该车代号为“Matryoshka”，在满电状态下，最高时速可达 130km，同时一次可容纳 20 名乘客。在电池即将耗尽时，该巴士会以 30km/h 的速度自动返回指定地点进行充电。

11. 德国无人驾驶巴士。据报道，梅赛德斯—奔驰的 City Pilot 自动驾驶巴士“未来巴士”（Future Bus）目前已在荷兰阿姆斯特丹的城市街道和高速公路上展开了长距离测试。目前，“未来巴士”已成功从荷兰阿姆斯特丹史基浦机场驶往了附近城市 Haarlem，全程 20 公里，行驶线路主要是巴士快速通道，司机全程跟随行驶，但不进行人工干预。

这辆“未来巴士”外观上最引人注目的是其骨状车身，中部设两扇对开门，挡风玻璃下有两条“桨”状灯带，不仅具有审美功用，还能通过不同的颜色判断车辆当前驾驶模式（白色为正常驾驶，蓝色为自动驾驶）。

2015 年，奔驰在卡车上引入 Highway Pilot 自动驾驶系统，使长途运输更安全、更经济。现在，经改造的 City Pilot 系统也将用于城市公交，踏出全自动驾驶公交的第一步。

从无人驾驶客车在国内外的发展情况来看，国外目前仍然以中小型的自动驾驶巴士为主，并且测试、运营区域基本处于有一定封闭性的地方，并且主要应用于“解决最后一公里”的短途运输；而国内主要以 10 米至 12 米长的客车以及通勤车为主，更侧重于解决城市道路交通拥堵问题，但考虑到实际生活中城市交通的复杂性，国内大型景区园区内的交通更适合无人驾驶客车的发展。

从全球无人驾驶汽车技术研发者来看，主要分成三类：一是以特斯拉为代表的车厂；二是以谷歌（国内是百度）为代表的互联网科技公司；三是以英特尔为代表的电子公司。而具体到客车领域，无人驾驶技术一旦脱离整车企业以及驾驶控制研发机构内部，进入路测和未来营运阶段，必须要和道路管理、园区管理、景区管理、科研院所等各部门协调关系。在这一过程中，政府、社会和企业需要各自明确职责和长处，在合作中做到优势互补，互相帮助和学习。

无人驾驶是国家科技发展的未来目标，也是汽车行业的发展方向，汽车的新技术改变牵引着整个社会，如新能源的开发利用可以减少环境污染；而无人驾驶车辆的安全性一旦高过人为驾驶的车辆，随着成本的下降，在不远的将来必会越来越被人们所接受，而对于汽车各个部位安全性能的提高更是关系到每一位汽车驾驶人以及所有交通参与者的安全。所以，汽车新技术的发展将会推动社会进步。

本章对于汽车的新技术进行了概括分析和介绍，我们可以发现，在汽车新技术的发展方面，已经不单单是更换零件、改变外形那么简单了，更多的新技术需要的是多学科跨专业领域的结合，未来汽车技术的发展很明显就是自动驾驶技术和电动汽车制造技术。

【思考题】

1. 什么是 ABS？为什么需要 ABS？如何判断汽车是否装备了 ABS？如何分辨 ABS 是否在工作？ABS 失效后怎么办？

2. ESP 的工作原理是什么？美国是如何推动 ESP 系统应用的？

3. 夜视系统的作用原理是什么？

4. 远光灯辅助系统的工作原理是什么？

5. 国内外汽车自动驾驶技术的发展概况如何？

第二章 机动车的认证与查验

第一节 国际汽车型式认证制度

机动车认证，是为保证机动车技术性能优良，以达到减少交通事故和环境污染、避免能源浪费之目的。机动车认证着重于源头管理，这项工作做好了，车辆的行驶安全就有了基本保证。

一、汽车型式认证制度的定义

汽车型式认证制度是指根据汽车技术法规和质量保证体系标准，经认证机构确认并通过颁发认证证书以批准同一型式汽车产品的生产、销售和进口的活动。

汽车型式认证制度是一种有条件的产品市场准入制度。它的依据是国家制定的汽车技术法律、法规，具有强制性。根据法律、法规的要求，任何一种需要申请认证的汽车车型都必须满足汽车技术标准的要求，经过一定程序的试验和检验，得出试验报告，经国家汽车认证机构审核，符合汽车技术标准要求的，审核通过认证后，颁发认证证书。国家认证机构对通过认证的产品进行监督和经常性的产品质量抽查，若发现问题，责令限期整改，并将故障车辆产品召回。如果厂家对质量问题置若罔闻，或者故障车辆发生事故，厂家将面临严重处罚。

二、汽车型式认证制度的作用

通过型式认证，可以督促汽车生产厂家生产高质量、高性能、高安全性的汽车产品，有利于规范和引导汽车产品质量的发展，有利于环境保护、节约能源和维护汽车使用者的利益。通过汽车型式认证，可以限制不符合本国国情的车辆进口，保护本国国民的利益。实行汽车型式认证，可以推动汽车产业结构的优化调整，调整产品生产方式和经营方式等，提高产品的国际竞争力，有利于发展国际间汽车贸易。因此，世界上许多国家、政府对实行汽车型式认证制度都给予高度重视。

三、国际汽车型式认证的方法

由于各国具体政治体制、国情不同，经济发展水平不同，汽车工业规模不同，国际上发达国家的汽车型式认证方法也不尽相同，大体形成了美国、欧洲、日本三种类型。这三种认证体系经过几十年的发展和不断改革，已相当完善，所遵循的各项原则也成为国际惯例，为世界各国所接受，成为其他国家建立汽车型式认证制度的样板。我国经过十多年的努力，坚持在以 ECE/EEC 技术法规体系为参照的技术路线基础上，逐步建立了自己的汽车型式认证体系。

（一）美国的认证方法

1953 年，美国在世界上首先颁发《联邦车辆法》，其政府由此开始对车辆进行有法可依的管理。与美国的政体一样，美国关于汽车的法律、法规有联邦的法律、法规，也有州的法律、法规。按照美国联邦统一的汽车型式认证，其主要分为两个部分，即安全认证和环境保护认证。

美国汽车业实行的是自我认证，即汽车制造商按照联邦汽车的法律、法规要求，自己进行检查和验证。如果企业认为产品符合法律、法规的要求，即可投入生产和销售。因此，自我认证体现了美国式的自由——汽车企业对自己的产品具有直接发言权。美国政府主管部门的任务就是对产品进行抽查，以保证车辆的性能符合法律、法规的要求。在美国，汽车安全的最高主管机关是隶属于运输部的国家公路交通安全署（NHTSA）。为确保车辆符合联邦机动车安全法律、法规的要求，国家公路交通安全署可随时在制造商不知情的情况下对市场中销售的车辆进行抽查，也有权调验厂家的鉴定实验室数据和其他证据资料。如果抽查发现车辆不符合安全法律、法规的要求，主管机关将向制造商通报，责令其在限期内修正，并要求制造商召回故障车辆，这就是所谓的“强制召回”。同时，如果不符合法律、法规要求的车辆造成了交通事故，厂家将面临高额的罚款。在这种严厉的处罚规定下，汽车企业对产品设计和生产过程中的质量控制不敢有丝毫懈怠，而且对召回非常“热心”，一旦发生车辆质量瑕疵，就主动召回，否则被公路交通安全署查出，后果不堪设想。因此，美国的自我认证方式，尽管表面看来较宽松，实际上汽车制造企业要真正为自己的产品负责，所以制造商不敢弄虚作假。

（二）日本的认证方法

日本汽车型式认证制度产生于 20 世纪 50 年代，其认证体系由“汽车型式指定制度”“新型汽车申报制度”“进口汽车特别管理制度”三个认证制度组成。根据这些制度，汽车制造商在新型汽车生产和销售之前要预先向运输省提出申请，以接受检查。

“汽车型式指定制度”要求对具有同一构造装置、性能，并且大量生产的汽车进行检查。“新型汽车申报制度”针对的是形式多样而生产数量不是特别多的车型，如大型卡车、公共汽车等。“进口汽车特别管理制度”针对的则是数量较少的进口汽车。

而代表日本型式认证制度特点的应该是“汽车型式指定制度”，该制度审查的项目主要有以下三点：一是汽车是否符合安全基准（车辆的尺寸、重量、车体的强度、各装置的机能、发动机排量、噪声强度等）；二是汽车的均一共同性（生产阶段的质量管理体制）；三是汽车成车后的检查体制等。

以上的检验合格后，制造商才能拿到该车型的出厂检验合格证。但获得型式认证后，还要由运输省进行初始检查，目的是保证每一辆在道路上行驶的车辆都达标。达标后的车辆依法注册后就可以投入使用了。但如果投放市场的车辆与检验时的配备不同，顾客可以投诉。日本实行的召回制是由厂家将顾客投诉上报运输省，如果厂家隐瞒真相，将顾客的投诉束之高阁，造成安全问题后，政府主管部门会实行高额惩罚。

总的来说，日本采取的是政府认证，即政府部门组织对车辆进行认证。最初，由新车的生产厂家向运输省送交一辆样车，申请检验，同时还要提供两辆做过 3 万公里运行试验车辆的检验数据。车辆由运输省管辖的交通安全公害研究所进行试验与检验，若符合日本政府颁布的《道路运输车辆安全基准》，作出合格的决定，然后通知生产厂家，检验合格，予以认证，准予生产销售。

1. 日本汽车技术法规的基本情况和特点。为确保机动车交通安全、防止环境污染、合理有效地利用能源，日本制定了《道路车辆法》《大气污染防治法》《噪声控制法》及《能源合理消耗法》等法律要求，日本政府有关部门据此制定、颁布了一系列政令、省令、公告、通知，这其中就包括道路车辆安全、环保、节能方面的法规及相应的汽车产品试验和认证规程、汽车技术标准和结构标准。

日本的汽车技术法规体系与欧盟和美国的汽车技术法规体系不同，其体系构成比较复杂。日本国土交通省根据《道路车辆法》的授权，以省令形式发布日本汽车安全和环保方面的基本技术法规，内容涉及对机动车辆、摩托车、轻型车辆的安全、排放法规要求。但日本的汽车技术法规，即汽车安全基准（或称为日本汽车保安基准）中只有基本的法规要求，而技术法规进一步细化的内容，以及如何判定汽车产品是否符合法规要求的技术标准和型式认证试验规程（TRIAS），以及与技术法规的实施相配套的管理性规定等则由主管部门中的有关机构以公告的形式发布，或以各种通知的形式下达全国各地方的下属机构，如各地方运输局、日本自动车工业协会、日本自动车进口协会等，如以“交审”编号的文件表示日本国土交通省自动车交通局审查课发布的文件；以“技企”编号的文件表示日本国土交通省自动车交通局技术企画课发布的文件；以“自环”编号的文件表示日本环境省自动车环境对策课发布的文件。

具体而言，日本汽车法规体系中的技术标准的内容是为恰当和有效地判断汽车是否符合汽车安全基准而制定的详细的条款；型式认证试验规程（含补充的试验规程）为进行型式认证审查时所用的试验方法；型式认证审查法规（型式认证试验信息）是为了适当而有效地审查汽车产品新型式是否符合汽车安全法规要求而定的详细法规要求。此外，日本汽车技术法规体系中还包括对装置和零部件的型式指定技术法规，日本国产车及进口车申请和获取日本汽车型式认证批准的运作程序，以及车辆产品获得型式认证批准后的管理（包括对带有缺陷与不符的车辆产品的召回）等方面的规定。

日本汽车技术法规独特的体系构成和编排模式，使其在很长一段时期内与欧盟和美国共同构成国际典型的汽车技术法规体系，并为少数其他国家在建设其汽车技术法规体系时所借鉴，如韩国在其汽车技术法规体系的编排上更多地借鉴了日本汽车技术法规的编排式样，以政府部门法规的形式发布汽车技术法规，但将基本的法规要求和试验规程、试验方法分开进行编排。

2. 日本汽车产品市场准入管理制度的基本情况和特点。

（1）日本对汽车产品采取型式批准制度。日本在汽车产品市场准入管理上，即对汽车技术法规的实施上采取与欧洲相同的汽车产品型式批准制度，但它与欧洲的型式批准制度又有所不同，具有自己的许多特点。日本机动车型式认证制度包括型式指定制度（Type Designation）和型式通告制度（Type Notification），此外对有关排放、噪声、安全等控制装置和零部件还设立了单独的装置型式指定制度（Device Type Designation）。型式指定适用于批量生产，且质量均一的机动车辆，而对于生产批量较小，且要求多变的大型货车和客车（以在现成底盘上进行改装为主要方式生产的车辆）则实施型式通告制度。对于符合优惠管理条件的进口机动车也实施型式通告制度。

型式指定的基本程序是，由企业向国土交通省提出某一车型指定的申请，国土交通省接到申请后，对有关文件和车辆进行审查和试验，内容包括：车辆是否符合机动车辆安全基准（机动车参数、每种结构和装置的功能、排放物总量、噪声等）；机动车生产一致性控制；完成机动车辆检验的体系。如该车型通过审查和试验，即被指定，该车型的每一辆车在出厂时，厂家要对其进行出厂检验（或称完成检验），以确定其符合安全基准的要求，如通过检验即对每一辆车发放出厂检验证书（完成检验证书）。汽车用户在购买车辆后，只要向地方陆运署出具出厂检验证书，而不必再对车辆进行检验，即可获得注册。

型式通告制度的程序是国土交通省在接受厂家某一型式通告的申请后，对申请者提供的文件和该车型基本型样车进行审查，以确定该车型共有的结构和部件（如底盘）是否已经通过型式指定，即是否已符合日本汽车安全基准的要求，对于已通过型式指定的车辆结构和部件就无须再进行试验，而只对新加的部分或改装的部分进行检查和试验，以确定其满足日本汽车安全基准的要求。

在日本的汽车产品型式指定和型式通告制度的具体运作中，日本政府国土交通省作为主管机关负责相关的申请和批准，具体的技术审查和试验工作由国土交通省下属的日本交通安全和环境研究所进行。

（2）日本对汽车产品同时引入召回制度。日本对汽车产品的市场准入管理采取欧盟的型式批准制度，但同时在该制度中引入了美国的机动车辆召回制度，这也是日本汽车产品管理制度中的又一特点。日本的机动车辆召回制度于 1969 年通过修改部分省令建立，当时建立这一制度的背景是带有缺陷的机动车辆成为严重的社会问题并引起很大的关注。到 1994 年，车辆召回制度的有关条款被写入日本《道路车辆法》，这样就进一步明确了车辆制造厂商的责任。

当机动车辆制造厂商对某类型的机动车辆结构、装置或性能由于设计或生产造成的与安全基准不相符合或潜在的不相符合采取必要的纠正措施时，应该事先将以下情况通知日本国土交通省省长：一是被确定与安全基准不相符合或潜在的不相符合的机动车辆结构、装置或性能的基本情况，以及造成不相符合的原因；二是纠正措施的内容；三是将上面第一项内容通知机动车辆使用者的措施，以及将上面两项内容通知机动车辆维修再组装行业经营人员的措施。作出以上通知的机动车辆制造厂商还要定期报告有关的纠正措施进展情况。

日本国土交通省对机动车辆制造厂商进行监督，以检查其召回工作是否正常进行。任何人员如果在日本国土交通省省长要求时，不作报告，或作出虚假报告，或拒绝、阻止、逃避国土交通省省长的检查，或对国土交通省省长的询问不予回复或作出虚假回复，都应被处以 20 万日元以下的罚款。任何人员未能履行召回通知义务，或作出虚假的通知，应处以 100 万日元以下的罚款。

如果车辆制造厂商不采取纠正措施，国土交通省省长可以建议制造厂商采取措施，如果车辆制造厂商不履行该建议，国土交通省省长可以发布公开通告，使制造厂商履行其建议。

（3）日本机动车辆召回制度的进一步发展。日本政府对其机动车辆召回制度近年来进行了复审，并修改《道路车辆法》的相关条款，进一步加大对车辆召回制度的实施力度，主要内容如下：一是在《道路车辆法》中新增加一条款：如果机动车辆制造厂商在国土交通省省长提出采取纠正措施的建议及发布公开通告后，仍然不采取纠正措施，国土交通省省长可以命令车辆制造厂商按照其建议采取纠正措施。二是加大处罚力度，原有的处罚标准都统一改为处以一年以下的有期徒刑，或处以 300 万日元的罚款，或者同时处以一年以下的有期徒刑及 300 万日元的罚款。而且，如果是公司的法人代表做出上述违法行为，该公司将被处以 2 亿日元以下的罚款。三是对市场零配件引入召回制度，市场零配件限制在轮胎和儿童约束系统，上述对机动车辆召回制度的修改内容同样适用于市场零配件。

3. 日本汽车技术法规今后的发展。日本汽车技术法规今后的发展总体上将继续其国际协调和统一的既定方针和政策，在联合国经济及社会理事会欧洲经济委员会中内陆运输委员会道路交通分委会下属的车辆结构工作组制定的《关于采用统一条件批准机动车辆装备和部件并相互承认此批准的协定书》（以下简称《1958 年协定书》）的框架下采用联合国欧洲经济委员会汽车法规（ECE 法规）汽车技术法规，使更多的汽车部件和系统既可以按照日本自身的汽车技术法规进行认证批准，也可以按照 ECE 法规进行认证批准，两者实现互认。同时也应看到日本汽车技术法规体系中仍有许多自身非常独特的特点和内容，如独特的法规体系结构和编排；日本的汽车排放和燃料经济性的试验工况，以及与之相配套的限制要求，它们都有着自身的发展趋势，尽管日本积极地在《全球性汽车技术法规协定书》（以下简称《1998 年协定书》）的框架下开展全球范围内汽车技术法规的协调和统一，并已在各国差异相对比较小的重型车辆排放试验规程上取得较大的进展，制定出台了统一的法规：全球统一汽车技术法规（GTR）。目前日本又积极推动各国差异较大的轿车和轻型车辆排放试验规程的协调和统一，但要最终完成这些工作，并将这些全球技术法规协调的成果采用到日本的技术法规体系中还需要一个过程，因此在今后相当长的一段时间内，我国企业在密切关注全球和地区汽车技术法规协调统一进程的同时，也应继续关注日本自身汽车技术法规的发展。

（三）欧洲各国的国际统一汽车型式认证

1970 年 2 月，欧洲经济共同体（以下简称欧共体）理事会发布的《各成员国关于汽车及其挂车型式认证的协议》（70/15b/EEC）规定了型式认证制度，即在一个欧共体的国家中取得认证的汽车，在其他国家可以售出，不需再取得该国的型式认证。这就是所谓的“国际统一汽车型式认证”。

欧洲各国实行的虽然也是型式认证制度，但与美国有较大区别，美国是由企业自己进行认证，而欧洲各国则是由政府委托独立的第三方认证机构进行认证。比如，法国的认证机构是法国汽车、摩托车、自行车协会（UTAC），德国的认证机构是政府认可的独立的、不营利的私人组织——监督协会。欧洲各国对流通过程中车辆质量的管理没有美国那样严格，而是通过检查企业的生产一致性来确保产品质量。因此可以说，美国对汽车的管理是推动式的，是政府推着企业走；而欧洲各国则是拉动式的，是政府拉着企业走。

欧洲各国的汽车型式认证都是由本国的独立认证机构进行的，但标准则是全欧洲统一的，依据的是 ECE 法规、欧盟委员会（EC）指令，主要有 E 标志认证和 e 标志认证两类。

E 标志源于 ECE 法规。这个法规是推荐性的，不是强制标准。也就是说，欧洲各国可以根据本国的具体法律、法规操作。E 标志认证只涉及产品零部件及系统部件，不包括整车认证。获得 E 标志认证的产品是为市场所接受的。

e 标志是欧盟委员会依据 EC 指令强制成员国使用整车、安全零部件及系统的认证标志。测试机构必须是欧盟成员国内的技术服务机构，如德国专为元器件产品定制的安全认证标志（TUV），荷兰应用科学组织（TNO），法国为汽车整车和零部件开展产品认证业务的于达克公司（UTAC），意大利的 CPA 等。发证机构是欧盟成员国政府的交通部门，如德国的交通管理委员会（KBA）。如同欧元在欧盟成员国自由流通一样，获得 e 标志认证的产品各欧盟成员国都认可。

要获得 E 标志认证或 e 标志认证，首先产品要通过测试，生产企业的质量保证体系至少要达到 ISO9000 标准的要求。据德国的认证机构 TUV 介绍，德国对汽车质量保证体系审核及认证标准很严，依据的是 ISO9000、QS9000、ISO14000、VDA6.1 等标准。在该机构出示的汽车认证流程表中，检验项目达 47 项之多，除了噪声、排放、防盗、刹车等基本项目外，仅车灯就有 6 项。

车辆召回在欧洲各国也是“家常便饭”。与美国不同的是，欧洲各国实行企业自愿召回，企业发现车辆有问题，就可自行召回，但要向国家主管机关上报备案。如果企业隐瞒重大质量隐患或藏匿用户投诉，一经核实将面临处罚。

尽管美国、欧洲、日本的三种型式认证各具特色，但随着汽车市场全球化进一步发展，世界汽车认证管理方法已呈现出相融的趋势。

第二节 我国的汽车认证制度

一、以往我国的汽车“目录”管理制度

从严格意义上说，我国目前不存在汽车产品型式认证制度，而是采用产品“公告”管理制度。所谓“公告”管理制度，是指国家发改委发布的《车辆生产企业及产品公告》，这是我国对车辆生产、销售进行质量管理的一种制度。我国“公告”管理的前身是1985年施行的产品“目录”管理。“目录”管理就是国产汽车在正式投产前，由政府主管部门请专家参加产品鉴定会，对其性能、质量及试验、生产准备情况进行审查评定，以确定其能否正式投入生产。当时，我国汽车生产由中国汽车工业联合会（以下简称“中汽联”）负责，进行汽车产品鉴定时，公安机关主管部门一同参加，通过鉴定后，由中汽联和公安部共同下达《汽车生产企业及产品目录》（以下简称《目录》）。公安机关车辆管理部门依此《目录》作为办理车辆牌证的依据。

这种鉴定制度和“目录”管理的方式是计划经济的产物，过去我国对汽车产品的管理，一直沿用20世纪60年代初根据苏联管理模式确定的管理办法（行业管理的办法），由汽车行业主管部门对新车型的设计、定型、鉴定及生产进行管理，因此，国家对其他有关部门缺乏有效的监督机制。而行业主管部门因考虑到工厂实际设计水平、制造工艺水平、工厂效益、人员就业等种种因素，难以实现作为实行监督的第三方应有的公正性。所以，在实际效果上形成了新车生产局部失控，不能有效地对汽车产品进行质量控制。“目录”管理作为计划经济体制下的一种行政管理手段，在一定时期内对抑制汽车行业盲目扩张和低水平重复建设发挥了一定作用，但随着国家经济体制改革的深入和市场机制的不断强化，“目录”管理方式对企业的束缚和制约越来越突出，已无法适应市场经济条件下汽车行业发展的需要。

二、目前我国实行“公告”管理为主、其他认证型式并存的方法

从2001年起，我国由“目录”管理制度逐渐过渡到了“公告”管理制度，这是对“目录”管理的重大改革。“公告”管理是汽车生产企业推出新产品后，可选择经国家认可的检验机构进行新产品强制性项目检测，同时也包括对“大吨小标”车辆的重新认证等。经检测合格后，由企业填写《车辆新产品申报汇总表》《车辆新产品申报表》上报国家经贸委产业政策司，国家经贸委对企业上报的材料进行审核。对审核合格的产品，国家经贸委发布

《车辆生产企业及产品公告》（以下简称《公告》），并将《公告》印送至各地经贸委（经委）、国务院有关部门及各地公安交通管理部门，作为国家准许车辆生产企业组织生产、销售的依据以及消费者向公安机关车辆管理所申请注册登记的依据。

已列入《公告》的车辆生产企业，就可以按照《公告》中批准的车型组织生产和销售，但必须严禁盗用、套用、转让《公告》中的产品及合格证，违者将取消生产企业及产品《公告》的资格。未列入《公告》的企业不得生产汽车、摩托车等机动车产品，违者按有关规定处理。

现在，“公告”管理在产品检测、监督等方面十分接近于型式认证，只是管理的内容还比较少，如节能和防盗几乎没有列入其中。

长期以来，我国在汽车技术要求方面只有标准，没有法规。在世贸组织文件中，标准与法规是两个完全不同的范畴，标准具有自愿性，法规具有强制性，即使是国内的强制性标准，也不能等同于技术法规。而实施型式认证就必须依靠法规，这也是“公告”管理没有过渡到型式认证的重要原因之一。

目前，我国汽车产品进入国内市场，需进行以下认证即获得销售资格：国家发改委《公告》认证机构、中国质量认证中心《CCC 认证证书》（中国强制性认证）认证机构、国家环保总局《国家环保目录》认证机构、北京环保局《北京环保目录》认证机构。而上述政府各部门对汽车行业的管理并不存在多少横向联系，而是根据本部门职能对汽车行业进行纵向垂直管理。例如，国家发改委发布的《公告》，目前仍是汽车上牌照最重要的依据；中国质量认证中心受国家认监委委托受理汽车产品 CCC 认证，CCC 认证是汽车产品生产、出厂销售、使用的依据；《国家环保目录》认证，是国家环保总局依据环保法规对汽车排放、噪声等提出的要求；《北京环保目录》认证，是北京市为防止大气污染对汽车排放提出更高阶段的要求。

国内汽车企业进行产品认证通常的做法如下（以新产品为例）：

第一步，用 3 台样车进行 30000 公里可靠性试验，完成整车主要技术参数、基本性能、安全环保等项目检测。可靠性试验路程分配见表 2－1。

表 2－1 汽车可靠性试验路程分配表

道路种类	行驶里程（km）	所占比例（%）
高速公路	18000	60
山区公路	4000	13
一般公路	5000	17
凹凸不平路	3000	10

续表

道路种类	行驶里程（km）	所占比例（%）
合计	30000	100

第二步，在可靠性试验样车磨合30000公里后，完成《公告》规定的申报51项强制性检测项目、CCC认证规定的47项强制性检测项目、《国家环保目录》要求的申报6项检测项目，相同检测项目可在同一辆样车上完成试验，而分别出具检测报告。

第三步，检测机构网上传递检测报告至中国汽车工业信息网（《公告》申报受理服务器）、机动车环保网（《国家环保目录》申报受理服务器），企业网上操作完成申报程序。

第四步，《公告》认证一般自受理之日起3个月内审批公布，《国家环保目录》认证一般自受理之日起1个月内审批公布。

第五步，CCC认证需向中国质量认证中心（CQC）提供纸制申报资料，对工厂审查通过后，3个月内能获得《CCC认证证书》。

第六步，需要3台零公里样车（如手动挡、自动挡都存在，则各需3台样车）完成《北京环保目录》认证排放试验，向北京环保局提供纸制申报资料，一般自受理之日起1个月内审批公布。

至此，一个新的汽车产品获得全部认证资格。对于进口汽车产品来说，只需获得CCC认证、《国家环保目录》认证、《北京环保目录》认证，即可在中国市场上销售车辆。

第三节　机动车查验

根据2014年12月1日开始实施的公共安全行业标准《机动车查验工作规程》（GA801－2014），机动车查验合格的主要要求详见表2－2，除此之外，机动车在进行注册登记时还应查验下列项目。

注册登记查验项目：

对申请注册登记的机动车，应核对机动车标准照片，确定车辆类型、车身颜色及核定载人数，并查验以下项目：

1. 基本信息。车辆基本信息包括：车辆识别代号（或整车出厂编号，下同）、发动机（电动机）号码［包括发动机（电动机）型号和出厂编号，下同］、车辆品牌和型号。

2. 主要特征。车辆主要特征包括：车辆号牌板（架）、车辆外观形状、轮胎完好情况。

3. 车辆类型和使用性质。根据申请注册登记机动车的车辆类型和使用性质的不同，还应查验以下项目：

（1）对汽车（无驾驶室的三轮汽车除外），查验机动车用三角警告牌。

（2）对乘用车、公路客车、旅游客车、未设置乘客站立区的公共汽车和旅居车的所有座椅及其他汽车（低速汽车除外）的驾驶人座椅和前排乘员座椅，查验汽车安全带。

（3）对总质量大于等于4500kg的（中型和重型）货车和货车底盘改装的专项作业车及所有低速汽车、挂车、危险货物运输车，查验外廓尺寸、轴数、轴距和轮胎规格，对所有货车和货车底盘改装的专项作业车、挂车、带驾驶室的正三轮摩托车，查验整备质量；其他类型的机动车在有疑问时进行查验。

（4）对所有货车、货车底盘改装的专项作业车和挂车，查验车身反光标识；对总质量大于等于12000kg的（重型）货车（半挂牵引车除外）和货车底盘改装的专项作业车，车长大于8m的挂车，查验车辆尾部标志板。

（5）对除半挂牵引车外的总质量大于3500kg的货车、货车底盘改装的专项作业车和挂车，查验侧面及后下部防护装置。

（6）对危险货物运输车、客车［中型（含）以上载客汽车］，查验灭火器。

（7）对公路客车、旅游客车、未设置乘客站立区的公共汽车、危险货物运输车、半挂牵引车和总质量大于等于12000kg的货车，查验行驶记录装置。

（8）对车长大于等于6m的客车，查验应急出口和应急锤；对车长大于9m的公路客车、旅游客车和未设置乘客站立区的公共汽车，还应查验乘客门数量。

（9）对危险货物运输车、燃气汽车（包括气体燃料汽车、两用燃料汽车和双燃料汽车，下同），查验外部标识、文字；对货车和专项作业车，查验是否喷涂了总质量（或最大允许牵引质量）、栏板高度、罐体容积和允许装运货物的种类或名称；对客车（专用校车和设有乘客站立区的公共汽车除外），查验是否喷涂了该车提供给乘员（包括驾驶人）的座位数；对教练车，查验是否在车身两侧及后部喷涂了“教练车”等字样；对残疾人专用汽车（残疾人专用自动挡载客汽车），查验是否设置了残疾人机动车专用标志。

（10）对警车、消防车、救护车和工程救险车，查验车辆外观制式、标志灯具和车用电子警报器。

（11）对残疾人专用汽车，查验操纵辅助装置加装合格证明及操纵辅助装置的产品型号和产品编号。

（12）对专用校车，查验车身外观标识、校车标志灯和停车指示标志（停车指示牌）、具有行驶记录功能的卫星定位装置、干粉灭火器、急救箱和车内外录像监控系统、辅助倒车装置、学生座椅（位）和照管人员座椅（位）、汽车安全带、应急出口和应急锤（逃生锤）。

（13）对公路客车、旅游客车、专用校车，危险货物运输车和车长大于9m的未设置乘客站立区的公共汽车，查验是否具有限速功能或装备限速装置，以及限速功能或限速装置调定的最大车速对公路客车、旅游客车和未设置乘客站立区的公共汽车是否超过100km/h，对专用校车、危险货物运输车是否大于80km/h。

（14）对车长大于8m的专用校车和车长大于9m的其他客车、总质量大于等于12000kg的货车和专项作业车、所有危险货物运输车，查验辅助制动装置。对专用校车、车长大于9m的其他客车及所有危险货物运输车，查验前轮是否装备了盘式制动器。

（15）对专用校车，车长大于9m的公路客车、旅游客车和未设置乘客站立区的公共汽车，所有危险货物运输车和半挂牵引车，总质量大于等于12000kg的货车和专项作业车及总质量大于10000kg的挂车，查验防抱死制动装置。

（16）对专用校车及发动机后置的其他客车，查验发动机舱自动灭火装置。

（17）对校车和公路客车、旅游客车，查验车窗玻璃的可见光透射比是否大于等于50%及是否贴有不透明和带任何镜面反光材料的色纸或隔热纸。

对按照《机动车登记规定》等规定在申请注册登记前应进行安全技术检验的机动车，还应审核安全技术检验合格证明。

表 2-2　机动车查验合格主要要求

序号	项目	合格要求
1	车辆识别代号（整车出厂编号）	汽车、摩托车、半挂车和2012 年9 月1 日起出厂的中置轴挂车应具有唯一的车辆识别代号，应至少有一个车辆识别代号打刻在车架（无车架的机动车为车身主要承载且不能拆卸的部件）能防止锈蚀、磨损的部位上，2013 年3 月1 日起出厂的乘用车和总质量小于等于3500kg 的货车（低速汽车除外）还应在靠近风窗玻璃立柱的位置设置能永久保持的、从车外能清晰识读的车辆识别代号标识；其他机动车应打刻整车型号和出厂编号，型号在前，出厂编号在后，出厂编号两端应打刻起止标记。2007 年4 月1 日起出厂的低速汽车，应按照规定打刻车辆识别代号，同一辆车上不允许既打刻车辆识别代号，又打刻整车型号和出厂编号。同一辆车上标识的所有车辆识别代号（或整车出厂编号，下同）内容应相同。2004 年10 月1 日前出厂的改装汽车，可能有两个不同内容的车辆识别代号，此时应有一个车辆识别代号的内容与相关凭证相同 打刻的车辆识别代号应易见且易于拓印，其内容应与相关凭证（机动车整车出厂合格证明、货物进口证明书或《机动车行驶证》）记载及整车产品标牌标明的车辆识别代号内容一致，并且不应有明显的更改、变动、凿改、挖补、打磨痕迹或垫片、擅自另外打刻等异常情形。2014 年9 月1 日起出厂的汽车、摩托车、半挂车和中置轴挂车，打刻的车辆识别代号从上（前）方观察时打刻区域周边足够大面积的表面不应有任何覆盖物；如有覆盖物，覆盖物的表面应明确标示“车辆识别代号”或“VIN”字样，且覆盖物在不使用任何专用工具的情况下能直接取下（或揭开）及复原
2	发动机（电动机）型号和出厂编号	发动机型号和出厂编号应打刻（或铸出）在气缸体上且应能永久保持；打刻的发动机出厂编号不应有明显的凿改、挖补、打磨痕迹或擅自另外打刻等异常情形。若打刻（或铸出）的发动机型号和出厂编号不易见，则应在发动机易见部位增加能永久保持的发动机型号和出厂编号的标识 2013 年3 月1 日起出厂的纯电动汽车、插电式混合动力汽车、燃料电池汽车和电动摩托车，应在主驱动电动机壳体上打刻电动机型号和编号；如打刻的电动机型号和编号被覆盖，应留出观察口，或在覆盖件上增加能永久保持的电动机型号和编号的标识 相关凭证上记载的“发动机型号和出厂编号”应与发动机缸体上打刻或铸出（或标识上标明）及整车产品标牌上标明的发动机型号和出厂编号一致 注：2004 年10 月1 日前出厂的机动车打刻的发动机型号和出厂编号不易见时，其发动机的易见部位不一定有发动机标识
3	车辆品牌/型号	注册登记查验时，机动车整车出厂合格证明（对国产机动车）、海关货物进口证明书（对进口机动车）等凭证上记载的“车辆品牌”和“车辆型号”与整车产品标牌上标明的车辆品牌、型号应相符

续表

序号	项目	合格要求
4	车身颜色	注册登记查验时，按照实车核定车身颜色；变更车身颜色时，按照实车填写车身颜色 其他情况下，车身颜色应与《机动车行驶证》记载的车身颜色一致
5	核定载人数	注册登记查验时，按照GB 7258－2012的4.5.2～4.5.6及11.6核定载客人数/驾驶室乘坐人数。对实行《公告》管理的国产机动车，载货汽车和专项作业车核定的驾驶室乘坐人数、载客汽车核定的乘坐人数与机动车整车出厂合格证明标明的数值应一致且符合《公告》管理的相关规定。其他情况下，座位/铺位数应与《机动车行驶证》记载的内容一致
6	号牌板（架）/车辆号牌	注册登记查验时，检查机动车号牌板（架）：前号牌板（架）（摩托车除外）应设于前面中部或右侧（按机动车前进方向），后号牌板（架）应设于后面中部或左侧，号牌板（架）应能安装符合GA36要求的机动车号牌。2013年3月1日起出厂的机动车每面号牌板（架）上应设有2个号牌安装孔，2016年3月1日起出厂的机动车每面号牌板（架）[三轮汽车前号牌板（架）、摩托车后号牌板（架）除外］上应设有4个号牌安装孔；号牌安装孔应保证能用M6规格的螺栓将号牌直接牢固可靠地安装在车辆上 其他情况下，检查车辆号牌：号牌应安装在号牌板（架）处，号牌应正置、横向水平、纵向基本垂直且使用符合GA804的专用固封装置固封，号牌应无变形、遮盖和破损、涂改，号牌号码和种类应与《机动车行驶证》的记录一致，其汉字、字母和数字应清晰可辨、颜色应无明显色差。不允许使用可拆卸号牌架和可翻转号牌架
7	车辆外观形状	外部照明灯具的透光面均应齐全，对称设置、功能相同的外部照明灯具的透光面颜色不应有明显差异。机动车配备的后视镜和下视镜应完好。所有车窗玻璃应完好且未粘贴镜面反光遮阳膜。前风窗玻璃及风窗以外玻璃用于驾驶人视区部位的可见光透射比应大于等于70%，公路客车、旅游客车和校车（包括专用校车和非专用校车）所有车窗玻璃的可见光透射比均应大于50%，且不得张贴有不透明和带任何镜面反光材料之色纸或隔热纸 车辆上装备的商标、厂标等整车标志应与车辆品牌/型号相适应 注册登记查验时，对实行《公告》管理的国产机动车，车辆外观形状应与《公告》的机动车照片一致，但装有公告允许选装的部件时除外；2012年9月1日起出厂的厢式货车和封闭式货车，驾驶室（区）两旁应设置车窗，货厢部位不得设置车窗［但驾驶室（区）内用于观察货物状态的观察窗除外］。其他情况下，车辆外观形状应与《机动车行驶证》上机动车标准照片记载的车辆外观形状一致，但装有允许自行加装的部件时除外；机动车标准相片如悬挂有机动车号牌，其号牌号码和类型应与《机动车行驶证》记载的内容一致 注1：查验员可以通过采集机动车标准照片信息核对机动车标准照片 注2：2012年9月1日前出厂的公路客车和旅游客车，侧窗玻璃的可见光透射比若小于50%，不视为不符合标准规定

续表

序号	项目	合格要求
8	轮胎 完好情况	轮胎胎冠花纹深度应符合 GB 7258－2012 的 9.1.6 的要求，轮胎胎面及胎壁应无影响使用的破裂、缺损、异常磨损和割伤，轮胎胎面不得因局部磨损而暴露出轮胎帘布层。轮胎螺母应完整齐全。公路客车、旅游客车和校车的所有车轮及其他机动车的转向轮不得装用翻新的轮胎 注册登记查验时，轮胎数应与机动车整车出厂合格证明等相关凭证记载的数据一致；其他情况下，轮胎数应与《机动车行驶证》上机动车标准照片记载的轮胎数一致
9	机动车用 三角 警告牌	汽车（无驾驶室的三轮汽车除外）应配备机动车用三角警告牌，三角警告牌在车上应妥善放置，式样及尺寸应符合相关规定
10	汽车 安全带	装备的汽车安全带应齐全且能正常使用。卧铺客车每一个铺位均应安装两点式汽车安全带 注册登记查验时，2012 年 9 月 1 日起出厂的乘用车、公路客车、旅游客车、未设置乘客站立区的公共汽车、旅居车的所有座椅，其他汽车（低速汽车除外）的驾驶人座椅和前排乘员座椅均应装置汽车安全带；所有驾驶人座椅、前排乘员座椅（货车前排乘员的中间位置及设有乘客站立区的公共汽车除外）、客车位于踏步区的车组人员座椅以及乘用车除第二排及第二排以后的中间位置座椅外的所有座椅，装置的汽车安全带均应为三点式（或四点式）安全带
11	车辆外廓 尺寸	汽车及汽车列车、挂车的实际外廓尺寸不得超出 GB 1589 规定的限值，摩托车的实际外廓尺寸不得超出 GB 7258－2012 中表 2 规定的限值 注册登记查验时，车辆的长、宽、高应与机动车整车出厂合格证明等相关凭证上记载的数值一致；其他情况下，应与《机动车行驶证》上记载的数值一致。外廓尺寸参数公差允许范围对汽车（低速汽车除外）、挂车为 ±1% 或 ±50mm，对其他机动车为 ±3% 或 ±50mm 测量外廓尺寸参数时，应考虑允许自行加装的部件及变更使用性质拆除标志灯具对测量结果的影响。判定车辆外廓尺寸参数是否在公差允许范围内时，应考虑测量误差
12	整备质量	对所有货车、货车底盘改装的专项作业车和挂车，以及带驾驶室的正三轮摩托车，实车整备质量与《公告》、机动车整车出厂合格证明等凭证、技术资料记载的整备质量的误差符合管理规定；误差符合管理规定且总质量也符合 GB 1589 的，按照相关凭证、技术资料核定载质量。判定整备质量误差是否符合管理规定时，应考虑测量误差
13	轴数/轴距	注册登记查验时，轴数、轴距应与机动车整车出厂合格证明等相关凭证上记载的数据一致；其他情况下，轴数应与《机动车行驶证》上机动车照片记载的轴数一致
14	轮胎规格	同一轴上的轮胎规格和花纹应相同，轮胎规格应与机动车整车出厂合格证明等相关凭证（或资料）记载的内容一致

续表

序号	项目	合格要求
15	车身反光标识和车辆尾部标志板	货车和货车底盘改装的专项作业车、最大设计车速小于等于40km/h的其他汽车、所有挂车应按照GB 7258－2012的8.4.1和8.4.2及其他相关规定设置后部车身反光标识和车辆尾部标志板、侧面车身反光标识 反光膜型车身反光标识为红白单元相间的条状反光膜材料，表面应完好、无破损；红白单元每一单元的长度应不小于150mm且不大于450mm，宽度可为50mm、75mm或100mm；白色单元上应加施有符合规定的“3C”标识 后部车身反光标识应能体现机动车后部宽度和高度，其离地高度应不小于380mm。后部反光膜型车身反光标识与后反射器的面积之和，使用一级车身反光标识材料时应不小于0.1m^2，使用二级车身反光标识材料时应不小于0.2m^2 侧面反光膜型车身反光标识允许分隔粘贴，但应保持红白单元相间；总长度（不含间隔部分）应不小于车长的50%，但侧面车身结构无连续表面的混凝土搅拌运输车和专项作业车的侧面车身反光标识长度应不小于车长的30%；三轮汽车的侧面车身反光标识长度不应小于1200mm，货厢长度不足车长50%的载货汽车的侧面车身反光标识长度应为货厢长度 厢式货车和厢式挂车后部、侧面的车身反光标识应能体现货厢轮廓。2012年9月1日起出厂的厢式货车和厢式挂车，装备的车身反光标识应为由红白相间的反射器单元组成的反射器型车身反光标识。反射器型车身反光标识的反射器单元应横向水平布置、固定可靠，红白单元相间且数量相当；相邻反射器的边缘距离对后部反射器型车身反光标识不应大于100mm，对侧面反射器型车身反光标识不应大于150mm 车辆尾部标志板的形状、尺寸和结构应符合GB 25990的规定，部件应不易拆卸，其固定在车辆后部的方式应稳定、持久，如使用螺钉或者铆合 道路运输爆炸品和剧毒化学品车辆，还应在车辆的后部和两侧粘贴能标示车辆轮廓的、宽度为150mm±20mm的橙色反光带
16	侧面及后下部防护装置	所有总质量大于3500kg的货车（半挂牵引车除外）、货车底盘改装的专项作业车和挂车应按规定装备侧面及后下部防护装置 侧面及后下部防护装置应固定可靠，与车架或车体的可靠部位有效连接 后下部防护装置的宽度不可大于车辆后轴两侧车轮最外点之间的距离（不包括轮胎的变形量），并且后下部防护装置任一端的最外缘与这一侧车辆后轴车轮最外端的横向水平距离应不大于100mm；后下部防护装置整个宽度上的下边缘离地高度对于后下部防护装置状态可调整的车辆应不大于450mm，对后下部防护装置状态不可调整的车辆应不大于550mm；后下部防护装置的横向构件的截面高度（对格构式圆钢结构的后下部防护装置，截面高度为横向布置圆钢的直径之和）应不小于100mm，端部不应有尖锐边缘 侧面防护装置的下缘任何一点的离地高度应不大于550mm，前缘和后缘应处在最靠近它的轮胎周向切面之后（前）300mm的范围之内；但全挂车前缘位于500mm的范围之内即可，半挂车前缘与支腿中心横截面距离小于等于250mm即可，长头货车前缘与驾驶室后壁板件的间隙小于等于100mm即可 罐式危险货物运输车的罐体及罐体上的管路和管路附件不得超出侧面及后下部防护装置，罐体后封头及罐体后封头上的管路和管路附件与后下部防护装置的纵向距离应大于等于150mm

续表

序号	项目	合格要求
17	灭火器	客车、危险货物运输车应配备处于有效期内的灭火器，灭火器在车身应安装牢靠并便于使用 客车仅有一个灭火器时，应设置在驾驶人座椅附近；当有多个灭火器时，应在客厢内按前、后或前、中、后分布，其中一个应靠近驾驶人座椅
18	行驶记录、车内外录像监控装置	公路客车、旅游客车、危险货物运输车及2013年3月1日起注册登记的未设置乘客站立区的公共汽车、半挂牵引车和总质量大于等于12000kg的货车应安装符合规定的行驶记录仪、具有行驶记录功能的卫星定位装置等行驶记录装置。卧铺客车还应安装车内外录像监控系统 行驶记录装置及其连接导线在车上应固定可靠。行驶记录装置应能正常显示；如使用行驶记录仪作为行驶记录装置，其显示部分应易于观察、数据接口应便于移动存储介质的插拔。2006年12月1日起出厂汽车安装的汽车行驶记录仪，其主机外表面的易见部位应模压或印有符合规定的“3C”标识
19	应急出口/应急锤、乘客门	车长小于6m的客车，在乘坐区的两侧应具有紧急时乘客易于逃生或救援的侧窗。车长大于等于6m的客车，应按照GB 7258、GB 13094、GB 18986等标准的规定设置相应数量的应急出口。2012年9月1日起出厂的车长大于7m的客车均应设置撤离舱口；2013年9月1日起出厂的设有乘客站立区的公共汽车，车身两侧的车窗如面积能达到设置为应急窗的要求，均应设置为推拉式或外推式应急窗；2014年9月1日起出厂的车长大于等于6m的客车，如车身右侧仅有一个乘客门且在车身左侧未设置驾驶人门，应在车身左侧或后部设置应急门 使用应急窗时，应采用易于迅速从车内、外开启的装置；或在钢化玻璃上标明易击碎的位置，并在每个应急窗的邻近处提供一个应急锤以方便击碎车窗玻璃。安全顶窗应易于从车内、外开启或用应急锤击碎。应急门应有锁止机构且锁止可靠，当车辆停止时不用工具即能从车内外方便地打开，并设有车门开启声响报警装置 每个应急出口（包括应急门、应急窗和撤离舱口）应在其附近设有“安全出口”或“应急出口”字样。应急出口的应急控制器应在其附近标有清晰的符号或字样并注明其操作方法，字体高度应不小于10mm 2012年9月1日起出厂的车长大于9m的公路客车、旅游客车和未设置乘客站立区的公共汽车，应设置两个乘客门；但如其车身两侧所有应急窗均为外推式应急窗，也可只设一个乘客门 客车除驾驶人门和应急门外，不应在车身左侧开设车门，但在沿道路中央车道设置的公共汽车专用道上运营使用的公共汽车除外。客车采用动力开启的乘客门，其车门应急控制器应能让临近车门的乘客容易看见并清楚识别，并应有醒目的标志和使用方法。公共汽车和2013年3月1日起出厂的车长大于等于6m的其他客车，还应在驾驶人座位附近驾驶人易于操作部位设置乘客门应急开关

续表

序号	项目	合格要求
20	外部标识/文字、喷涂	总质量大于等于4500kg的货车（半挂牵引车除外）、所有挂车，均应在车身后部喷涂或粘贴放大的号牌号码（对无法喷涂或粘贴的平板挂车应设置有放大的号牌号码），放大的号牌号码字样应清晰 所有货车和专项作业车均应在驾驶室（区）两侧喷涂总质量（半挂牵引车为最大允许牵引质量），栏板式货车和自卸车还应在驾驶室两侧喷涂栏板高度；罐式汽车和罐式挂车应在罐体上喷涂罐体容积及装运货物的种类，栏板挂车应在车厢两侧喷涂栏板高度；喷涂的中文和阿拉伯数字应清晰，高度应大于等于80mm 客车（专用校车和设有乘客站立区的公共汽车除外）应在乘客门附近车身外部易见位置，用高度大于等于100mm的中文和阿拉伯数字标明该车提供给乘员（包括驾驶人）的座位数 危险货物运输车应装置符合GB 13392规定的标志（包括标志灯和标志牌）及规定的矩形安全标示牌。罐式危险货物运输车在罐体上喷涂的罐体容积和允许装运货物的名称应与《公告》及机动车整车出厂合格证明一致 燃气汽车（包括气体燃料汽车、两用燃料汽车和双燃料汽车）应按规定在车辆前端和后端醒目位置分别设置标注其使用的气体燃料类型的识别标志，标志图形为有边框的菱形，在方框中分别居中匀称地布置有大写印刷体英文字母“CNG”（压缩天然气汽车）、“LNG”（液化天然气汽车）、“ANG”（吸附天然气汽车）、“LPG”（液化石油气汽车） 教练车应在车身两侧及后部喷涂高度大于等于100mm的“教练车”等字样 残疾人专用汽车应在车身前部和后部分别设置残疾人机动车专用标志
21	外观制式、标志灯具、电子警报器	警车外观制式应符合GA524等公共安全行业标准的规定；消防车车身颜色应符合相关标准的规定；救护车车身颜色主体应为白色，左、右侧及车后正中应喷涂符合规定的图案；工程救险车车身颜色应为中黄色，车身两侧应喷“工程救险”字样；其他机动车不允许喷涂上述车辆专用的或与其类似的标志图案 警车、消防车、救护车和工程救险车应安装符合规定的标志灯具和车用电子警报器，标志灯具和警报器应固定可靠；其他车辆不允许安装上述车辆专用的标志灯具和警报器
22	安全技术检验合格证明	安全技术检验合格证明应有本市行政辖区内具备资质的机动车安全技术检验机构的印章及已备案授权签字人的签字，其内容应包括人工检验项目（车辆外观检查、底盘动态检验和车辆底盘检查等）的检查结果、仪器设备检验项目（制动、灯光等）的检验结果（无法进行仪器设备检验的除外）、路试数据和判定结果（如进行）及整车检验结论，且所有检验项目及整车检验结论均应为合格 机动车安全技术检验机构与车辆管理所已联网且车辆管理所通过机动车安全技术检验监管系统自动比对上述项目和数据的，查验员可不审核安全技术检验合格证明

续表

序号	项目	合格要求
23	校车	校车应按照 GB 24407－2012 及其他相关规定配备统一的校车标牌（教育行政部门征求申请校车使用许可审查意见阶段查验机动车时除外）、校车标志灯、停车指示标志，配备具有行驶记录功能的卫星定位装置、应急锤、干粉灭火器、急救箱等安全设备，设置照管人员座椅（座位） 专用校车应喷涂粘贴符合 GB 24315 规定的专用校车车身外观标识，每一个座椅（包括驾驶人座椅、照管人员座椅和学生座椅）均应安装汽车安全带，照管人员座椅的数量和位置应符合 GB 24407－2012 的第 5.10.5.1.2.1 规定，每一个照管人员座椅均应有明显标识。2013 年 5 月 1 日起出厂的所有专用校车，还应安装符合 GB 24407－2012 的第 5.15 规定的车内外录像监控系统和符合 GB 24407－2012 的第 5.13.2 的辅助倒车装置 非专用校车如喷涂粘贴有专用校车车身外观标识，车身外观标识应符合 GB 24315 关于专用校车车身外观标识的规定，每一个学生座椅应安装汽车安全带
24	安全装置	限速功能或限速装置：2012 年 9 月 1 日起出厂的公路客车、旅游客车和危险货物运输车及车长大于 9m 的未设置乘客站立区的公共汽车应具有限速功能，否则应配备限速装置。限速功能或限速装置调定的最大车速对公路客车、旅游客车和未设置乘客站立区的公共汽车不得大于 100km/h，对危险货物运输车不得大于 80km/h。2013 年 5 月 1 日起出厂的专用校车应安装限速装置，且限速装置调定的最大车速不得大于 80km/h 辅助制动装置：2013 年 5 月 1 日起出厂的车长大于 8m 的专用校车，2012 年 9 月 1 日起出厂的车长大于 9m 的其他客车、总质量大于等于 12000kg 的货车、所有危险货物运输车，以及 2014 年 9 月 1 日起出厂的总质量大于等于 12000kg 的专项作业车，应装备缓速器或其他辅助制动装置 盘式制动器：2013 年 5 月 1 日起出厂的专用校车，2012 年 9 月 1 日起出厂的所有危险货物运输车和车长大于 9m 的其他客车（未设置乘客站立区的公共汽车除外），以及 2013 年 9 月 1 日起出厂的车长大于 9m 的未设置乘客站立区的公共汽车，其前轮应装备盘式制动器 防抱死制动装置：半挂牵引车，总质量大于 10000kg 的挂车，专用校车，车长大于 9m 的公路客车和旅游客车，2012 年 9 月 1 日起出厂的所有危险货物运输车和 2013 年 9 月 1 日起出厂的车长大于 9m 的未设置乘客站立区的公共汽车，以及 2014 年 9 月 1 日起出厂的总质量大于等于 12000kg 的货车和专项作业车，均应安装符合规定的防抱死制动装置，且防抱死制动装置的自检功能应正常 发动机舱自动灭火装置：2013 年 5 月 1 日起出厂的专用校车，2013 年 3 月 1 日起出厂的发动机后置的其他客车，应装备发动机舱自动灭火装置

续表

序号	项目	合格要求
25	残疾人专用汽车的操纵辅助装置	应根据驾驶人的残疾类型，在采用自动变速器的乘用车上，加装相应类型的、符合相关规定的驾驶操纵辅助装置 汽车加装操纵辅助装置应到正规车辆生产、销售、维修企业进行，并由加装企业出具加装合格证明。驾驶操纵辅助装置加装后，不应改变原车结构的完整性和安全性及影响原车操纵件的电器功能、机械性能，且不应使驾驶人驾驶时受到视野内产品部件的反光眩目 加装的驾驶操纵辅助装置安装应牢固可靠，位置应适宜操纵，且不应与车辆的其他操纵指示系统冲突或妨碍车辆其他操纵指示系统的操作。加装的驾驶操纵辅助装置的各部件应完好有效，表面不应有影响使用的凹凸、划伤、返锈等，在接触人体的表面部位不得有毛刺、刃口、棱角或其他有害使用者的缺陷 驾驶操纵辅助装置的产品型号和产品编号应与加装合格证明或《机动车行驶证》上记载的产品型号和产品编号相符

【思考题】

1. 什么是汽车型式认证制度？其作用是什么？
2. 在国际上，美国、欧洲、日本分别采取什么类型的汽车认证制度？
3. 中国目前采取什么类型的汽车认证制度？一款新车型进入国内市场，要通过哪些部门的认证？
4. 专用校车和非专用校车的查验合格要求分别有哪些？
5. 机动车注册登记应查验的项目有哪些？

第三章　机动车辆管理

机动车辆管理的意义有以下四点：

一是保障交通安全。机动车管理，规定各种车辆的技术状况必须经车辆管理机关检验，完全符合要求才能核发牌照和行驶证，从而使交通事故率下降，为人民生命财产的安全提供保障。

二是降低公害污染。机动车辆的废气排放和噪声污染，影响人们的身心健康。通过机动车管理，对废气排放和噪声加以限制，对于保护人们的生活和工作环境有着重大意义。

三是提高汽车制造和维修质量。从保障交通安全、畅通、低公害的角度，对汽车的结构、附件（如双管路制动器、防炫目前照灯等）、外观及其技术性能提出具体要求，以此来推动我国汽车制造和保修企业提高产品质量和产品性能。

四是及时掌握机动车辆的静态分布。这项工作也能为城市建设、道路建设、交通管理以及运输提供依据。

机动车辆管理的任务有以下五点：

一是对车辆进行分类，核定载质量及乘坐人数，并进行注册登记，核发号牌及行驶证。

二是对车辆补发、换发牌证，并办理车辆异动登记、变更、封存、启封和报废手续。

三是对车辆进行检验。

四是对车辆制造、保修单位等相关行业实行安全监督。

五是建立并管理车辆档案，掌握车辆的分布及技术状况。

第一节　机动车号牌与行驶证

一、机动车号牌

机动车号牌是准予机动车在中华人民共和国境内道路上行驶的法定标志，

其号码是机动车登记编号。号牌除了反映车辆归属外，同时也是机动车辆取得合法行驶权的标志。只有号牌完全符合规定的车辆才准许在道路上运行。车辆管理机关通过号牌的核发，强化了车辆管理工作。

（一）号牌的种类及规格

目前在路面上大量看到的是九二式号牌，九二式号牌是根据公安部《关于启用换发九二式机动车号牌及行驶证有关问题的通知》，从 1994 年 7 月 1 日起，所有在中华人民共和国大陆境内的民用汽车、摩托车、农用运输车以及外国驻华机构、外商独资合资企业的车辆，华侨和居住在我国台湾、香港、澳门地区的居民在大陆的车辆开始换领的“九二”式机动车牌证。这次全国统一启用、换发的第六代机动车牌证，对改变落后的管理办法、提高管理水平和管理质量，使之适应客观形势的发展有着深远的意义。2002 年，在我国北京、天津、杭州、深圳四个城市，短时间试行了一部分的个性化号牌，之后停止试用。近年来，在一些城市和地区试行了“九二”式个性化号牌，避开了敏感性的字母和数字，经实践证明，试行效果良好。2007 年 9 月 28 日公安部发布的《中华人民共和国机动车号牌》（GA36 – 2007）自 2007 年 11 月 1 日起实施，自此，有了“2007 式”机动车号牌。而 2014 年 1 月 24 日开始实施的《中华人民共和国机动车号牌》（GA36 – 2014）替代 GA36 – 2007 为“2014 式”号牌。

（二）机动车登记编号

机动车登记编号是按照不同类型的机动车号牌，包含省、自治区、直辖市的汉字简称，用英文字母表示发牌机关的代号，由阿拉伯数字和英文字母组成的序号，以及有特殊性质的机动车使用的号牌分类用汉字简称的号牌分为 19 种（如表 3 – 1 所示），号牌牌面布置有左右单排和上下双排两种结构。左右单排的号牌，左侧用一个汉字表示省、自治区、直辖市的简称（如表 3 – 2 所示）；右侧是五个阿拉伯数字或一个英文字母和四个阿拉伯数字，表示机动车的注册登记编号。如果编码数值达到 10 万时，则第一个编码用一个英文字母代替（如表 3 – 3 所示）。但是，字母“I”与“Q”容易与阿拉伯数字“1”“0”混淆，所以这两个字母被去掉不用，一种号牌在一个发牌机关代号下容量为 34 万。上下双排的号牌，上牌为汉字、英文字母或数字，下排为注册编号。

表 3－1 号牌的分类、规格、颜色及适用范围

序号	分类	外廓尺寸 mm×mm	颜色	数量	适用范围
1	大型汽车号牌	前：440×140 后：440×220	黄底黑字，黑框线	2	符合 GA802 规定的中型（含）以上载客、载货汽车和专项作业车；电车
2	挂车号牌	440×220		1	符合 GA802 规定的挂车
3	小型汽车号牌	440×140	蓝底白字，白框线	2	符合 GA802 规定的中型以下的载客、载货汽车和专项作业车
4	使馆汽车号牌		黑底白字，红“使”“领”字，白框线		驻华使馆的汽车
5	领馆汽车号牌				驻华领事馆的汽车
6	港澳入出境车号牌		黑底白字，白“港”“澳”字，白框线		港澳地区入出内地的汽车
7	教练汽车号牌		黄底黑字，黑“学”字，黑框线		教练用汽车
8	警用汽车号牌		白底黑字，红“警”字，黑框线		汽车类警车

续表

序号	分类	外廓尺寸 mm × mm	颜色	数量	适用范围
9	普通摩托车号牌	220 × 140 220 × 140	黄底黑字，黑框线	1	符合 GA802 规定的两轮普通摩托车、边三轮摩托车和正三轮摩托车
10	轻便摩托车号牌		蓝底白字，白框线		符合 GA802 规定的两轮轻便摩托车和正三轮轻便摩托车
11	使馆摩托车号牌		黑底白字，红“使”字，白框线		驻华使馆的摩托车
12	领馆摩托车号牌		黑底白字，红“领”字，白框线		驻华领事馆的摩托车
13	教练摩托车号牌		黄底黑字，黑“学”字，黑框线		教练用摩托车
14	警用摩托车号牌		白底黑字，红“警”字，黑框线		摩托车类警车
15	低速车号牌	300 × 165	黄底黑字，黑框线	2	符合 GA802 规定的低速载货汽车、三轮汽车和轮式专用机械车

续表

序号	分类	外廓尺寸 mm × mm	颜色	数量	适用范围
16	临时行驶车号牌	220 × 140	天（酞）蓝底纹黑字黑框线	2	行政辖区内临时行驶的载客汽车
				1	行政辖区内临时行驶的其他机动车
			棕黄底纹黑字黑框线	2	跨行政辖区临时移动的载客汽车
				1	跨行政辖区临时移动的其他机动车
			棕黄底纹黑字黑框线黑“试”字	2	试验用载客汽车
				1	试验用其他机动车
			棕黄底纹黑字黑框线黑“超”字	1	特型机动车，质量参数和/或尺寸参数超出 GB 1589 规定的汽车、挂车和汽车列车
17	临时入境汽车号牌		白底棕蓝色专用底纹，黑字黑边框	1	临时入境汽车
18	临时入境摩托车号牌	88 × 60	白底棕蓝色专用底纹，黑字黑边框	1	临时入境摩托车
19	拖拉机号牌	按 NY 345. 1－2005 执行			上道路行驶的拖拉机

根据使用性质的不同，新的机动车号牌标准细分了临时行驶车号牌的类别、式样和有效期，调整了大型汽车号牌的适用范围，取消了“外籍车号牌”种类；启用了新的临时行驶车号牌（4 种），原来的金属质地的试车号牌改为临时纸质试车号牌；对新标准实施前已核发小型汽车号牌的中型载客汽车，只在办理转移登记和补、换领机动车号牌业务时按新标准换发；停止核发新的“外籍车号牌”，对原核发外籍车号牌的车辆，在办理转移登记和补、换领机动车号牌业务时换发；规定金属材料号牌须按照《涂膜颜色标准样本》（GB/T 3181－1995）标准中规定的红色漆膜。

表 3-2　省、自治区、直辖市简称

序号	地区名称	简称	序号	地区名称	简称
1	北京市	京	17	湖北省	鄂
2	天津市	津	18	湖南省	湘
3	河北省	冀	19	广东省	粤
4	山西省	晋	20	广西壮族自治区	桂
5	内蒙古自治区	蒙	21	海南省	琼
6	辽宁省	辽	22	重庆市	渝
7	吉林省	吉	23	四川省	川
8	黑龙江省	黑	24	贵州省	贵
9	上海市	沪	25	云南省	云
10	江苏省	苏	26	西藏自治区	藏
11	浙江省	浙	27	陕西省	陕
12	安徽省	皖	28	甘肃省	甘
13	福建省	闽	29	青海省	青
14	江西省	赣	30	宁夏回族自治区	宁
15	山东省	鲁	31	新疆维吾尔自治区	新
16	河南省	豫			

表 3-3　英文字母代替表

字母	A	B	C	D	E	F	G	H	J	K	L	M
注册编号为四位数的数值（万）	1.0	1.1	1.2	1.3	1.4	1.5	1.6	1.7	1.8	1.9	2.0	2.1
注册编号为五位数的数值（万）	10	11	12	13	14	15	16	17	18	19	20	21

字母	N	P	Q	R	S	T	U	V	W	X	Y	Z
注册编号为四位数的数值（万）	2.2	2.3	2.4	2.5	2.6	2.7	2.8	2.9	3.0	3.1	3.2	3.3
注册编号为五位数的数值（万）	22	23	24	25	26	27	28	29	30	31	32	33

与 GA36 –2007 相比，GA36 –2014 的主要技术变化有：修改了适用范围；增加了规范性引用文件；修改了机动车登记编号的定义；增加了机动车号牌半成品的定义；修改了摩托车号牌数量，取消前号牌；删除了外廓尺寸为 220mm ×95mm 的摩托车前号牌；修改了临时行驶车号牌式样；修改了发牌机关代号的启用方式；增加了 5 种序号中字母和数字的组合方式；修改了号牌的表面材料的技术要求；修改了号牌的字符和效果图的技术要求；增加了号牌的生产序列标识的技术要求；删除了逆反射性能中湿状态下逆反射系数的要求及对应的试验方法；增加了蓝色日间颜色的色度性能要求；修改了耐候性能、黏附件能和抗风沙性能的试验方法；增加了半成品相关的检验规则；增加号牌的标志、包装、运输和贮存要求，修改了单副号牌的包装要求；修改了号牌的安装要求，包括摩托车类号牌的安装、固封装置、号牌架等；增加了监督管理要求；删除了发牌机关代号安徽省巢湖市的“Q”；修改了湖北省襄樊市名称；删除了发牌机关代号西藏自治区驻四川双流的“H”和驻青海格尔木的“J”及对应注释“f”和“g”；增加了附录“发牌机关代号”中“O”的注释；删除了附录“字样”中金属材料号牌的字符字样；删除了附录“号牌效果图”中的摩托车前号牌效果图。

大型汽车号牌

前号牌 440mm ×140mm

后号牌 440mm ×220mm

挂车号牌 440mm ×220mm

小型汽车号牌 440mm ×140mm

使馆汽车号牌 440mm ×140mm

领馆汽车号牌 440mm ×140mm

港澳入出境车号牌

香港入出境车号牌 440mm ×140mm

澳门入出境车号牌 440mm ×140mm

教练汽车号牌 440mm × 140mm

警用汽车号牌

前号牌 440mm × 140mm

后号牌 440mm × 140mm

普通摩托车号牌

后号牌 220mm × 140mm

轻便摩托车号牌

后号牌 220mm × 140mm

使馆摩托车号牌

后号牌 220mm × 140mm

领馆摩托车号牌

后号牌 220mm × 140mm

教练摩托车号牌

后号牌 220mm × 140mm

警用摩托车号牌

后号牌 220mm × 140mm

低速车号牌

300mm × 165mm

临时行驶车号牌

行政辖区内临时行驶使用的临时行驶车号牌 220mm × 140mm

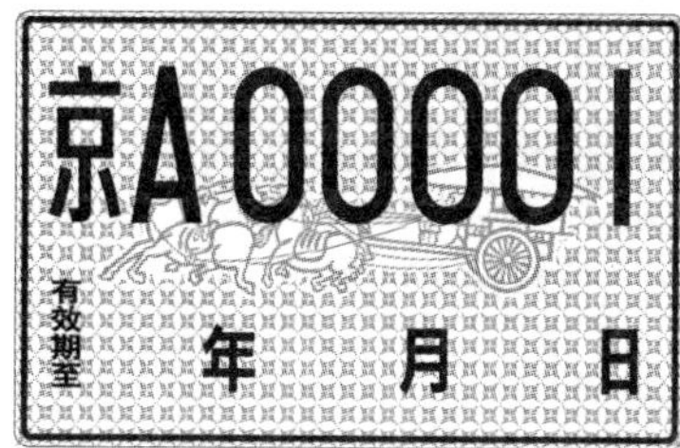

正面

临 时 行 驶 车 号 牌

机动车所有人		住　址	
车辆类型		厂牌型号	
发动机号码		车辆识别代号/车架号码	
核定载质量	千克	核定载客	人
有效期至			
发牌机关章：	签发人： 年 月 日	备注：	

反面

跨行政辖区临时移动使用的临时行驶车号牌 220mm × 140mm

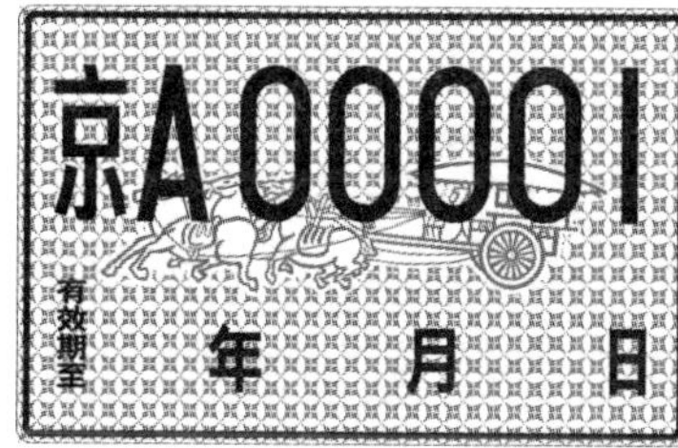

正面

临 时 行 驶 车 号 牌

机动车所有人		住　址	
车辆类型		厂牌型号	
发动机号码		车辆识别代号/车架号码	
核定载质量	千克	核定载客	人
有效期至			
发牌机关章：	签发人： 年 月 日	备注：	

反面

试验用机动车的临时行驶车号牌 220mm × 140mm

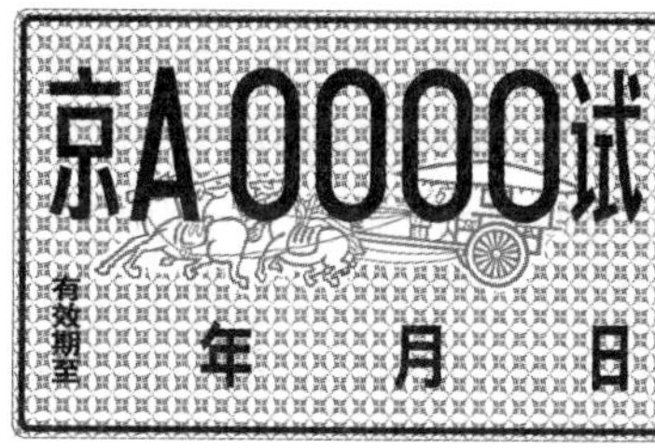

正面

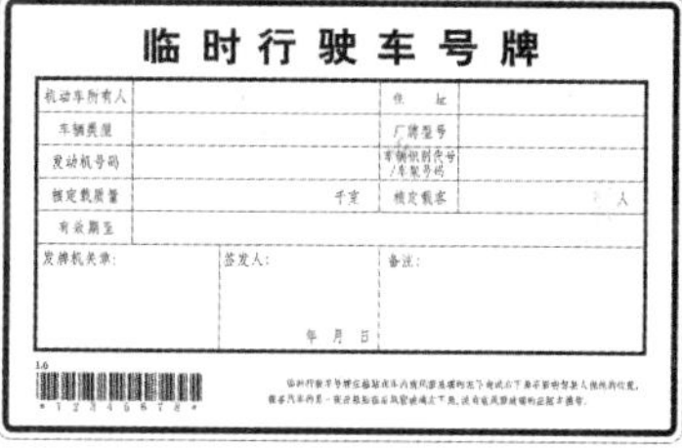

临 时 行 驶 车 号 牌

机动车所有人		住　址	
车辆类型		厂牌型号	
发动机号码		车辆识别代号/车架号码	
核定载质量	千克	核定载客	人
有效期至			
发牌机关章：	签发人： 年 月 日	备注：	

反面

特型机动车的临时行驶车号牌 220mm × 140mm

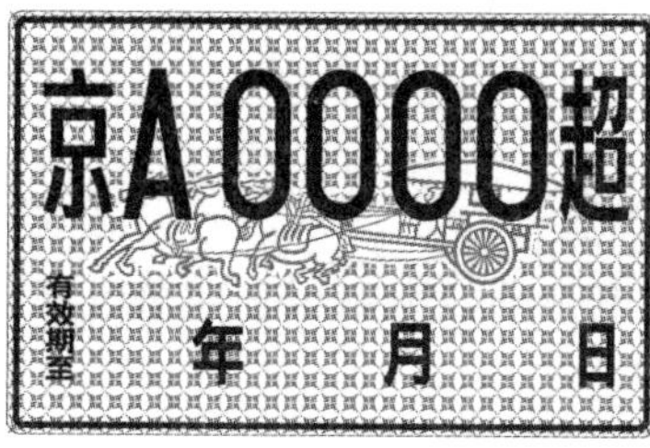

正面

临 时 行 驶 车 号 牌

机动车所有人		住　址	
车辆类型		厂牌型号	
发动机号码		车辆识别代号/车架号码	
核定载质量	千克	核定载客	人
有效期至			
发牌机关章：	签发人： 年 月 日	备注：	

反面

拖拉机号牌

正式拖拉机号牌

教练拖拉机号牌

临时行驶拖拉机号牌

正面

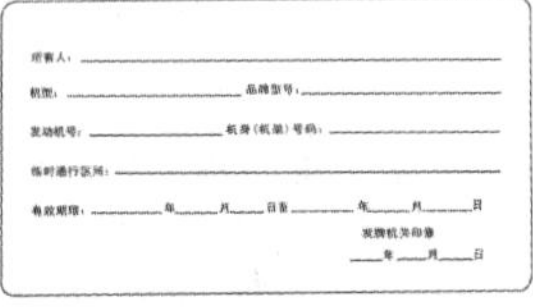

反面

（三）号牌安装、更换与喷涂放大号的要求

1. 安装

（1）前号牌安装在机动车前端的中间或者偏右，后号牌安装在机动车后端的中间或者偏左，应不影响机动车安全行驶和号牌识别。

（2）前、后号牌安装要保证号牌无任何变形和遮盖，横向水平，纵向基本垂直于地面，纵向夹角≤15°。

（3）除临时入境车辆号牌和临时行驶车号牌外，其他机动车号牌安装时每面至少要用两个统一的压有发牌机关代号的号牌专用固封装置固定。

（4）使用号牌架辅助安装时，号牌架内侧边缘距离机动车登记编号字符边缘大于5mm。

（5）临时入境汽车号牌和临时行驶号牌应放置在前挡风玻璃右侧，临时入境摩托车号牌应随车携带。

（6）二轮、侧三轮摩托号牌安在前后挡泥板上。

（7）拖拉机挂车悬挂主车号牌，即主车悬挂 2 个，挂车悬挂 1 个号牌，共计 3 面。

（8）大型货车挂车应悬挂号牌一面。

（9）临时号牌贴在前挡风玻璃的明显位置。

2. 更换。以下情况导致号牌不清晰、不完整，影响识别或公安机关交通管理部门指定更换时，应更换号牌：

（1）号牌字符被涂改，不能复原。

（2）号牌字符的反光性能不一致或底色反光不均匀。

（3）号牌的安装孔损坏或其他物理化学损坏。

（4）号牌的底色或字符颜色有明显褪色。

（5）机动车登记编号不完整。

（6）号牌外观不符合要求的。

3. 喷涂放大号。重型、中型载货汽车、拖拉机及其挂车的车身或者后厢后部喷涂的放大牌号的尺寸为机动车登记编号的2.5倍，应清晰、完整。

二、机动车行驶证

（一）行驶证的作用与规定

机动车行驶证与号牌一样，是机动车取得合法行驶权的凭证，全国有效。机动车辆行驶时，必须随车携带行驶证，交通管理部门通过对它的检查，可以了解车辆的归属和车辆的使用状况，这对于确认车辆的唯一性和合法性，加强车辆管理，保障交通安全具有重要作用。

行驶证的编号与车辆号牌编号相同。挂车号牌和拖拉机号牌为单独增发的号牌，故主车与挂车不是同一号牌，拖带挂车的机动车辆应携带主车和挂车两个行驶证。行驶证必须有发证机关签章才能生效。

（二）行驶证的内容

行驶证包括该车（包括挂车）的厂牌、车型、车辆类型、车辆牌号、核定载质量和载客数量、车属单位或个人、主管机关和发证机关、检验记录、异动登记、附记及注意事项等内容，2004年5月1日开始核发的2004版机动车行驶证如图3－1所示。

根据公安部通知规定，自2008年10月1日起，对注册登记的机动车一律核发新版行驶证，不得再使用旧版行驶证；对已核发的旧版行驶证，只在办理换证和补证业务时换发新版行驶证。2008版行驶证在保持原行驶证式样基本不变的基础上，按照《机动车登记规定》的要求调整了签注内容，同时进一步规范了行驶证生产、检验、识别和管理，改进了行驶证证芯和塑封套的防伪技术等（如图3－2、图3－3所示）。

（三）对中国人民解放军和中国人民武装警察部队在编机动车牌证管理规定

中国人民解放军和中国人民武装警察部队在编机动车牌证、在编机动车检验以及机动车驾驶人考核工作，由中国人民解放军、中国人民武装警察部队有关部门负责。

（四）对拖拉机牌证的管理规定

对上道路行驶的拖拉机，由农业（农业机械）主管部门行使《中华人民共和国道路交通安全法》第八条、第九条、第十三条、第十九条、第二十三条规定的公安机关交通管理部门的管理职权。农业（农业机械）主管部门依照前款规定行使职权，应当遵守《道路交通安全法》的有关规定，并接受公安机关交通管理部门的监督；对违反规定的，依照本法有关规定追究法律责任。《道路交通安全法》施行前由农业（农业机械）主管部门发放的机动车牌证，在该法施行后继续有效。

（五）国家对入境的境外机动车的管理规定

国家对入境的境外机动车的道路交通安全实施统一管理，自 2007 年发布的机动车号牌行业标准的规定，就开始取消了境外机动车号牌，改为申领临时入境汽车或临时入境摩托车号牌。

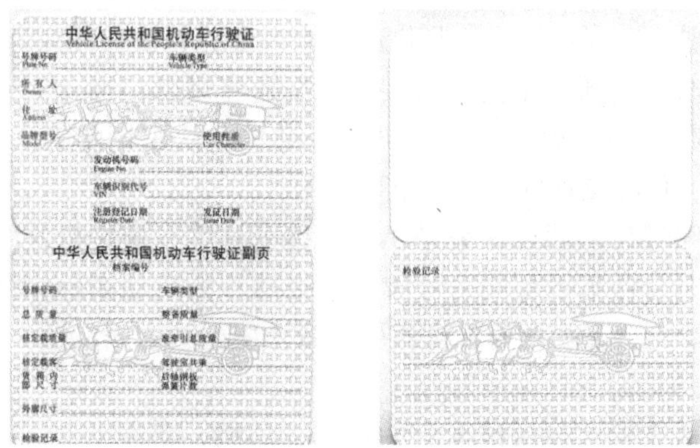

图 3－1　2004 年 5 月 1 日开始核发的 2004 版机动车行驶证

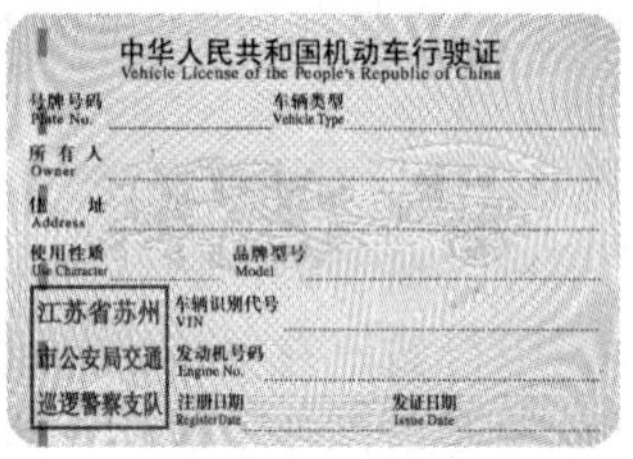

机动车行驶证主页正面

机动车行驶证副页正面

图 3－2　2008 年 10 月 1 日开始核发的 2008 版机动车行驶证

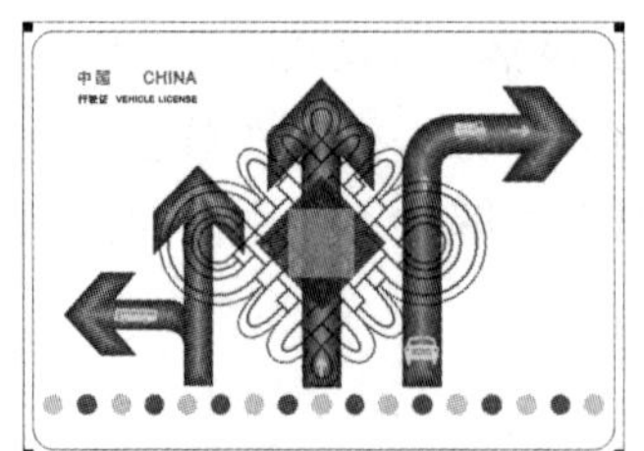

机动车行驶证塑封套 A 页

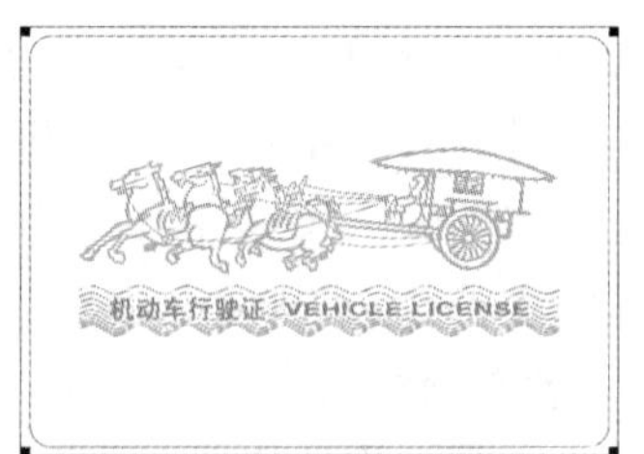

机动车行驶证塑封套 B 页

图 3－3　2008 版机动车行驶证塑封套式样

三、号牌与行驶证的核发

（一）核发号牌

根据机动车号牌的合法规定，依据《机动车类型术语和定义》（GA802－2014）对符合国家发改委《车辆生产企业及产品公告》的机动车辆，按规定核发符合《中华人民共和国机动车号牌》（GA36－2014）标准的机动车号牌。主要几种汽车号牌的核发条件如下。

1. 大型汽车号牌的核发条件。对符合下列条件之一的汽车核发大型汽车号牌：

（1）总质量≥4.5 吨；

（2）乘坐人数≥10 人；

（3）车长≥6 米；

（4）以上的汽车、无轨电车及有轨电车等。

2. 小型汽车号牌的核发条件。除以上提到的核发大型汽车号牌的条件之外，其他汽车核发小型汽车号牌，因为实际需要，公安部又出台了补充规定，对于乘坐人数不超过 9 人（包括驾驶人）的大型轿车型汽车，核发小型汽车号牌。

3. 挂车号牌的核发条件。根据规定，挂车单独核发挂车号牌，因此，挂车号牌还有配套的行驶证，所以，在道路上行驶的牵引着挂车的汽车，应该有牵引车汽车号牌与行驶证，还应该有挂车的号牌与行驶证，即应有两本行驶证。

4. 三轮汽车和低速货车号牌。根据《机动车类型术语和定义》规定，三轮汽车和低速货车，即原来的农用运输车，号牌都是一样的，只是行驶证上的车辆类型有三轮汽车和低速货车之分。规定如下：

（1）三轮汽车。三轮汽车是以柴油机为动力，最大设计车速≤50km/h，总质量≤2000kg，长≤4600mm，宽≤1600mm，高≤2000mm，具有三个车轮的货车。其中，采用方向盘转向、由传递轴传递动力、有驾驶室且驾驶人座椅后有物品放置空间的，总质量≤3000kg，车长≤5200mm，宽≤1800mm，高≤2200mm。三轮汽车不应具有专项作业的功能。

（2）低速货车。低速货车是以柴油机为动力，最大设计车速＜70km/h，总质量≤4500kg，长≤6000mm，宽≤2000mm，高≤2500mm，具有四个车轮的货车。低速货车不应具有专项作业的功能。

5. 普通摩托车号牌。普通摩托车号牌核发给那些最大设计车速＞50km/h 或者发动机气缸总排量＞50mL 的摩托车，包括两轮普通摩托车、边三轮摩托车和正载客三轮摩托车和正三轮载货摩托车。但不包括：

整车整备质量 >400kg（无驾驶室）的三轮车辆

整车整备质量 >600kg（有驾驶室）的三轮车辆

最大设计车速、整车整备质量、外廓尺寸等指标符合相关国家标准和规定的，专供残疾人驾驶的机动轮椅车；

电驱动的，最大设计车速≤20km/h，具有人力骑行功能，且整车整备质量、外廓尺寸、电动机额定功率等指标符合相关国家标准规定的两轮车辆。

6. 轻便摩托车号牌。轻便摩托车号牌核发给那些最大设计车速≤50km/h，且若使用发动机驱动，发动机气缸总排量≤50mL 的摩托车，包括两轮轻便摩托车和正三轮轻便摩托车。

7. 挂车号牌。挂车是在设计和制造上需由汽车或拖拉机牵引，才能在道路上正常使用的无动力道路车辆，包括牵引杆挂车、中置轴挂车和半挂车，主要用于载运货物、专项作业。

对符合上述条件的挂车核发挂车号牌，在行驶证上进行车辆类型签注时，分别按照规格术语和结构术语签注相应的车辆类型。

（二）行驶证签注与核发

2008 年 10 月 1 日开始核发 2008 版机动车行驶证（如图 3 – 2 所示），行驶证分为主页正背面和副页正背面，其中主页正面、副页正面需要在核发机动车号牌的同时逐项签注。

1. 行驶证主页需要签注的内容。

（1）号牌号码。按照所核发的该机动车的号牌号码签注打印。

（2）车辆类型。车辆类型的签注意义在于给查验行驶证的民警提供该机动车属于什么车型，首先，需要相应级别的驾驶证才能驾驶；其次，还关系到该类车型的报废年限，不同车辆类型有不同的报废年限；最后，车辆类型和车辆的使用性质要对应起来。例如，校车按照使用性质必须是分为幼儿校车、小学生校车等，那么，车辆类型必须是大、中、小、微等载客汽车。具体签注按照《机动车类型术语和定义》中的表 1 规格术语和表 3 的结构术语，进行正确签注与打印。

（3）所有人。如果是私人所有的车辆，则签注身份证上的姓名，如果是单位等组织拥有的车辆，则签注组织机构代码证上的单位名称。

（4）住址。如果是私人所有的车辆，则签注身份证上的住址，如果是单位等组织所有的车辆，则签注组织机构代码证上的单位地址。

（5）使用性质。不同使用性质的车辆其报废年限不同，所以，使用性质的签注非常重要。具体签注根据《机动车类型术语和定义》有关实用性质的分类，对所登记的机动车进行正确使用性质的签注。根据 2016 年 12 月公安部的通知，要求各地车管所按照交通运输实际发展需要，可以给那些符合网络预约汽车的车辆合法使用性质为“预约出租车”的号牌。同时，公安车驾管的“六合一”系统使用性质也升级完成，即系统可以直接打印使用性质为“预约出租车”的汽车行驶证。

（6）品牌型号。车辆的厂牌型号一般根据车辆合格证签注。

（7）发动机号码、车辆识别代号。一般根据查验岗民警对车辆进行整车查验之后，根据申请登记表上的拓印号码进行正确签注和打印。

（8）注册日期和发证日期。注册一般是要求在两个工作日内发放号牌与行驶证，但是，目前各车管所为了便民、利民，基本上都能在一个工作日内将全部手续完成，核发号牌与行驶证。因此，这两个日期一般是同一天，但也有是相邻的两天的情况。

（9）检验记录。此项目主要是用来定期加盖机动车检验有效期的合格章，用来给民警提供查验的依据。

2. 行驶证副页需要签注的内容。行驶证副页需要签注的内容包括：号牌号码、档案编号、核定载人数、总质量、整备质量、核定载质量、外廓尺寸、准牵引着总质量，按照机动车产品《合格证》上的内容进行签注，这里需要注意的是，《合格证》上的内容必须和公安网系统里《公告》的内容一致，备注栏主要用来签注该机动车报废期限。

第二节 机动车登记管理

机动车辆登记，是指公安车辆管理机关对我国民用机动车辆的车主、住址、电话、单位代码、居民身份证号、车辆类型、厂牌型号及车辆技术参数和变更情况所实行的记录手续。车辆登记的目的是使车辆管理机关及时掌握车辆的技术状况和分布状况，以便查找车主和掌握车辆的动态。因此，车辆登记是一项非常细致而且需要认真处理的工作，必须严肃履行规定手续。

为便于开展车辆登记业务，自 2001 年 10 月 1 日开始实行《机动车登记证书》制度。该证书是机动车所有人拥有机动车辆财产的象征，不要求随车携带，在办理登记业务时使用，自 2005 年 5 月 1 日开始实行第二版《机动车登记证书》，第二版《机动车登记证书》的印刷技术非常复杂，部分防伪识别技术甚至超过人民币，式样如图 3－4（a）所示。

在 2006 年 10 月 1 日对第二版《机动车登记证书》实行了唯一性的条码确认：《机动车登记证书》的第二页右上角统一印刷了 13 位的条码，从第 4

页右上角以及后面偶数页上依然保留了第二版全国统一的登记编号，第 10 页第一行增加了防伪识别标记等，式样如图 3 –4（b）所示。

封面

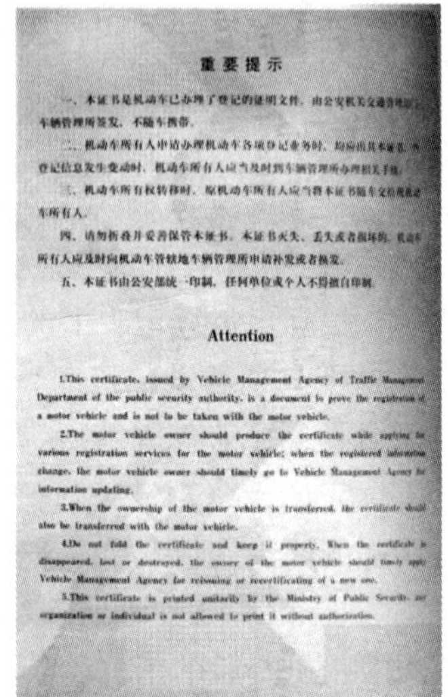

重要提示

一、本证书是机动车已办理了登记的证明文件，由公安机关交通管理部门车辆管理所签发，不随车携带。

二、机动车所有人申请办理机动车各项登记业务时，均应出具本证书；当登记信息发生变动时，机动车所有人应当及时到车辆管理所办理相关手续。

三、机动车所有权转移时，原机动车所有人应当将本证书随车交给现机动车所有人。

四、请勿折叠并妥善保管本证书。本证书灭失、丢失或者损坏的，机动车所有人应及时向机动车管辖地车辆管理所申请补发或者换发。

五、本证书由公安部统一印制，任何单位或个人不得擅自印制。

Attention

1.This certificate, issued by Vehicle Management Agency of Traffic Management Department of the public security authority, is a document to prove the registration of a motor vehicle and is not to be taken with the motor vehicle.

2.The motor vehicle owner should produce the certificate while applying for various registration services for the motor vehicle; when the registered information change, the motor vehicle owner should timely go to Vehicle Management Agency for information updating.

3.When the ownership of the motor vehicle is transferred, the certificate should also be transferred with the motor vehicle.

4.Do not fold the certificate and keep it properly. When the certificate is disappeared, lost or destroyed, the owner of the motor vehicle should timely apply Vehicle Management Agency for reissuing or recertificating of a new one.

5.This certificate is printed unitarily by the Ministry of Public Security, any organization or individual is not allowed to print it without authorization.

第 10 页

图 3 –4（a） 2005 版机动车登记证书式样

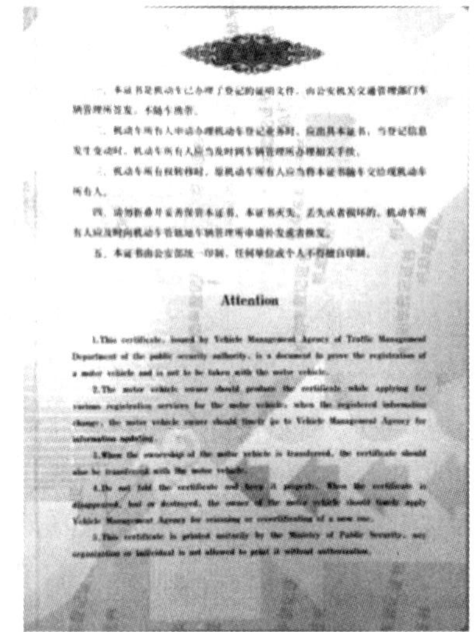

一、本证书是机动车已办理了登记的证明文件，由公安机关交通管理部门车辆管理所签发，不随车携带。

二、机动车所有人申请办理机动车各项登记业务时，应出具本证书；当登记信息发生变动时，机动车所有人应当及时到车辆管理所办理相关手续。

三、机动车所有权转移时，原机动车所有人应当将本证书随车交给现机动车所有人。

四、请勿折叠并妥善保管本证书。本证书灭失、丢失或者损坏的，机动车所有人应及时向机动车管辖地车辆管理所申请补发或者换发。

五、本证书由公安部统一印制，任何单位或个人不得擅自印制。

Attention

1.This certificate, issued by Vehicle Management Agency of Traffic Management Department of the public security authority, is a document to prove the registration of a motor vehicle and is not to be taken with the motor vehicle.

2.The motor vehicle owner should produce the certificate while applying for various registration services for the motor vehicle; when the registered information change, the motor vehicle owner should timely go to Vehicle Management Agency for information updating.

3.When the ownership of the motor vehicle is transferred, the certificate should also be transferred with the motor vehicle.

4.Do not fold the certificate and keep it properly. When the certificate is disappeared, lost or destroyed, the owner of the motor vehicle should timely apply Vehicle Management Agency for reissuing or recertificating of a new one.

5.This certificate is printed unitarily by the Ministry of Public Security, any organization or individual is not allowed to print it without authorization.

第 1、2 页

第 10 页

图 3 –4（b） 2006 版机动车登记证书式样

机动车辆登记分为注册登记、变更登记、转移登记、抵押登记、注销登记五类，所有登记业务需要填写全国统一的表格。值得强调的是，在所有登记工作中，特别强调机动车所有人或者代理人的法律责任，在《机动车登记规定》的第五十五条明确规定“机动车所有人或者代理人申请机动车登记和业务，应当如实向车辆管理所提交规定的材料和反映真实情况，并对其申请材料实质内容的真实性负责”，以明确申请人的法定义务，保护受理民警的正当权益。

一、注册登记

新车或外地转入的车辆，应在固定车主后申领牌证，在车辆管理机关进行注册登记，建立该车档案，将必要项目输入微机储存，称为注册登记。其办理手续与正式牌证的核发手续相同，《道路交通安全法》第九条第一款、第二款、第三款和《中华人民共和国道路交通安全法实施条例》（以下简称《道路交通安全法实施条例》）第六条、第七条、第八条具体规定了办理机动车登记需提交的证明、凭证材料、办理机动车登记的程序和登记的内容以及不予办理注册登记的情形。它们构成了我国机动车注册登记制度的基本内容。机动车注册登记申请如表3－4所示。

表3－4　机动车注册、转移、注销登记/转入申请表

<table>
<tr><td colspan="5">申请人信息栏</td></tr>
<tr><td rowspan="3">机动车所有人</td><td>姓名/名称</td><td></td><td>邮政编码</td><td></td></tr>
<tr><td>邮寄地址</td><td colspan="3"></td></tr>
<tr><td>手机号码</td><td></td><td>固定电话</td><td></td></tr>
<tr><td>代理人</td><td>姓名/名称</td><td></td><td>手机号码</td><td></td></tr>
<tr><td colspan="5">申请业务事项</td></tr>
<tr><td colspan="2">申请事项</td><td colspan="3">□注册登记　□注销登记　□转移登记　□车辆转入
□车辆转出　转出至：　省（自治区、直辖市）　市（地、州）</td></tr>
<tr><td colspan="2">号牌种类</td><td></td><td>号牌号码</td><td></td></tr>
<tr><td rowspan="2">机动车</td><td>品牌型号</td><td></td><td>车辆识别代号</td><td></td></tr>
<tr><td colspan="4">□非营运　□公路客运　□公交客运　□出租客运　□旅游客运　□租赁　□教练
□接送幼儿　□接送小学生　□接送中小学生　□接送初中生　□危险货物运输
□货运　□消防　□救护　□工程救险　□警用　□出租营转非　□营转非</td></tr>
</table>

续表

<table>
<tr><td colspan="2">申请人信息栏</td></tr>
<tr><td>机动车所有人及代理人对申请材料的真实有效性负责。</td><td>机动车所有人（代理人）签字：

年　月　日</td></tr>
</table>

填　表　说　明

1. 填写时请使用黑色或者蓝色墨水笔，字体工整，不得涂改；

2. 标注有“□”符号的为选择项目，选择后在“□”中画“√”，各栏目只能选择一项；

3. “邮寄地址”栏，填写可通过邮寄送达的地址；

4. “机动车”栏的“品牌型号”项目，按照车辆的技术说明书、合格证等资料标注的内容填写；

5. “机动车所有人（代理人）签字”栏，机动车属于个人的，由机动车所有人签字，属于单位的，由单位的被委托人签字。由代理人代为办理的，机动车所有人不签字，由代理人或者代理单位的经办人签字，填写姓名/名称、手机号码；

6. “号牌种类”栏，按照大型汽车号牌、小型汽车号牌、普通摩托车号牌、轻便摩托车号牌、低速车号牌、挂车号牌、使馆汽车号牌、使馆摩托车号牌、领馆汽车号牌、领馆摩托车号牌、教练汽车号牌、教练摩托车号牌、警用汽车号牌、警用摩托车号牌填写。

《道路交通安全法》第九条对机动车的登记作了较详细的规定，目的是方便群众，推动我国机动化的程度，确立了私家车放开的产业发展政策，并且在法律中已经得到确认。

申请机动车登记

申请机动车登记应当提交以下证明、凭证。

1. 机动车所有人的身份证明。如果是有单位的，需要提供组织机构代码证，如果是个人的需要提供本人身份证，组织机构代码证式样如图 3 - 5 所示。组织机构代码证是在中华人民共和国境内依法成立的机关、企业、事业单位和社会团体等机构在全国范围内始终不变的法定代码。组织机构代码证是由八位数字（或大写拉丁字母）和一位数字（或大写拉丁字母）校验码组成。代码证自颁发之日起四年内有效，每年审验一次。从某种程度上说有没有组织机构代码证是单位是否依法登记的证明，而有没有按时审验是这个单位是否还存在的依据。因而在车管业务中脱审的组织机构代码证不能作为单位的身份证明。

2. 机动车来历证明。证明依据有机动车销售统一发票如图 3 - 6、3 - 7、3 - 8、3 - 9 所示，如果是罚没车辆则应该保留罚没单（如图 3 - 10 所示）。

3. 机动车整车出厂合格证明或者进口机动车进口凭证。车主应该保存整车或底盘出厂的合格证（如图3－15所示），如果是进口车则必须有海关总署签发的关单，同样需要保存在档案里（如图3－11、3－12、3－13、3－14、3－15所示）。

目前常见的关单就是第三版和第四版。第三版关单源自2007年12月公安部交通管理局、公交管办发布的“关于海关总署改进汽车《货物进口证明书》防伪技术的通知”。根据文件规定，海关总署对汽车《货物进口证明书》的防伪技术进行了改进，底纹防伪由平板式手工雕画元素地纹改为渐变式防伪软件制作元素地纹，荧光油墨由普通无色荧光油墨改为增亮型无色荧光油墨。改进前印制的汽车《货物进口证明书》继续有效。

第四版《货物进口证明书》包括车辆用《货物进口证明书》和普通货物用《货物进口证明书》，其中车辆用《货物进口证明书》适用于海关签发“一车一证”的汽车整车、汽车底盘和摩托车，普通货物用《货物进口证明书》适用于海关签发“一批一证”的挂车、半挂车、轮式专用机械车。第四版《货物进口证明书》具有以下特征：

（1）取消原印刷在纸质货物进口证明书上的证明编号（以XIX开头的序列号），在证明书上直接打印证明书编号。

（2）证明书调整为A4纸尺寸，底纹和防伪不变；取消部分英文翻译，取消海关关长人名印章；对部分签注项目名称进行了调整。

（3）证明书编号位于《货物进口证明书》右上角，共12位字符，第1位为证明书类型（英文字母，H：汽车；M：摩托车）；第2、3位为签发地直属海关（数字，关区代码前两位）；第4、5位为签发年份（数字，年份的后两位）；第6位至12位为序列号（数字，由系统按签发时间升序排列生成）。

（4）车辆用《货物进口证明书》签注时增加车辆动力类型、电动机号信息。

根据规定，自2015年8月1日起，海关部门将进口摩托车纳入《货物进口证明书》联网核查系统进行管理，对进口摩托车签发第四版车辆用《货物进口证明书》。对已签发第四版车辆用《货物进口证明书》的进口摩托车，各地在办理注册登记业务时，要与全国进口机动车计算机核查系统比对，符合规定的，使用专用钳在《货物进口证明书》右下角打孔，打印《全国进口机动车核查系统核对无误证明书》，并存入机动车档案。

4. 车辆购置税的完税证明或者免税凭证。

5. 法律、行政法规规定应当在机动车登记时提交的其他证明、凭证。公安机关交通管理部门应当自受理申请之日起5个工作日内完成机动车登记审查工作，对符合前款规定条件的，应当发放机动车登记证书、号牌和行驶证；

对不符合前款规定条件的，应当向申请人说明不予登记的理由。公安机关交通管理部门以外的任何单位或者个人不得发放机动车号牌或者要求机动车悬挂其他号牌，本法另有规定的除外。机动车登记证书、号牌、行驶证的式样由国务院公安部门规定并监制。

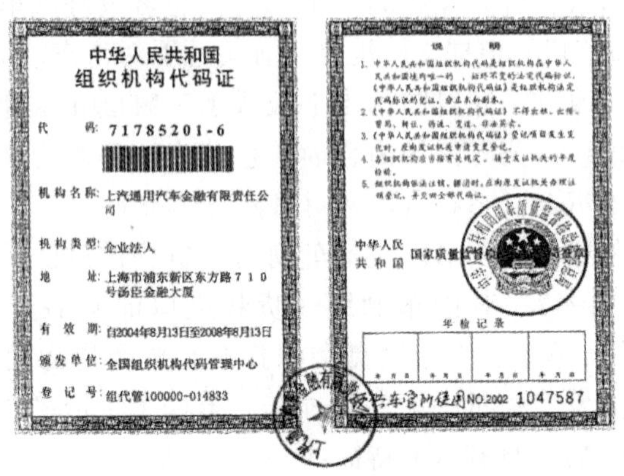

中华人民共和国
组织机构代码证

代　　码：71785201-6

机构名称：上汽通用汽车金融有限责任公司

机构类型：企业法人

地　　址：上海市浦东新区东方路710号汤臣金融大厦

有 效 期：自2004年8月13日至2008年8月13日

颁发单位：全国组织机构代码管理中心

登 记 号：组代管100000-014833

说　　明

中华人民共和国　国家质量监督检验检疫总局

年检记录

NO.2002 1047587

图 3－5　组织机构代码证

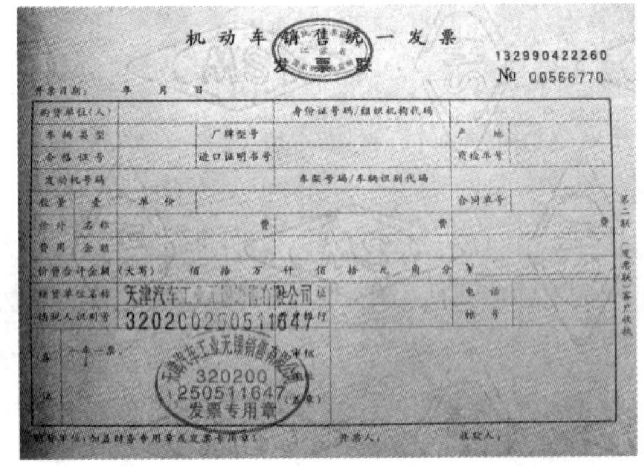

机动车销售统一发票

发票联

132990422260

№ 00566770

开票日期：　年　月　日

购货单位(人)		身份证号码/组织机构代码	
车辆类型	厂牌型号		产地
合格证号	进口证明书号		商检单号
发动机号码		车架号码/车辆识别代码	
数量　壹　单价			合同单号
价外 名称			
费用 金额			
价费合计金额(大写)	佰　拾　万　仟　佰　拾　元　角　分	￥	
销货单位名称	天津汽车工业无锡销售有限公司		电话
纳税人识别号	320200250511647		帐号

备注：一车一票。

天津汽车工业无锡销售有限公司 320200250511647 发票专用章

销货单位(加盖财务专用章或发票专用章)　开票人：　收款人：

第二联（发票联）客户收执

图 3－6　2005 年 1 月 1 日后使用的《机动车销售统一发票》（第二联由客户收执）

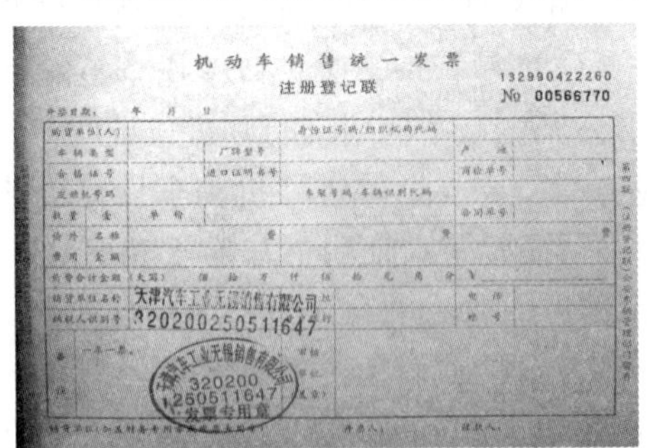

机动车销售统一发票

注册登记联

132990422260

№ 00566770

开票日期：　年　月　日

购货单位(人)		身份证号码/组织机构代码	
车辆类型	厂牌型号		产地
合格证号	进口证明书号		商检单号
发动机号码		车架号码/车辆识别代码	
数量　壹　单价			合同单号
价外 名称			
费用 金额			
价费合计金额(大写)	佰　拾　万　仟　佰　拾　元　角　分	￥	
销货单位名称	天津汽车工业无锡销售有限公司		电话
纳税人识别号	320200250511647		帐号

备注：一车一票。

天津汽车工业无锡销售有限公司 320200250511647 发票专用章

销货单位(加盖财务专用章或发票专用章)　开票人：　收款人：

图3－7　2005 年 1 月 1 日后使用的《机动车销售统一发票》

（第四联由公安车管部门留存）

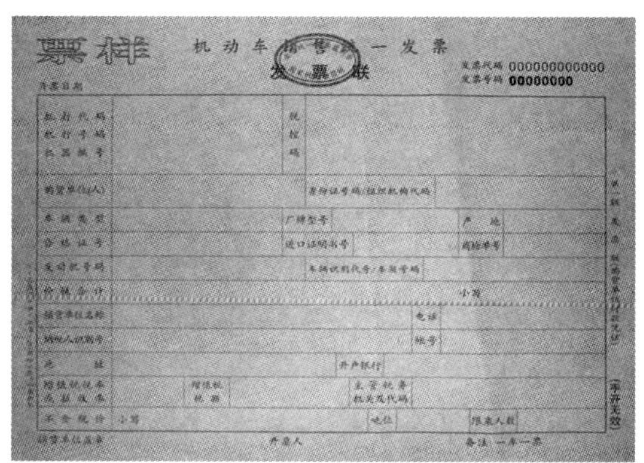

票样　机动车销售统一发票

发票联

发票代码 000000000000

发票号码 00000000

图 3－8　2006 年 8 月 1 日起使用的《机动车销售统一发票》
（购货单位付款凭证）

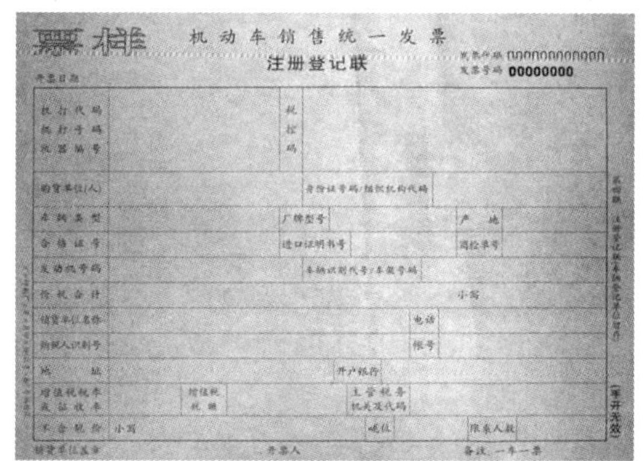

票样　机动车销售统一发票

注册登记联

发票代码 000000000000

发票号码 00000000

图 3－9　2006 年 8 月 1 日起使用的《机动车销售统一发票》
（第四联由公安车管部门留存）

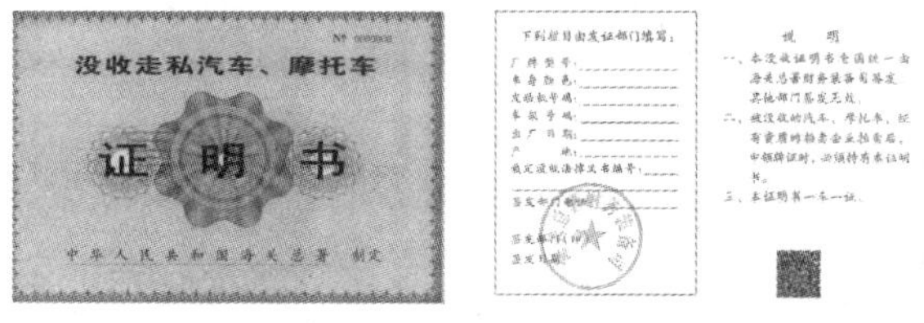

没收走私汽车、摩托车

证明书

图 3－10　2005 年 1 月 1 日起使用的《没收走私汽车、摩托车证明书》

中华人民共和国海关

货物进口证明书

The Customs of the People's Republic of China

Certificate of Importation of Cargo

商品编码 H.S.code	货名及规格 Description of cargo standard	标记号码 Marks and numbers	件数 Number of packages	数(重)量 Quantity (weight)	价格 Value

海关(印章)　　海关(关)关长

Chief of　　Customs

Date

图 3－11　2005 年 10 月 1 日之前使用的《货物进口证明书》

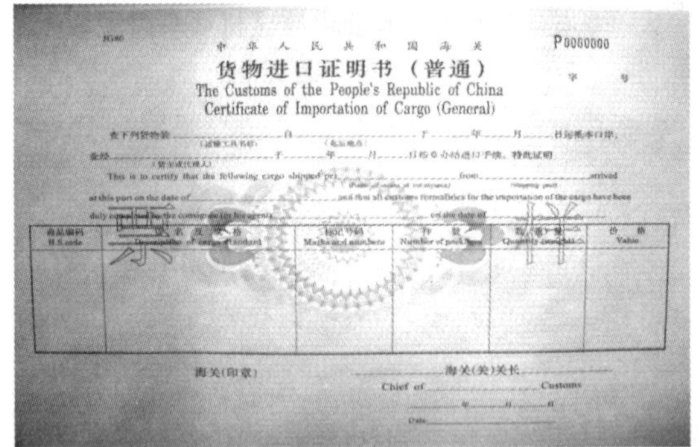

中华人民共和国海关　　P0000000

货物进口证明书（普通）

The Customs of the People's Republic of China

Certificate of Importation of Cargo (General)

商品编码 H.S.code	货名及规格 Description of cargo standard	标记号码 Marks and numbers	件数 Number of packages	数(重)量 Quantity (weight)	价格 Value

海关(印章)　　海关(关)关长

Chief of　　Customs

Date

图 3－12　2005 年 10 月 1 日启用的 2005 版《货物进口证明书》

中华人民共和国海关

货物进口证明书

The Customs of the People's Republic of China

Certificate of Importation of Cargo

查下列货物按____自____于____年____月____日运抵本口岸，业经____于____年____月____日按章办结进口手续，特此证明

This is to certify that the following cargo shipped per ____ from ____ arrived at this port on the date of ____ and that all customs formalities for the importation of the cargo have been duly completed by the consignee (or his agent) ____ on the date of ____

商品编码 H.S.code	货名及规格 Description of cargo standard	标记号码 Marks and numbers	件数 Number of packages	数(重)量 Quantity (weight)	价格 Value

海关(印章)　　海关(关)关长

Chief of　　Customs

Date

图 3－13　2007 年 12 月 7 日启用的 2007 版《货物进口证明书》

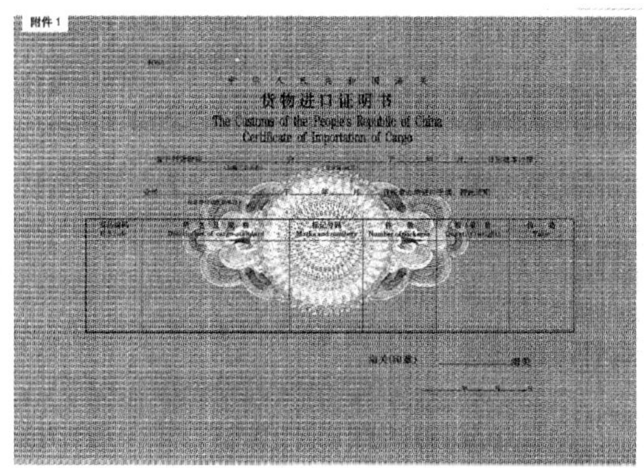
附件1

货物进口证明书

The Customs of the People's Republic of China

Certificate of Importation of Cargo

图 3－14　自 2015 年 8 月 1 日启用的第四版《货物进口证明书》

图 3－15　2005 年 7 月 1 日起实施的整车和底盘出厂合格证

二、变更登记

车辆变更登记，是指已领取正式号牌、行驶证的车辆，在转籍或对注册登记时的初次检验记录项目的内容作变更时，按照规定需要办理登记时应履行的手续。

（一）已注册登记车辆申请变更

已注册登记的机动车有下列情形之一的，机动车所有人应当向登记该机动车的公安机关交通管理部门申请变更登记：

（1）改变机动车车身颜色的；

（2）更换发动机的；

（3）更换车身或者车架的；

（4）因质量有问题，制造厂更换整车的；

（5）营运机动车改为非营运机动车或者非营运机动车改为营运机动车等

使用性质改变的；

（6）机动车所有人的住所迁出或者迁入车辆管理所管辖区域的。

机动车所有人为两人以上，需要将登记的所有人姓名变更为其他所有人姓名的，可以向登记地车辆管理所申请变更登记。

（二）申请变更登记

申请变更登记需填写《机动车变更/备案登记申请表》（如表3－5所示）。新的《机动车登记规定》在办理程序上，减少事前审批，强化事后监督，规定申请变更机动车车身颜色、更换车身或者车架的，无须进行事前审批，群众变更完后直接到车管所交验机动车并办理变更登记，只来车辆管理所一趟即可办结。

《道路交通安全法》第十二条第二项、《道路交通安全法实施条例》第六条、《机动车登记规定》第九条至第十七条规定了机动车变更登记的情形，应提交的证明、凭证，办理机动车变更登记的程序，变更登记的内容，机动车所有人可以自行变更的情形等内容。

车辆管理所应当自受理之日起一日内，确认机动车，审查提交的证明、凭证，在机动车登记证书上签注变更事项，收回行驶证，重新核发行驶证。车辆管理所办理机动车变更登记时，需要改变机动车号牌号码的，收回号牌、行驶证，确定新的机动车号牌号码，重新核发号牌、行驶证和检验合格标志。

表3－5《机动车变更/备案登记申请表》

号牌种类		号牌号码	
申请事项	变更后的信息		
□变更机动车所有人姓名/名称			
□共同所有的机动车变更所有人			
□住所在车辆管理所辖区内迁移			
□变更联系方式	邮寄地址： 邮政编码：	手机号码： 固定电话：	
□住所迁出车辆管理所管辖区域	转入：　　省（自治区、直辖市）	市（地、州）	

续表

<table>
<tr><td colspan="2">号牌种类</td><td colspan="2"></td><td>号牌号码</td><td></td></tr>
<tr><td colspan="2">□变更后的使用性质</td><td colspan="4">□公路客运　□公交客运　□出租客运　□旅游客运　□租赁
□货运　□教练　□营转非　□出租营转非　□危险货物运输
□警用　□消防　□工程救险　□救护　□接送小学生
□接送中学生　□接送初中生</td></tr>
<tr><td colspan="2">□更换发动机</td><td colspan="3" rowspan="7">变更后的信息：</td><td rowspan="7">机动车所有人及代理人对申请材料的真实有效性负责。</td></tr>
<tr><td colspan="2">□更换车身/车架</td></tr>
<tr><td colspan="2">□变更车身颜色</td></tr>
<tr><td colspan="2">□更换整车</td></tr>
<tr><td colspan="2">□重新打刻发动机号码</td></tr>
<tr><td colspan="2">□重新打刻车辆识别代号</td></tr>
<tr><td colspan="2">□变更身份证明名称/号码</td></tr>
<tr><td rowspan="3">代理人</td><td>姓名/名称</td><td colspan="3"></td><td rowspan="3">机动车所有人（代理人）签字：

年　月　日</td></tr>
<tr><td>邮寄地址</td><td colspan="3"></td></tr>
<tr><td>邮政编码</td><td></td><td>手机号码</td><td></td></tr>
</table>

填　表　说　明

1. 填写时请使用黑色或者蓝色墨水笔，字体工整，不得涂改；

2. “申请事项”栏为选择项目，请在相应栏内“□”中画“√”，同时申请多项变更登记/备案的可多选；

3. “邮寄地址”栏，填写可通过邮寄送达的地址；

4. “机动车所有人（代理人）签字”栏，机动车属于个人的，由变更后的现机动车所有人签字，属于单位的，由单位的被委托人签字。属于个人或者单位代理的，由代理人或者代理单位的经办人签字，并填写“代理人”栏；

5. “号牌种类”栏，按照大型汽车号牌、小型汽车号牌、普通摩托车号牌、轻便摩托车号牌、低速车号牌、挂车号牌、使馆汽车号牌、使馆摩托车号牌、领馆汽车号牌、领馆摩托车号牌、教练汽车号牌、教练摩托车号牌、警用汽车号牌、警用摩托车号牌填写。

三、转移登记

已注册登记的机动车所有权发生转移的，应当及时办理转移登记，需填写《机动车注册、转移、注销登记/转入申请表》（如表3－4所示），公安车管部门办理转移登记的时限为一日。

转移登记即所有权转移登记，是指因机动车的所有权发生转移所作的登记，包括过户登记和所有权转移的转入登记。转移登记按法理分析，其性质不属于行政许可的范畴，应属于民事登记的范畴，应符合民事登记的基本原则。其目的是通过认定机动车的所有权，实现机动车交易。

转移登记是机动车登记内容最大的变化之一。所有权是指所有人占有、使用、收益和处分财产的权利，是最重要的民事权利，合法的所有权受法律保护。《道路交通安全法》第十二条第一项和《道路交通安全法实施条例》第七条以及《机动车登记规定》第十八条、第十九条、第二十条、第二十一条规定了机动车转移登记当事人应提交的证明、凭证材料，机动车转移登记的登记内容和登记程序，不予办理机动车转移登记的情形，被司法机关和行政执法部门依法没收并拍卖或者被仲裁机构依法仲裁裁决或者被人民法院调解、裁定、判决机动车转移时，原机动车所有人未向现机动车所有人提供机动车登记证书和行驶证明，现机动车所有人如何办理转移登记等基本内容。

2003年，公安部推出三十项便民利民措施，规定申请办理车辆转籍，部分登记事项不够规范的，由转入地车管所负责更正。利民措施基本上解决了因车辆档案材料登记不规范及车辆技术参数不全等原因退档的问题，但在实际生活中，仍有因为登记证书丢失、车辆颜色变化、环保标准不一致等原因，车辆管理所不予受理，导致群众多次往返转出地和转入地车辆管理所却无法办理牌证的情况。

为方便群众办理车辆转出转入业务，《机动车登记规定》进一步规范车辆转籍工作，禁止随意退档，明确了转入地车管所不得退档的五种情形，避免群众多次往返：（1）机动车转出后登记证书丢失、灭失的（办理转入时同时补发登记证书）；（2）机动车转出后因交通事故等原因更换发动机、车身或者车架、改变车身颜色的（办理转入时一并办理变更登记）；（3）档案资料齐全但存在登记事项有误、档案资料填写、打印有误或者不规范、技术参数不全等情况的（办理转入时一并更正、补齐）；（4）2004年4月30日以前注册的机动车档案资料不齐全，经核实不属于被盗抢、走私、非法拼（组）装等嫌疑车辆的；（5）签注的转入地车辆管理所名称不准确，但属同一省、自治区管辖范围内的。

建立转出地和转入地车管所的协调机制。转入地车管所认为需要核实档案资料的，应当与转出地车管所协调。转出地应当自接到协查申请一日内以传真方式出具书面材料，转入地凭书面材料办理转入。转出地和转入地有不同意见的，报请省级公安机关交通管理部门协调。这些协调必须在车管所内部进行，不得要求当事人来回往返。

规定因环保问题无法转入时的处理。机动车因不符合转入地依据法律制定的地方性排放标准被退回的，转出地车辆管理所应当凭转入地车辆管理所的证明予以接收，恢复机动车登记内容，将转入地车辆管理所的证明原件存入机动车档案。

四、抵押登记

抵押登记，是指车辆管理所依据有关法律、法规，对当事人的机动车作为抵押物时所办理的机动车登记。已注册登记的机动车，抵押人将机动车作为抵押物的，抵押人和抵押权人应当填写机动车抵押登记申请表，持有关资料共同向机动车管辖地车辆管理机构申请抵押登记。《道路交通安全法》第十二条第三项、《道路交通安全法实施条例》第八条、《机动车登记规定》第二十二条至第二十五条规定了机动车抵押登记的办理程序、应当登记的内容、机动车注销抵押登记的办理程序等内容。另外，《中华人民共和国担保法》也有涉及机动车抵押登记的相关内容。

机动车所有人将机动车作为抵押物抵押的，机动车所有人应当向登记该机动车的公安机关交通管理部门申请抵押登记。申请抵押登记时需填写《机动车抵押登记/质押备案申请表》（如表 3－6 所示），并在电脑档案和文字档案中作相应的记录。

表 3－6　《机动车抵押登记/质押备案申请表》

<table>
<tr><td>号牌种类</td><td></td><td>号牌号码</td><td></td></tr>
<tr><td>申请事项</td><td colspan="2">□抵押登记　□解除抵押登记
□质押　□解除质押</td><td rowspan="2">机动车所有人及代理人对申请资料的真实有效性负责。</td></tr>
<tr><td>机动车所有人
姓名/名称</td><td colspan="2"></td></tr>
</table>

续表

<table>
<tr><td colspan="2">号牌种类</td><td colspan="2"></td><td>号牌号码</td><td></td></tr>
<tr><td rowspan="5">机动车所有人的代理人</td><td>姓名/名称</td><td colspan="3"></td><td rowspan="2">机动车所有人签字：</td></tr>
<tr><td>邮寄地址</td><td colspan="3"></td></tr>
<tr><td>邮政编码</td><td></td><td>联系电话</td><td></td><td rowspan="3">代理人签字：
年 月 日</td></tr>
<tr><td>电子信箱</td><td colspan="3"></td></tr>
<tr><td>经办人姓名</td><td></td><td>联系电话</td><td></td></tr>
<tr><td rowspan="4">抵押权人/典当行</td><td>姓名/名称</td><td colspan="3"></td><td rowspan="2">抵押权人/典当行及代理人对申请资料的真实有效性负责。</td></tr>
<tr><td>邮寄地址</td><td colspan="3"></td></tr>
<tr><td>邮政编码</td><td></td><td>联系电话</td><td></td><td rowspan="2">抵押权人/典当行签字：
年 月 日</td></tr>
<tr><td>电子信箱</td><td colspan="3"></td></tr>
<tr><td rowspan="5">抵押权人/典当行的代理人</td><td>姓名/名称</td><td colspan="3"></td><td rowspan="5">代理人签字：
年 月 日</td></tr>
<tr><td>邮寄地址</td><td colspan="3"></td></tr>
<tr><td>邮政编码</td><td></td><td>联系电话</td><td></td></tr>
<tr><td>电子信箱</td><td colspan="3"></td></tr>
<tr><td>经办人姓名</td><td></td><td>联系电话</td><td></td></tr>
</table>

填 表 说 明

1. 填写时请使用黑色或者蓝色墨水笔，字体工整，不得涂改；

2. “申请事项”栏为选择项目，请在相应栏内“□”中画“√”；

3. “邮寄地址”栏，填写可通过邮寄送达的地址；

4. “机动车所有人（代理人）签字”栏，机动车属于个人的，由机动车所有人签字，属于单位的，由单位的被委托人签字。由代理人代为办理的，由代理人签字；

5. “抵押权人/典当行签字”栏，由抵押权人或者典当行的被委托人签字，抵押权人属于个人的，由抵押权人签字。由代理人代为办理，抵押权人或者典当行不签字；

6. “代理人签字”栏，属于个人或者单位代理的，填写姓名/名称、邮寄地址、邮政编码、联系电话，代理人或者代理单位的经办人签字；属于单位的机动车，由本单位被委托人办理的不需填写本栏；

7. “号牌种类”栏，按照大型汽车号牌、小型汽车号牌、普通摩托车号牌、轻便摩托车号牌、低速车号牌、挂车号牌、使馆汽车号牌、使馆摩托车号牌、领馆汽车号牌、领馆摩托车号牌、教练汽车号牌、教练摩托车号牌、警用汽车号牌、警用摩托车号牌填写。

《机动车登记工作规范》中对办理车辆的抵押登记进行规定：

第二十七条　办理抵押登记的业务流程和具体事项为：

（一）登记审核岗审查《机动车抵押登记/质押备案申请表》、机动车所有人和抵押权人的身份证明、登记证书、依法订立的主合同和抵押合同。符合规定的，录入登记信息，向机动车所有人出具受理凭证。签注登记证书交机动车所有人。

（二）档案管理岗核对计算机登记系统的信息，整理资料，装订、归档。

在机动车抵押期间，机动车所有人将机动车再次抵押的，按照本条第一款的规定办理。

第二十八条　办理解除抵押登记的业务流程和具体事项为：

（一）登记审核岗审查《机动车抵押登记/质押备案申请表》、机动车所有人和抵押权人的身份证明、登记证书；属于被人民法院调解、裁定、判决机动车解除抵押的，审查《机动车抵押登记/质押备案申请表》、登记证书、人民法院出具的已经生效的《调解书》、《裁定书》或者《判决书》以及相应的《协助执行通知书》。符合规定的，录入登记信息，签注登记证书交机动车所有人。

（二）档案管理岗核对计算机登记系统的信息，整理资料，装订、归档。

五、注销登记

已达到国家强制报废标准的机动车，机动车所有人向机动车回收企业交售机动车时，仍应填写《机动车注册、转移、注销登记/转入申请表》（如表3-4所示），并提交以下证明、凭证：

（1）机动车登记证书；

（2）机动车行驶证；

（3）属于机动车灭失的，还应当提交机动车所有人的身份证明和机动车灭失证明；

(4) 属于机动车因故不在我国境内使用的，还应当提交机动车所有人的身份证明和出境证明，其中属于海关监管的机动车，还应当提交海关出具的《中华人民共和国海关监管车辆进（出）境领（销）牌照通知书》；

(5) 属于因质量问题退车的，还应当提交机动车所有人的身份证明和机动车制造厂或者经销商出具的退车证明。

由机动车回收企业确认机动车并解体，向机动车所有人出具《报废机动车回收证明》，并且机动车回收企业应当在机动车解体后七日内将申请表、机动车登记证书、号牌、行驶证和《报废机动车回收证明》副本提交车辆管理所，申请注销登记。报废的大型客、货车及其他营运车辆应当在公安车辆管理所的监督下解体。

车辆管理所须在一日内办理注销手续，审查提交的证明、凭证，收回机动车登记证书、号牌、行驶证，出具注销证明。

六、查验规程

根据《机动车查验工作规程》（GA801－2014）的规定，在进行机动车注册登记，转移登记，变更登记，申领登记证书，补领登记证书，核发检验合格标志，对报废大型客、货车及其他营运车辆监督解体时等，由车管部门查验岗查验员进行逐车查验，以便确认机动车是否符合相关规定，该查验记录表由车管部门检验岗查验员负责填写。

在进行注册登记时，按照规定程序，扫描合格证，机动车拍照，核对机动车合格证及外观相关参数等，在相应位置打印车辆彩色照片（在照片上游离打印该车的 VIN 码），粘贴车辆识别代号（车架号）拓印膜，按照查验单的基本项目逐项查验是否符合要求，然后，检验员在查验单上签署是否合格的意见，若查验合格则将该表收入车辆档案，只有查验合格的车辆，才能对其受理各种车辆登记、备案等管理工作，《机动车查验记录表》详见表 3－7。

表 3－7《机动车查验记录表》

号牌号码（流水号或其他与车辆能对应的号码）：　　　　号牌种类：

<table>
<tr><td colspan="8">业务类型：□注册登记　□转入　□转移登记　□变更迁出　□变更车身颜色　□核发检验合格标志　□更换车身或者车架　□更换发动机　□变更使用性质　□重新打刻 VIN　□重新打刻发动机号　□更换整车　□加装/拆除操纵辅助设置　□申领登记证书　□补领登记证书　□监销　□其他</td></tr>
<tr><td>类别</td><td>序号</td><td>查验项目</td><td>判定</td><td>类别</td><td>序号</td><td>查验项目</td><td>判定</td></tr>
</table>

续表

<table>
<tr><td colspan="8">业务类型：□注册登记　□转入　□转移登记　□变更迁出　□变更车身颜色　□核发检验合格标志　□更换车身或者车架　□更换发动机　□变更使用性质　□重新打刻VIN　□重新打刻发动机号　□更换整车　□加装/拆除操纵辅助设置　□申领登记证书　□补领登记证书　□监销　□其他</td></tr>
<tr><td rowspan="9">通用项目</td><td>1</td><td>车辆识别代号</td><td></td><td rowspan="4">大中型客车、校车、危险化学品运输车</td><td>14</td><td>灭火器</td><td></td></tr>
<tr><td>2</td><td>发动机型号/号码</td><td></td><td>15</td><td>行驶记录装置/车内外录像监控装置</td><td></td></tr>
<tr><td>3</td><td>车辆品牌/型号</td><td></td><td>16</td><td>应急出口/应急锤、乘客门</td><td></td></tr>
<tr><td>4</td><td>车身颜色</td><td></td><td>17</td><td>外部标识/文字、喷涂</td><td></td></tr>
<tr><td>5</td><td>核定载人数</td><td></td><td rowspan="2">其他</td><td>18</td><td>标志灯具、警报器</td><td></td></tr>
<tr><td>6</td><td>车辆类型</td><td></td><td>19</td><td>安全技术检验合格证明</td><td></td></tr>
<tr><td>7</td><td>号牌/车辆外观形状</td><td></td><td colspan="4" rowspan="3">查验结论：</td></tr>
<tr><td>8</td><td>轮胎完好情况</td><td></td></tr>
<tr><td>9</td><td>安全带、三角警告牌</td><td></td></tr>
<tr><td rowspan="4">货车挂车</td><td>10</td><td>外廓尺寸、轴数</td><td></td><td colspan="4" rowspan="2">查验员：
年　月　日</td></tr>
<tr><td>11</td><td>轮胎规格</td><td></td></tr>
<tr><td>12</td><td>侧后部防护装置</td><td></td><td rowspan="2">复检合格</td><td colspan="3" rowspan="2">查验员：
年　月　日</td></tr>
<tr><td>13</td><td>车身反光标识和车辆尾部标志板、喷涂</td><td></td></tr>
<tr><td colspan="4">机动车照片
（注册登记、转移登记、需要制作照片的变更登记、转入、监销）</td><td colspan="4">备　注：</td></tr>
<tr><td colspan="8">车辆识别代号（车架号）拓印膜
（注册登记、转移登记、转出、转入、更换车身或者车架、更换整车、申领登记证书、重新打刻VIN）</td></tr>
</table>

说明：1. 填表时应在对应的业务类型名称上画“√”；2. 对按照规定不需查验的项目，在对应的判定栏内画“—”；3. 本表所列查验项目判定不合格时在对应栏画“×”，本表以外的查验项目不合格时，在备注栏内注明情况，查验结论签注为“不合格”；所有查验项目合格，查验结论签注为“合格”；4. 复检合格时，查验员签字并签注日期；复检仍不合格的，不签注；5. 注册登记查验时，“车身颜色、核定载人数、车辆类型”判定栏

内签注查验确定的相应内容，若相关凭证记载有相应的内容，在签注内容后签注“√”或“×”；变更颜色查验时签注车身颜色。

七、补领、换领牌证

（一）补领、换领机动车登记证书

机动车登记证书灭失、丢失或者损毁的，机动车所有人应当向车辆管理所申请补领、换领机动车登记证书。申请时应当填写《补领、换领机动车牌证申请表》（如表3－8所示），并提交机动车所有人的身份证明。

对申请换领机动车登记证书的，车辆管理所应当自受理之日起1日内换发，收回原机动车登记证书。对申请补领机动车登记证书的，车辆管理所应当确认机动车，并于1日内重新核发机动车登记证书。

《机动车登记规定》第二十一条规定：“被人民法院、人民检察院和行政执法部门依法没收并拍卖，或者被仲裁机构依法仲裁裁决，或者被人民法院调解、裁定、判决机动车所有权转移时，原机动车所有人未向现机动车所有人提供机动车登记证书、号牌或者行驶证的，现机动车所有人在办理转移登记时，应当提交人民法院出具的未得到机动车登记证书、号牌或者行驶证的《协助执行通知书》，或者人民检察院、行政执法部门出具的未得到机动车登记证书、号牌或者行驶证的证明。车辆管理所应当公告原机动车登记证书、号牌或者行驶证作废，并在办理转移登记的同时，补发机动车登记证书。”

（二）补领、换领号牌、行驶证

号牌、行驶证灭失、丢失或者损毁，机动车所有人向车辆管理所申请补领、换领号牌、行驶证的，应当填写《补领、换领机动车牌证申请表》，并提交机动车所有人的身份证明。车辆管理所应当在一日内补发、换发行驶证；自受理之日起十五日内补发、换发号牌，原机动车登记编号不变，收回未灭失、丢失或者损毁的号牌、行驶证，补发号牌期间应当给机动车所有人核发十五天有效的临时行驶车号牌。

表 3－8　《补领、换领机动车牌证申请表》

<table>
<tr><td colspan="5">申请人信息栏</td></tr>
<tr><td rowspan="3">机动车所有人</td><td>姓名/名称</td><td></td><td>邮政编码</td><td></td></tr>
<tr><td>邮寄地址</td><td colspan="3"></td></tr>
<tr><td>手机号码</td><td></td><td>固定电话</td><td></td></tr>
<tr><td>代理人</td><td>姓名/名称</td><td></td><td>手机号码</td><td></td></tr>
<tr><td colspan="5">申请业务事项</td></tr>
<tr><td colspan="2">号牌种类</td><td></td><td>号牌号码</td><td></td></tr>
<tr><td colspan="2">申请事项</td><td colspan="3">申请原因及明细</td></tr>
<tr><td rowspan="2">号牌</td><td>□补领</td><td colspan="3">□丢失　□灭失　□前号牌　□后号牌</td></tr>
<tr><td>□换领</td><td colspan="3">□前号牌　□后号牌</td></tr>
<tr><td rowspan="2">行驶证</td><td>□补领</td><td colspan="3">□丢失　□灭失</td></tr>
<tr><td>□换领</td><td colspan="3"></td></tr>
<tr><td rowspan="3">登记证书</td><td>□申领</td><td colspan="3"></td></tr>
<tr><td>□补领</td><td colspan="3">□丢失　□灭失　□未获得</td></tr>
<tr><td>□换领</td><td colspan="3"></td></tr>
<tr><td rowspan="3">检验合格标志</td><td>□申请</td><td colspan="3">□在登记地车辆管理所申请　□在登记地以外车辆管理所申请</td></tr>
<tr><td>□补领</td><td colspan="3">□丢失　□灭失</td></tr>
<tr><td>□换领</td><td colspan="3"></td></tr>
<tr><td colspan="2">机动车所有人及代理人对申请材料的真实有效性负责。</td><td colspan="3">机动车所有人签字：
年　月　日</td></tr>
</table>

填　表　说　明

1. 填写时请使用黑色或者蓝色墨水笔，字体工整，不得涂改；
2. “申请事项”栏为选择项目，请在相应栏内“□”中画“√”，“号牌”栏可多选；

3.“邮寄地址”栏，填写可通过邮寄送达的地址；

4.“机动车所有人（代理人）签字”栏，机动车属于个人的，由机动车所有人签字，属于单位的，由单位的被委托人签字。由代理人代为办理的，机动车所有人不签字，由代理人或者代理单位的经办人签字，填写姓名/名称、手机号码；

5.“号牌种类”栏，按照大型汽车号牌、小型汽车号牌、普通摩托车号牌、轻便摩托车号牌、低速车号牌、挂车号牌、使馆汽车号牌、使馆摩托车号牌、领馆汽车号牌、领馆摩托车号牌、教练汽车号牌、教练摩托车号牌、警用汽车号牌、警用摩托车号牌填写；

6.“登记证书”栏，“未获得”是指被人民法院、人民检察院和行政执法部门依法没收并拍卖，或者被仲裁机构依法仲裁裁决，或者被人民法院调解、裁定、判决机动车所有权转移时，原机动车所有人未向现机动车所有人提供机动车登记证书的情形。

根据《机动车登记工作规范》第六十二条的规定：“办理补、换领号牌、行驶证的业务流程和具体事项为：（一）登记审核岗审查《机动车牌证申请表》、机动车所有人身份证明。符合规定的，录入相关信息，收回未灭失、丢失或者损坏的部分并销毁。属于补、换领行驶证的，向机动车所有人出具受理凭证；制作行驶证交机动车所有人。属于补、换领号牌的，向机动车所有人出具受理凭证，并在受理凭证上签注领取时间；核发有效期不超过十五日的临时行驶车号牌；号牌制作完成后交机动车所有人。（二）档案管理岗核对计算机登记系统的信息，整理资料，装订、归档。”

（三）办理登记事项更正的业务

根据公安部《机动车登记工作规范》第六十四条的规定：“办理登记事项更正的业务流程和具体事项为：（一）登记审核岗核实登记事项，确属登记错误的，在计算机登记系统中更正；签注登记证书。需要重新核发行驶证的，收回原行驶证并销毁，制作行驶证交机动车所有人；需要改变机动车号牌号码的，收回原号牌、行驶证并销毁，确定新的机动车号牌号码，制作号牌、行驶证和检验合格标志交机动车所有人。（二）档案管理岗核对计算机登记系统的信息，整理资料，装订、归档。”

八、核发临时行驶车号牌

未注册登记的机动车需要驶出本行政辖区的，机动车所有人应当到车辆管理所申领临时行驶车号牌，并提交以下证明、凭证：机动车所有人的身份证明，机动车来历凭证，机动车整车出厂合格证明或者进口机动车进口凭证，机动车第三者责任强制保险凭证。车辆管理所应当自受理之日起一日内，核发机动车临时行驶车号牌。

根据《机动车登记规定》可知，临时行驶车号牌的最长有效期“十五日”“三十日”“九十日”，包括工作日和节假日。

第十三条 机动车所有人的住所迁出车辆管理所管辖区域的，车辆管理所应当自受理之日起三日内，在机动车登记证书上签注变更事项，收回号牌、行驶证，核发有效期为三十日的临时行驶车号牌，将机动车档案交机动车所有人。机动车所有人应当在临时行驶车号牌的有效期限内到住所地车辆管理所申请机动车转入。

第四十四条规定："机动车号牌、行驶证灭失、丢失或者损毁的，机动车所有人应当向登记地车辆管理所申请补领、换领。申请时，机动车所有人应当填写申请表并提交身份证明。

车辆管理所应当审查提交的证明、凭证，收回未灭失、丢失或者损毁的号牌、行驶证，自受理之日起一日内补发、换发行驶证，自受理之日起十五日内补发、换发号牌，原机动车号牌号码不变。

补发、换发号牌期间应当核发有效期不超过十五日的临时行驶车号牌。"

第四十五条规定："机动车具有下列情形之一，需要临时上道路行驶的，机动车所有人应当向车辆管理所申领临时行驶车号牌：

（一）未销售的；

（二）购买、调拨、赠予等方式获得机动车后尚未注册登记的；

（三）进行科研、定型试验的；

（四）因轴荷、总质量、外廓尺寸超出国家标准不予办理注册登记的特型机动车。"

第四十六条规定："机动车所有人申领临时行驶车号牌应当提交以下证明、凭证：

（一）机动车所有人的身份证明；

（二）机动车交通事故责任强制保险凭证；

（三）属于本规定第四十五条第（一）项、第（四）项规定情形的，还应当提交机动车整车出厂合格证明或者进口机动车进口凭证；

（四）属于本规定第四十五条第（二）项规定情形的，还应当提交机动车来历证明，以及机动车整车出厂合格证明或者进口机动车进口凭证；

（五）属于本规定第四十五条第（三）项规定情形的，还应当提交书面申请和机动车安全技术检验合格证明。

车辆管理所应当自受理之日起一日内，审查提交的证明、凭证，属于本规定第四十五条第（一）项、第（二）项规定情形，需要在本行政辖区内临时行驶的，核发有效期不超过十五日的临时行驶车号牌；需要跨行政辖区临时行驶的，核发有效期不超过三十日的临时行驶车号牌。属于本规定第四十五条第（三）项、第（四）项规定情形的，核发有效期不超过九十日的临时行驶车号牌。

因号牌制作的原因，无法在规定时限内核发号牌的，车辆管理所应当核发有效期不超过十五日的临时行驶车号牌。

对具有本规定第四十五条第（一）项、第（二）项规定情形之一，机动车所有人需要多次申领临时行驶车号牌的，车辆管理所核发临时行驶车号牌不得超过三次。”

《机动车登记工作规范》第五十四条规定：“办理机动车临时行驶车号牌的业务流程和具体事项为：登记审核岗审查机动车所有人身份证明、机动车交通事故责任强制保险凭证。属于未销售的机动车或者因轴荷、总质量、外廓尺寸超出国家标准的特型机动车的，还应当审查合格证或者进口凭证；属于购买、调拨、赠予等方式获得后尚未注册登记的机动车的，还应当审查机动车来历证明、合格证或者进口凭证；属于科研、定型试验的机动车的，还应当审查科研、定型试验单位的书面申请和机动车安全技术检验合格证明。符合规定的，录入相关信息，向机动车所有人出具受理凭证，按规定核发临时行驶车号牌。”

九、群众自编自选机动车号牌号码

为切实保障机动车号牌号码选取工作的公开、公平、公正，最大限度地方便群众，2007 年以来，公安部通过修改相关规定、编制选号软件、规范号牌制作、推广地方经验等方式，在全国范围内逐步推行由群众按照号牌标准自编自选机动车号牌号码工作。截至 2008 年 9 月，天津、河北、山西、安徽、江西、山东、河南、广西、重庆、云南、宁夏 11 个省（自治区、直辖市）以及吉林、湖北、四川、贵州、陕西、新疆 6 个省（自治区）部分地市已实行了由群众自编自选机动车号牌号码。

（一）号牌号码的选取

2007 年 9 月，公安部修订了《中华人民共和国机动车号牌》标准，优化机动车号牌号码的编码规则，增大了号牌的编码容量，使每种号牌（大型汽车、挂车、小型汽车、摩托车等）的容量达到 480 万，比原来增加了 14 倍，为群众自编自选号牌号码提供了更多的选择空间。2008 年 5 月，公安部在新修订的《机动车登记规定》中规定，机动车号牌号码采用计算机自动选取和由机动车所有人按照机动车号牌标准规定自行编排的方式，为群众自编自选机动车号牌号码提供法律依据。

机动车号牌号码一直是社会各界关注的焦点。从《机动车登记规定》（102 号令）开始就对号牌号码的发放方式进行了明确的规定和限制，并在公安部十六项便民利民措施的基础上，进一步拓展便民服务措施。在124号令中又明确，一是规定了号牌号码的确定方式只能有两种：计算机自动选取和由机动车所有人自行编排，在法律责任上对采用其他方式确定号牌号码的行为增加了处分的规定，限制了在号牌号码发放工作中的违规行为；二是原机动车所有人申请办理新购机动车注册登记时，满足一定条件的可以向车辆管理所申请使用原已办转移登记或者注销登记的机动车号牌号码，进一步便民利民；三是规定机动车在办理转移登记后必须更换新号牌，有效地防止不法分子利用号牌继续进行非法炒作，牟取暴利，侵害群众利益。

《机动车登记规定》对使用原号牌作出规定：

第五十二条 办理机动车转移登记或者注销登记后，原机动车所有人申请办理新购机动车注册登记时，可以向车辆管理所申请使用原机动车号牌号码。

申请使用原机动车号牌号码应当符合下列条件：

（一）在办理转移登记或者注销登记后六个月内提出申请；

（二）机动车所有人拥有原机动车三年以上；

（三）涉及原机动车的道路交通安全违法行为和交通事故处理完毕。

第五十三条 确定机动车号牌号码采用计算机自动选取和由机动车所有人按照机动车号牌标准规定自行编排的方式。

为使自编自选机动车号牌号码工作在全国范围内平稳实施，公安部组织开发了统一的自编自选机动车号牌号码选号软件，在全国推广使用；同时，规范机动车号牌式样，自《中华人民共和国机动车号牌》（GA36－2014）和《机动车号牌用反光膜》（GA36－2007）由中华人民共和国公安部发布，2008年7月1日起在全国范围内统一规范了号牌的标准字模、标准色板、反光膜，提高了机动车号牌的防伪性能。

自2017年9月以来，由公安部统一开发的机动车号牌选号系统对车主实行随机滚动跳出50个个人号牌号码，然后50选一，并且严格规定全国公安系统内的各大小车管所一律不允许再进行所谓吉祥号的拍卖活动。如果地方政府或者其他系统有拍卖行为的，由各地方政府行使职责。

（二）自编自选号牌的实行

截至2008年9月，自编自选机动车号牌号码工作进展顺利，群众能够按照号牌标准规定，自行编排自己喜好的号牌号码。其中，山东省共核发由群众自编自选的小型汽车号牌77.3万副，江西省核发8.9万副，分别占同期已核发小型汽车号牌总数的95.2%和83.1%。

一些地方还通过改进选号方式，简化选号流程，为群众提供更多的便利。例如，成都市实行通过互联网自编自选机动车号牌号码，群众足不出户即可以选到喜欢的号牌号码。长春市在自编自选的基础上，增加“抽号选号”的新方式，“三连号”（如666）、“个位号”（001—009）全部由群众抽号选取，解除了群众对交管部门“预留好号”的疑虑。自编自选机动车号牌号码的举措实施后，受到社会各界的普遍欢迎。为进一步方便群众，《机动车登记规定》积极推行通过互联网预约、受理、办理机动车登记和业务，在全国范围内逐步推行通过互联网办理机动车牌证，使群众越来越多地感受到车辆管理工作中科技手段的应用给他们生活带来的便利。

（三）群众自行编排号牌号码应当遵循的规则

群众自行编排号牌号码首先要符合《中华人民共和国机动车号牌》（GA36－2014）规定的编排要求，即号牌的汉字和第一位字母是发牌机关代号，不能选择；后5位可以选择，每一位可以是数字，也可以是字母，但最多可使用2个英文字母。在具体操作中，各省（区、市）根据本地号牌资源情况和实际管理需要，制定具体的编排规则，群众要在规则范围内编排。从17个省份的实行情况来看，有的允许5位都自编，有的是4位，有的是3位；在号段分配上，主要采取分段放开、逐步放开的原则，以保证公平选取，使群众能选取到比较称心的号牌号码。

群众选取号牌号码时，一是事先了解当地具体的编排规则，在规则范围内编选；二是多准备几个自己中意的“待选号”，这样选取时有多个选择机会，而且能节省选取时间；三是供选择的号牌号码资源很充足，建议不要在实施头几天集中到车管所办理；四是建议选择对自己有纪念意义的号码，如自己、家人的生日或其他纪念日，不要过于集中地一味追捧所谓的“连号”“吉祥号”。

第三节　机动车保险制度

一、机动车第三者责任强制保险制度

机动车第三者责任强制保险，是指机动车在使用过程中发生道路交通事故致使第三者遭受人身伤亡或财产损失时，被保险人依法应承担对受害人的赔偿责任，由保险公司在规定的保险责任限额内承担的一种强制保险。

依照2004年5月1日开始实施的《道路交通安全法》的规定，机动车第三者责任强制保险制度在全国也同时执行。图3－16所示为2008年度便携型交强险标志，要求随车携带；图3－17所示为2008年度内置型交强险标志，要求张贴在前挡风玻璃右上角，便于执勤民警查验。

正面

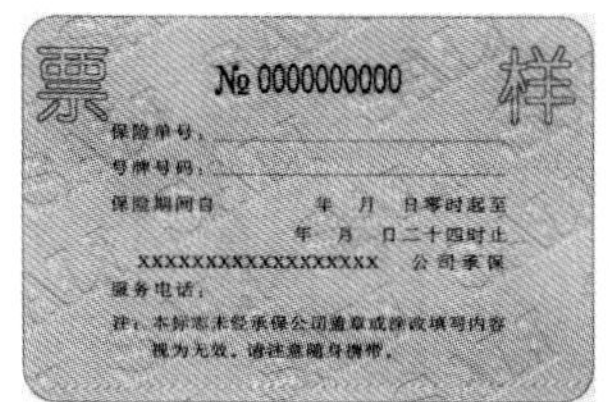

背面

图 3－16　2008 年度便携型交强险标志式样

正面

背面

图 3－17　2008 年度内置型交强险标志式样

二、交强险制度

《机动车交通事故责任强制保险条例》（以下简称《条例》）自 2006 年 7 月 1 日开始实施，机动车交通事故责任强制保险（以下简称交强险）是我国首个由国家法律规定实行的强制保险制度。《条例》规定：交强险是由保险公司对被保险机动车发生道路交通事故造成本车人员、被保险人以外的受害人的人身伤亡、财产损失，在责任限额内予以赔偿的强制性责任保险。

交强险的目的是为交通事故受害人提供基本的保障。交通事故受害人获得赔偿的渠道是多样的，交强险只是最基本的渠道之一。交强险实行 6 万元的总责任限额，并不是说交通事故受害人从所有渠道最多只能得到 6 万元赔偿。除交强险外，受害人还可通过其他方式得到赔偿，如从商业三责险、人身意外保险、健康保险等均可获得赔偿。除此之外，交通事故受害人还可根据受害程度，通过法律手段要求致害人给予更高的赔偿。目前实行 6 万元总责任限额比较符合当前国民经济发展水平和消费者的支付能力，以及保险公司的经营能力。交强险责任限额水平将随着国民经济的发展逐步提高，这也是国际上的通行做法。交强险制度实施一段时间后，保监会将根据《条例》规定、国民经济发展水平以及制度实施的具体情况，会同相关部门适时调整责任限额。

三、投保与理赔

1. 投保。《条例》规定，中资保险公司经保监会批准，可以从事交强险业务。未经保监会批准，任何单位或者个人不得从事交强险业务。目前保监会已经批准22家中资保险公司经营交强险业务并向社会进行了公示。

交强险主要是承担广泛的基本保障。对于更多样、更高额、更广泛的保障需求，消费者可以在购买交强险的同时自愿购买商业三责险和车损险等。例如，不少投保人目前购买了20万元责任限额的商业三责险、车损险以及附加盗抢险、不计免赔险和玻璃单独破碎险等。在实行交强险制度后，消费者在原保险合同到期后，首先必须购买交强险，同时还可根据自身需要，在交强险基础之上选择购买不同档次责任限额的商业三责险（如5万元、10万元、15万元或更高责任限额），以及车损险和各种附加保险等，使自己具有更高水平的保险保障。每辆机动车只需投保一份交强险。投保人需要获得更高的责任保障，可以选择购买不同责任限额的商业三责险。

2. 理赔。交强险的保险期间为1年。仅在四种情形下，投保人可以投保1年以内的短期交强险：一是境外机动车临时入境的；二是机动车临时上道行驶的；三是机动车距规定的报废期限不足1年的；四是保监会规定的其他情形。

因道路交通事故具有突发性，为了确保交通事故受害人能得到及时有效的救治，《条例》规定，在驾驶人未取得驾驶资格或者醉酒的、被保险机动车被盗抢期间肇事的、被保险人故意制造道路交通事故的情况下，保险公司将在交强险医疗费用赔偿限额内垫付抢救费用。同时对于垫付的抢救费用，保险公司有权向致害人追偿。根据《条例》规定，交强险制度于2006年7月1日起实行。机动车所有人、管理人自施行之日起3个月内要投保交强险，并在被保险机动车上放置保险标志。在交强险制度实施前已购买商业三责险并且保单尚未到期的，原商业三责险保单继续有效，驾驶人应随车携带保单备查。原商业三责险期满后，应及时投保交强险。

3. 交强险的投保人或被保险人的权利。投保人或被保险人除了按照交强险条款约定在保险事故发生时获得赔偿以外，还享有以下权利：

（1）投保人在投保时选择具备从事交强险业务资格的保险公司，保险公司不得拒绝或者拖延承保。

（2）签订交强险合同时，保险公司不得强制投保人订立商业保险合同以及提出其他附加条件的要求。

（3）保险公司不得解除交强险合同（除投保人对重要事项未履行如实告知义务）。

（4）被保险机动车发生道路交通事故，被保险人或者受害人通知保险公司的，保险公司应当立即给予答复，告知被保险人或者受害人具体的赔偿程序等有关事项。

（5）被保险机动车发生道路交通事故的，由被保险人向保险公司申请赔偿保险金。保险公司应当自收到赔偿申请之日起 1 日内，书面告知被保险人需要向保险公司提供的与赔偿有关的证明和资料。

（6）保险公司应当自收到被保险人提供的证明和资料之日起 5 日内，对是否属于保险责任作出核定，并将结果通知被保险人；对不属于保险责任的，应当书面说明理由；对属于保险责任的，在与被保险人达成赔偿保险金的协议后 10 日内，赔偿保险金。

投保人购买交强险时还要注意以下事项：

①投保时，投保人应当如实填写投保单，向保险公司如实告知重要事项，并提供被保险机动车的行驶证和驾驶证复印件。

②签订交强险合同时，投保人应当一次性支付全部保险费。不得在保险条款和保险费率之外，向保险公司提出其他附加条件的要求。

③应当在被保险机动车上放置保险标志。

④在保险合同有效期内，被保险机动车因改装、加装、使用性质改变等导致危险程度增加的，被保险人应当及时通知保险公司，并办理批改手续。

⑤交强险合同期满，投保人应当及时续保，并提供上一年度的保险单。

⑥被保险机动车发生交通事故，被保险人应当及时采取合理、必要的施救和保护措施，并在事故发生后及时通知保险公司。同时，被保险人应当积极协助保险公司进行现场查勘和事故调查。发生与保险赔偿有关的仲裁或者诉讼时，被保险人应当及时书面通知保险公司。

4. 交强险的几种例外情形。根据《条例》规定，在抢救费用超过交强险责任限额、肇事机动车未参加交强险和机动车肇事后逃逸的三种情形下，将由救助基金先行垫付交通事故受害人人身伤亡的丧葬费用、部分或者全部抢救费用。同时，救助基金管理机构有权向道路交通事故责任人追偿。救助基金的来源包括：一是按照交强险的保险费的一定比例提取的资金；二是对未按照规定投保交强险的机动车的所有人、管理人的罚款；三是救助基金管理机构依法向道路交通事故责任人追偿的资金；四是救助基金孳息；五是其他资金。有关救助基金的具体管理办法相关部门正在进一步制定完善中。

第四节　校车标牌的核发管理

一、校车的概念

校车，是指依照《校车安全管理条例》取得使用许可，用于接送接受义务教育的学生上下学的7座以上的载客汽车。接送小学生的校车应当是按照专用校车国家标准设计和制造的小学生专用校车。

二、校车标牌的核发

为贯彻实施2012年发布的《校车安全管理条例》（国务院令第617号），进一步加强校车登记管理，保障校车安全，公安部在124号令《机动车登记规定》里专门作出了明确规定，对校车核发校车标牌：

第三十三条　学校或者校车服务提供者申请校车使用许可，应当按照《校车安全管理条例》向县级或者设区的市级人民政府教育行政部门提出申请。公安机关交通管理部门收到教育行政部门送来的征求意见材料后，应当在一日内通知申请人交验机动车。

第三十四条　县级或者设区的市级公安机关交通管理部门应当自申请人交验机动车之日起二日内确认机动车，查验校车标志灯、停车指示标志、卫星定位装置以及逃生锤、干粉灭火器、急救箱等安全设备，审核行驶线路、开行时间和停靠站点。属于专用校车的，还应当查验校车外观标识。审查以下证明、凭证：

（一）机动车所有人的身份证明；

（二）机动车行驶证；

（三）校车安全技术检验合格证明；

（四）包括行驶线路、开行时间和停靠站点的校车运行方案；

（五）校车驾驶人的机动车驾驶证。

公安机关交通管理部门应当自收到教育行政部门征求意见材料之日起三日内向教育行政部门回复意见，但申请人未按规定交验机动车的除外。

《机动车登记工作规范》就核发校车标牌作了以下规定：

第三十八条　公安机关交通管理部门应当自收到教育行政部门转来校车使用许可申请材料二日内，会同有关部门实地查看校车运行方案记载的行驶线路和停靠站点，审查开行时间和选用车型是否合理。

查看行驶线路时，应当确认是否避开急弯、陡坡、临崖、临水的危险路段；对存在无法避开危险路段的，确认是否在危险路段按照标准设置安全防护设施、限速标志、警告标牌。

查看停靠站点时，应当确认停靠站点设置位置是否安全、合理，并对应当设置的相关安全设施以及停靠站点预告标识、停靠站点标牌、标线等提出意见。

第三十九条　公安机关交通管理部门应当自收到教育行政部门征求意见材料之日起三日内作出审查意见，并向教育行政部门书面回复；对当事人未按规定交验机动车的，应当书面告知教育行政部门。

公安机关交通管理部门应当建立校车标牌档案，确定档案编号。

公安机关交通管理部门应当将教育行政部门征求意见材料、审查资料以及回复意见等材料复印件存入校车标牌档案。

第四十条　取得校车使用许可的学校或者校车服务提供者申请更换校车的，或者申请变更机动车所有人、驾驶人、校车行驶线路、开行时间、停靠站点的，公安机关交通管理部门收到同级教育行政部门转来征求意见的申请材料后，应当按照本规范第三十五条至第三十九条的规定办理。

第四十一条　公安机关交通管理部门办理核发校车标牌业务流程和具体事项为：

（一）审查《校车标牌领取表》，机动车所有人身份证明、校车驾驶人的机动车驾驶证、行驶证，县级或者设区的市级人民政府批准的校车使用许可、校车运行方案，并与校车标牌档案有关资料进行核对。

（二）录入校车使用许可有效期、机动车、驾驶人、行驶线路、开行时间、停靠站点以及非专用校车核定的学生和成人乘坐人数等信息。属于专用校车的，应当核对行驶证上记载的校车类型和核载人数；属于非专用校车的，使用按照本规范第三十六条采集的机动车标准照片制作行驶证，调整校车安全技术检验有效期，并在行驶证副页上签注校车类型、学生和成人乘坐人数，原行驶证收回并销毁。对校车安全技术检验有效期发生变化的，应当重新核发检验合格标志。

（三）对符合规定的，应当在收到《校车标牌领取表》之日起三日内核发校车标牌。按照县级或者设区的市级人民政府批准的校车使用许可在校车标牌上签注车辆号牌号码、机动车所有人、驾驶人、行驶线路、开行时间、停靠站点等信息，签注校车标牌发牌单位、有效期，核发校车标牌。校车标牌有效期的截止日期应当与校车安全技术检验有效期的截止日期一致；校车安全技术检验有效期的截止日期超出校车使用许可有效期的，校车标牌有效期的截止日期按照校车使用许可有效期的截止日期签注。

（四）对提交的材料不齐全或者无效的，不予核发校车标牌并书面告知理由。

第四十三条　办理期满换领、损毁换领、丢失、灭失补领校车标牌的，公安机关交通管理部门应当审查《校车标牌领取表》、机动车所有人身份证明、行驶证，核对校车使用许可有效期、机动车检验有效期及校车驾驶人的机动车驾驶证。

符合规定的，录入相关信息，换发、补发校车标牌；期满换领的，应当重新签注校车标牌有效期，收回原校车标牌并销毁；损毁换领的，应当收回原校车标牌并销毁。

根据《机动车登记规定》中的规定：

第三十五条　学校或者校车服务提供者按照《校车安全管理条例》取得校车使用许可后，应当向县级或者设区的市级公安机关交通管理部门领取校车标牌。领取时应当填写表格，并提交以下证明、凭证：

（一）机动车所有人的身份证明；

（二）校车驾驶人的机动车驾驶证；

（三）机动车行驶证；

（四）县级或者设区的市级人民政府批准的校车使用许可；

（五）县级或者设区的市级人民政府批准的包括行驶线路、开行时间和停靠站点的校车运行方案。

公安机关交通管理部门应当在收到领取表之日起三日内核发校车标牌。对属于专用校车的，应当核对行驶证上记载的校车类型和核载人数；对不属于专用校车的，应当在行驶证副页上签注校车类型和核载人数。

第三十六条　校车标牌应当记载本车的号牌号码、机动车所有人、驾驶人、行驶线路、开行时间、停靠站点、发牌单位、有效期限等信息。校车标牌分前后两块，分别放置于前风窗玻璃右下角和后风窗玻璃适当位置。

校车标牌有效期的截止日期与校车安全技术检验有效期的截止日期一致，但不得超过校车使用许可有效期。

第三十七条　专用校车应当自注册登记之日起每半年进行一次安全技术检验，非专用校车应当自取得校车标牌后每半年进行一次安全技术检验。

学校或者校车服务提供者应当在校车检验有效期满前一个月内向公安机关交通管理部门申请检验合格标志。

公安机关交通管理部门应当自受理之日起一日内，确认机动车，审查提交的证明、凭证，核发检验合格标志，换发校车标牌。

第三十八条　已取得校车标牌的机动车达到报废标准或者不再作为校车

使用的，学校或者校车服务提供者应当拆除校车标志灯、停车指示标志，消除校车外观标识，并将校车标牌交回核发的公安机关交通管理部门。

专用校车不得改变使用性质。

校车使用许可被吊销、注销或者撤销的，学校或者校车服务提供者应当拆除校车标志灯、停车指示标志，消除校车外观标识，并将校车标牌交回核发的公安机关交通管理部门。

《机动车登记工作规范》对核发校车标牌作了以下规定：

第四十五条　取得校车标牌的校车，不再作为校车使用的，公安机关交通管理部门应当核对《校车标牌领取表》、机动车所有人身份证明，收回校车标牌并销毁；校车标牌丢失的，在《校车标牌领取表》上注明。

属于非专用校车的，应当确认机动车所有人已拆除校车标志灯、停车指示标志；对喷涂粘贴校车外观标识的，应当确认已消除外观标识，通知机动车所有人办理机动车变更登记；对未喷涂粘贴校车外观标识的，制作机动车标准照片，并粘贴到机动车查验记录表上，核发行驶证，收回原行驶证并销毁。

第四十七条　接到县级或者设区的市级人民政府吊销、注销或者撤销校车使用许可的决定后，公安机关交通管理部门应当责令学校或者校车服务提供者交回校车标牌并销毁；属于非专用校车的，还应当按照本规范第四十五条第二款有关规定办理。对校车标牌未交回的，依照决定公告校车标牌作废。

第四十九条　因校车行驶线路、开行时间、停靠站点或者车辆、所有人、驾驶人发生变化，学校或者校车服务提供者经县级或者设区的市级人民政府批准后，公安机关交通管理部门应当录入有关信息，并按照本规范第四十一条的规定重新核发校车标牌。

第五十条　公安机关交通管理部门在办理校车标牌丢失、灭失补领、校车报废、转移、迁出业务时，校车标牌在有效期内未收回的，应当公告校车标牌作废。

第五十一条　公安机关交通管理部门应当通过计算机登记系统每月汇总下载本辖区核发、变更、收回校车标牌的信息，报本级人民政府备案，并通报教育行政部门。

公安机关交通管理部门应当每月通过计算机系统下载校车交通违法、事故情况以及临近或者逾期未换领校车标牌、临近检验或者逾期未检验等情况，通报教育行政部门、学校和校车服务提供者。

《机动车登记规定》又对校车标牌、行驶路线等的变更进行了规定：

第三十九条　校车行驶线路、开行时间、停靠站点或者车辆、所有人、驾驶人发生变化的，经县级或者设区的市级人民政府批准后，应当按照本规定重新领取校车标牌。

第四十条　公安机关交通管理部门应当每月将校车标牌的发放、变更、收回等信息报本级人民政府备案，并通报教育行政部门。

学校或者校车服务提供者应当自取得校车标牌之日起，每月查询校车道路交通安全违法行为记录，及时到公安机关交通管理部门接受处理。核发校车标牌的公安机关交通管理部门应当每月汇总辖区内校车道路交通安全违法和交通事故等情况，通知学校或者校车服务提供者，并通报教育行政部门。

第四十一条　校车标牌灭失、丢失或者损毁的，学校或者校车服务提供者应当向核发标牌的公安机关交通管理部门申请补领或者换领。申请时，应当提交机动车所有人的身份证明及机动车行驶证。公安机关交通管理部门应当自受理之日起三日内审核，补发或者换发校车标牌。

三、相关法律责任

为加强校车的安全管理，国务院令第617号《校车安全管理条例》已经由2012年3月28日国务院第197次常务会议通过，并于2012年4月5日起施行。

《校车安全管理条例》第七章详细阐述了关于校车管理的法律责任：

第四十三条　生产、销售不符合校车安全国家标准的校车的，依照道路交通安全、产品质量管理的法律、行政法规的规定处罚。

第四十四条　使用拼装或者达到报废标准的机动车接送学生的，由公安机关交通管理部门收缴并强制报废机动车；对驾驶人处2000元以上5000元以下的罚款，吊销其机动车驾驶证；对车辆所有人处8万元以上10万元以下的罚款，有违法所得的予以没收。

第四十五条　使用未取得校车标牌的车辆提供校车服务，或者使用未取得校车驾驶资格的人员驾驶校车的，由公安机关交通管理部门扣留该机动车，处1万元以上2万元以下的罚款，有违法所得的予以没收。

取得道路运输经营许可的企业或者个体经营者有前款规定的违法行为，除依照前款规定处罚外，情节严重的，由交通运输主管部门吊销其经营许可证件。

伪造、变造或者使用伪造、变造的校车标牌的，由公安机关交通管理部门收缴伪造、变造的校车标牌，扣留该机动车，处2000元以上5000元以下的罚款。

第四十六条　不按照规定为校车配备安全设备，或者不按照规定对校车进行安全维护的，由公安机关交通管理部门责令改正，处1000元以上3000元以下的罚款。

第四十七条 机动车驾驶人未取得校车驾驶资格驾驶校车的，由公安机关交通管理部门处1000元以上3000元以下的罚款，情节严重的，可以并处吊销机动车驾驶证。

第四十八条 校车驾驶人有下列情形之一的，由公安机关交通管理部门责令改正，可以处200元罚款：

（一）驾驶校车运载学生，不按照规定放置校车标牌、开启校车标志灯，或者不按照经审核确定的线路行驶；

（二）校车上下学生，不按照规定在校车停靠站点停靠；

（三）校车未运载学生上道路行驶，使用校车标牌、校车标志灯和停车指示标志；

（四）驾驶校车上道路行驶前，未对校车车况是否符合安全技术要求进行检查，或者驾驶存在安全隐患的校车上道路行驶；

（五）在校车载有学生时给车辆加油，或者在校车发动机引擎熄灭前离开驾驶座位。

校车驾驶人违反道路交通安全法律法规关于道路通行规定的，由公安机关交通管理部门依法从重处罚。

第四十九条 校车驾驶人违反道路交通安全法律法规被依法处罚或者发生道路交通事故，不再符合本条例规定的校车驾驶人条件的，由公安机关交通管理部门取消校车驾驶资格，并在机动车驾驶证上签注。

第五十条 校车载人超过核定人数的，由公安机关交通管理部门扣留车辆至违法状态消除，并依照道路交通安全法律法规的规定从重处罚。

第五十一条 公安机关交通管理部门查处校车道路交通安全违法行为，依法扣留车辆的，应当通知相关学校或者校车服务提供者转运学生，并在违法状态消除后立即发还被扣留车辆。

第五十二条 机动车驾驶人违反本条例规定，不避让校车的，由公安机关交通管理部门处200元罚款。

第五十三条 未依照本条例规定指派照管人员随校车全程照管乘车学生的，由公安机关责令改正，可以处500元罚款。

随车照管人员未履行本条例规定的职责的，由学校或者校车服务提供者责令改正；拒不改正的，给予处分或者予以解聘。

第五十四条 取得校车使用许可的学校、校车服务提供者违反本条例规定，情节严重的，原作出许可决定的地方人民政府可以吊销其校车使用许可，由公安机关交通管理部门收回校车标牌。

第五十五条　学校违反本条例规定的，除依照本条例有关规定予以处罚外，由教育行政部门给予通报批评；导致发生学生伤亡事故的，对政府举办的学校的负有责任的领导人员和直接责任人员依法给予处分；对民办学校由审批机关责令暂停招生，情节严重的，吊销其办学许可证，并由教育行政部门责令负有责任的领导人员和直接责任人员5年内不得从事学校管理事务。

第五十六条　县级以上地方人民政府不依法履行校车安全管理职责，致使本行政区域发生校车安全重大事故的，对负有责任的领导人员和直接责任人员依法给予处分。

第五十七条　教育、公安、交通运输、工业和信息化、质量监督检验检疫、安全生产监督管理等有关部门及其工作人员不依法履行校车安全管理职责的，对负有责任的领导人员和直接责任人员依法给予处分。

第五十八条　违反本条例的规定，构成违反治安管理行为的，由公安机关依法给予治安管理处罚；构成犯罪的，依法追究刑事责任。

第五十九条　发生校车安全事故，造成人身伤亡或者财产损失的，依法承担赔偿责任。

为加强校车运输管理，公安部在《机动车驾驶证申领和使用规定》中也明确规定了有关校车驾驶人管理的法律责任。

第五节　剧毒化学品运输车辆管理

一、剧毒化学品运输证管理

根据公安部发布的第77号令《剧毒化学品购买和公路运输许可证件管理办法》（自2005年8月1日起施行），为加强对剧毒化学品购买和公路运输的监督管理，保障国家财产和公民生命财产安全，根据《中华人民共和国道路交通安全法》《危险化学品安全管理条例》等法律、法规，除个人购买农药、灭鼠药、灭虫药以外，在中华人民共和国境内购买和通过公路运输剧毒化学品的，国家对购买和通过公路运输剧毒化学品行为实行许可管理制度。

凡是购买和通过公路运输剧毒化学品的，应当依法向当地县级以上公安交通管理部门申请取得《剧毒化学品购买凭证》《剧毒化学品准购证》和《剧毒化学品公路运输通行证》。

省级公安机关交通管理部门对核发的剧毒化学品购买凭证、准购证和公路运输通行证建立了计算机数据库，包括证件编号、购买企业、运输企业、运输车辆、驾驶人、押运人员、剧毒化学品品名和数量、目的地、始发地、行驶路线等内容。数据库的项目和数据的格式全国统一（见77号令附件2的要求），目前，该系统已经在全国公安交通管理范围内推广，各省公安网终端通过用户名密码均可进入该省各自局域网查看相关信息。

（一）申请

《剧毒化学品购买和公路运输许可证件管理办法》特别规定，需要通过公路运输剧毒化学品的，应当向运输目的地县级人民政府公安机关交通管理部门申领《剧毒化学品公路运输通行证》。申领时，托运人应当如实填写《剧毒化学品公路运输通行证申请表》，同时提交下列证明文件和资料，并接受公安机关交通管理部门对运输车辆和驾驶人、押运人员的查验、审核：

（1）《剧毒化学品购买凭证》或者《剧毒化学品准购证》。运输进口或者出口剧毒化学品的，应当提交危险化学品进口或者出口登记证。

（2）承运单位从事危险货物道路运输的经营（运输）许可证（复印件）、机动车行驶证、运输车辆从事危险货物道路运输的道路运输证。

运输剧毒化学品的车辆必须设置安装剧毒化学品道路运输专用标识和安全标示牌。安全标示牌应当标明剧毒化学品品名、种类、罐体容积、载质量、施救方法、运输企业联系电话。

（3）驾驶人的机动车驾驶证，驾驶人、押运人员的身份证件以及从事危险货物道路运输的上岗资格证。

（4）随《剧毒化学品公路运输通行证申请表》附运输企业对每辆运输车辆制作的运输路线图和运行时间表，每辆车拟运输的载质量。

如果承运单位不在目的地，可以向运输目的地县级人民政府公安机关交通管理部门提出申请，委托运输始发地县级人民政府公安机关交通管理部门受理核发《剧毒化学品公路运输通行证》，但不得跨省（自治区、直辖市）委托。具体委托办法由省级人民政府公安机关制定。

（二）审核和查验

一般来说，为了便于检验运输车辆的安全技术性能，办理《剧毒化学品公路运输通行证》的地点应在公安交通机动车安全性能检测站，公安机关交通管理部门受理申请后，应当及时审核和查验以下事项：

（1）审核证明文件的真实性，并与省级人民政府公安机关建立的剧毒化学品公路运输安全管理数据库进行比对，审核证明文件与运输单位、运输车辆、驾驶人和押运人员的同一性。

（2）审核驾驶人在一个记分周期内是否有交通违法记分满十二分，或者有两次以上驾驶剧毒化学品运输车辆超载、超速记录。

（3）审核申请的通行路线和时间是否可能对公共安全构成威胁。

（4）查验运输车辆是否设置安装了剧毒化学品道路运输专用标识和安全标示牌，是否配备了主管部门规定的应急处理器材和防护用品，是否有非法改装行为，轮胎花纹深度是否符合国家标准，车辆定期检验周期的时间是否在有效期内。

反光带及“爆”“毒”文字位置示例见图3－18，车身或槽罐上粘贴橙色反光带，宽度为150mm左右，反光亮度不低于国家标准规定的一级红色反光材料的要求，车辆尾部粘贴有告示牌，以便在出现意外时，按照品名、种类、施救方法、联系电话、载质量等进行紧急处理（如图3－19所示）。

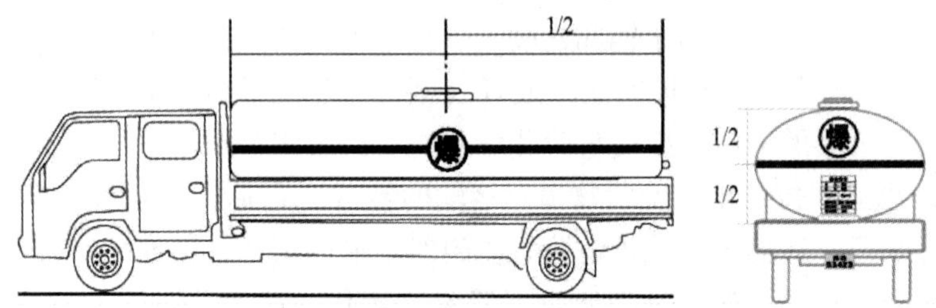

图3－18　反光带及“爆”“毒”文字位置示例

安全告示	
品　　名	液氯
种　　类	剧毒
施救方法	强碱中和
联系电话	0510-654××××
罐体容积	30立方米
核载质量	30吨

图3－19　车辆尾部粘贴告示牌示例

（5）审核单车运输的数量是否超过行驶证核定载质量。公安交通管理人员在对人、车、物进行核查时，需要填写《剧毒化学品公路运输车辆检查表》（如表3－9所示），若检查表中有需要特别查验的项目，需要特别注意检查。在办理运输证过程中，需要逐项填写《剧毒化学品公路运输通行证业务流程记录单》，做到谁签字谁负责，以便备案查询。

表3－9　《剧毒化学品公路运输车辆检查表》

剧毒化学品公路运输车辆检查表			备注
检查项目	检验标准	是否符合要求	

续表

剧毒化学品公路运输车辆检查表				备注
		是	否	
车辆审验期	是否在有效期内			
车辆	是否有改装行为			
安全标识牌	是否安装			
剧毒品（六类）专用标识	是否安装			
应急处理器材	是否随车携带			
人员防护用品	是否随车携带			
轮胎花纹深度	是否符合国标（GB7528－2017）要求			
检验人签字：			检验日期：	年 月 日

（三）发证、通报

公安机关交通管理部门经过审核和查验后，应当按照下列情形分别处理：

（1）对证明文件真实有效，运输单位、运输车辆、驾驶人和押运人员符合规定，通行路线和时间对公共安全不构成威胁的，报本级公安机关负责人批准签发《剧毒化学品公路运输通行证》，每次运输一车一证，有效期不超过15天，具体填写要求见77号令附件3的要求。

（2）对其他申请条件符合要求，但通行路线和时间有可能对公共安全构成威胁的，由公安机关交通管理部门变更通行路线和时间后，再予批准签发《剧毒化学品公路运输通行证》。

（3）对车辆定期检验合格标志已超过有效期或者在运输过程中将超过有效期的，没有设置专用标识、安全标示牌的，或者没有配备应急处理器材和防护用品的，应当经过检验合格，补充有关设置，配齐有关器材和用品后，重新受理申请。

（4）对证明文件过期或者失效的，证明文件与计算机数据库记录比对结果不一致或者没有记录的，承运单位不具备运输危险化学品资质的，驾驶人、押运人员不具备上岗资格的，驾驶人交通违法记录不符合本办法要求的，或者车辆有非法改装行为或者安全状况不符合国家安全技术标准的，不予批准。

行驶路线跨越本县（市、区、旗）的，应当由县级人民政府公安机关交通管理部门报送上一级公安机关交通管理部门核准；行驶路线跨越本地（市、州、盟）或者跨省（自治区、直辖市）的，应当逐级上报到省级人民政府公安机关交通管理部门核准。由县级人民政府公安机关交通管理部门按照核准后的路线指定。对跨省（自治区、直辖市）行驶路线的指定，应当由所在地省级人民政府公安机关交通管理部门征得途经地省级人民政府公安机关交通管理部门同意。

签发通行证后，发证的公安机关交通管理部门应当及时将发证信息发送到省级人民政府公安机关建立的剧毒化学品公路运输安全管理数据库，并通过书面或者信息系统通报沿线公安机关交通管理部门。跨县（市、区、旗）运输的，由设区的市级人民政府公安机关交通管理部门通报，跨地（市、州、盟）和跨省（自治区、直辖市）运输的，由省级人民政府公安机关交通管理部门通报。

对气态、液态剧毒化学品单车运输超过五吨的，签发通行证的公安机关交通管理部门应当报上一级公安机关交通管理部门备案。

销售单位销售剧毒化学品时，应当收验《剧毒化学品购买凭证》或者《剧毒化学品准购证》，按照购买凭证或者准购证许可的品名、数量销售，并如实填写《剧毒化学品购买凭证》或者《剧毒化学品准购证》回执第一联和回执第二联，由购买经办人签字确认。

二、道路行驶管理

（一）回执管理制度

回执第一联由购买单位带回，并在保管人员签注接收情况后的七日内交原发证公安机关核查存档；回执第二联由销售单位在销售后的七日内交所在地县级人民政府公安机关治安管理部门核查存档。

通过公路运输剧毒化学品的，应当遵守《中华人民共和国道路交通安全法》《危险化学品安全管理条例》等法律、法规对剧毒化学品运输安全的管理规定，悬挂警示标志，采取必要的安全措施，并按照《剧毒化学品公路运输通行证》载明的运输车辆、驾驶人、押运人员、装载数量、有效期限、指定的路线、时间和速度运输，禁止超载、超速行驶；押运人员应当随车携带《剧毒化学品公路运输通行证》，以备查验。

《剧毒化学品购买和公路运输许可证件管理办法》（公安部令第 77 号令）附件 3：

剧毒化学品公路运输通行证的签注规定

县级公安机关交通管理部门按照下列规定签注《剧毒化学品公路运输通

行证》：

(1) 存根正面的单位、运输品名、运输路线、车辆、驾驶人、押运人、申请经办人及身份证件名称号码、购买凭证或准购证号、有效期止栏，分别按照计算机数据库记录的相应内容签注。其中，车辆信息栏签注格式为“牌照号码”、承运车辆牌照号码，“道路运输证号”、道路运输证号，“核定载质量”、承运车辆核定载质量；驾驶人信息栏签注格式为“姓名”、驾驶人姓名，“上岗资格证号”、驾驶人上岗资格证号，“手机号码”、驾驶人手机号码，“身份证明号码”、驾驶人身份证明号码；押运人信息栏签注格式为“姓名”、押运人姓名，“上岗资格证号”、押运人上岗资格证号，“手机号码”、押运人手机号码；填发人签注制作《剧毒化学品公路运输通行证》操作人员，签发人签注公安机关负责人；发证日期签注制作日期。

(2) 通行证正面的总质量、始发地、目的地、途经线路、指定进入目的地禁行区域的路线和时间、车辆、驾驶人、押运人、有效期止栏，分别按照计算机数据库记录的相应内容签注；明细栏签注格式“品名”、运输的剧毒化学品名称，“质量”、实际运输剧毒化学品的数量；发证机关联系电话，按实际电话签注；发证日期签注制作日期。

(二) 道路行驶速度规定

运输车辆行驶速度在不超过限速标志的前提下，在高速公路上不低于每小时 70 公里不高于每小时 90 公里，在其他道路上不超过每小时 60 公里。

剧毒化学品运达目的地后，收货单位应当在《剧毒化学品公路运输通行证》上签注接收情况，并在收到货物后的 7 日内将《剧毒化学品公路运输通行证》送目的地县级人民政府公安机关治安管理部门备案存查。

目前各地交通管理部门已经建立了这样的网页，并且为了沿途的运输安全，各地专门制定了实施方案，明确规定了专用的运输路线和沿途道路交通管理实施方案，沿途各交警大队可以随时在公安网上获得运输剧毒化学品车辆的有关信息，以便作好相应的道路运输保障任务。

三、相关法律责任

(一) 公安部 77 号令的法律责任

根据《剧毒化学品购买和公路运输许可证件管理办法》的规定，违反有关管理规定的处罚条款有六条，分别是：

第二十条　未申领《剧毒化学品购买凭证》《剧毒化学品准购证》《剧毒化学品公路运输通行证》，擅自购买、通过公路运输剧毒化学品的，由公安机关依法采取措施予以制止，处以一万元以上三万元以下罚款；对已经购买了剧毒化学品的，责令退回原销售单位；对已经实施运输的，扣留运输车辆，责令购买、使用和承运单位共同派员接受处理；对发生重大事故，造成严重后果的，依法追究刑事责任。

第二十一条　提供虚假证明文件、采取其他欺骗手段或者贿赂等不正当手段，取得《剧毒化学品购买凭证》《剧毒化学品准购证》《剧毒化学品公路运输通行证》的，由发证的公安机关依法撤销许可证件，处以1000元以上一万元以下罚款。

对利用骗取的许可证件购买了剧毒化学品的，责令退回原销售单位。

利用骗取的许可证件通过公路运输剧毒化学品的，由公安机关依照《危险化学品安全管理条例》第六十七条第（一）项的规定予以处罚。

第二十二条　伪造、变造、买卖、出借或者以其他方式转让《剧毒化学品购买凭证》、《剧毒化学品准购证》和《剧毒化学品公路运输通行证》，或者使用作废的上述许可证件的，由公安机关依照《危险化学品安全管理条例》第六十四条的规定予以处罚。

第二十三条《剧毒化学品购买凭证》或者《剧毒化学品准购证》回执第一联、回执第二联填写错误时，未按规定在涂改处加盖销售单位印章予以确认的，由公安机关责令改正，处以500元以上1000元以下罚款。

未按规定填写《剧毒化学品购买凭证》和《剧毒化学品准购证》回执记录剧毒化学品销售、购买信息的，由公安机关依照《危险化学品安全管理条例》第六十一条的规定予以处罚。

第二十四条　通过公路运输剧毒化学品未随车携带《剧毒化学品公路运输通行证》的，由公安机关责令提供已依法领取《剧毒化学品公路运输通行证》的证明，处以500元以上1000元以下罚款。

除不可抗力外，未按《剧毒化学品公路运输通行证》核准载明的运输车辆、驾驶人、押运人员、装载数量、有效期限、指定的路线、时间和速度运输剧毒化学品的，尚未造成严重后果的，由公安机关对单位处以1000元以上一万元以下罚款，对直接责任人员依法给予治安处罚；构成犯罪的，依法追究刑事责任。

第二十五条　违反本办法的规定，有下列行为之一的，由原发证公安机关责令改正，处以500元以上1000元以下罚款：

（一）除不可抗力外，未在规定时限内将《剧毒化学品购买凭证》、《剧毒化学品准购证》的回执交原发证公安机关或者销售单位所在地县级人民政府公安机关核查存档的；

（二）除不可抗力外，未在规定时限内将《剧毒化学品公路运输通行证》

交目的地县级人民政府公安机关备案存查的；

（三）未按规定将已经使用的《剧毒化学品购买凭证》的存根或者因故不再需要使用的《剧毒化学品购买凭证》交回原发证公安机关核查存档的；

（四）未按规定将填写错误的《剧毒化学品购买凭证》注明作废并保留交回原发证公安机关核查存档的。

（二）《危险化学品安全管理条例》的法律责任

《危险化学品安全管理条例》于2002年1月26日由中华人民共和国国务院令第344号公布，2011年2月16日国务院第144次常务会议修订通过，自2011年12月1日起施行。2013年12月4日国务院第32次常务会议修订通过，自2013年12月7日起施行。《条例》第七章对生产、储存、使用危险化学品应负的法律责任进行规定：

第八十一条　有下列情形之一的，由公安机关责令改正，可以处1万元以下的罚款；拒不改正的，处1万元以上5万元以下的罚款：

（一）生产、储存、使用剧毒化学品、易制爆危险化学品的单位不如实记录生产、储存、使用的剧毒化学品、易制爆危险化学品的数量、流向的；

（二）生产、储存、使用剧毒化学品、易制爆危险化学品的单位发现剧毒化学品、易制爆危险化学品丢失或者被盗，不立即向公安机关报告的；

（三）储存剧毒化学品的单位未将剧毒化学品的储存数量、储存地点以及管理人员的情况报所在地县级人民政府公安机关备案的；

（四）危险化学品生产企业、经营企业不如实记录剧毒化学品、易制爆危险化学品购买单位的名称、地址、经办人的姓名、身份证号码以及所购买的剧毒化学品、易制爆危险化学品的品种、数量、用途，或者保存销售记录和相关材料的时间少于1年的；

（五）剧毒化学品、易制爆危险化学品的销售企业、购买单位未在规定的时限内将所销售、购买的剧毒化学品、易制爆危险化学品的品种、数量以及流向信息报所在地县级人民政府公安机关备案的；

（六）使用剧毒化学品、易制爆危险化学品的单位依照本条例规定转让其购买的剧毒化学品、易制爆危险化学品，未将有关情况向所在地县级人民政府公安机关报告的。

生产、储存危险化学品的企业或者使用危险化学品从事生产的企业未按照本条例规定将安全评价报告以及整改方案的落实情况报安全生产监督管理部门或者港口行政管理部门备案，或者储存危险化学品的单位未将其剧毒化学品以及储存数量构成重大危险源的其他危险化学品的储存数量、储存地点以及管理人员的情况报安全生产监督管理部门或者港口行政管理部门备案的，分别由安全生产监督管理部门或者港口行政管理部门依照前款规定予以处罚。

生产实施重点环境管理的危险化学品的企业或者使用实施重点环境管理的危险化学品从事生产的企业未按照规定将相关信息向环境保护主管部门报告的，由环境保护主管部门依照本条第一款的规定予以处罚。

第八十八条　有下列情形之一的，由公安机关责令改正，处5万元以上10万元以下的罚款；构成违反治安管理行为的，依法给予治安管理处罚；构成犯罪的，依法追究刑事责任：

（一）超过运输车辆的核定载质量装载危险化学品的；

（二）使用安全技术条件不符合国家标准要求的车辆运输危险化学品的；

（三）运输危险化学品的车辆未经公安机关批准进入危险化学品运输车辆限制通行的区域的；

（四）未取得剧毒化学品道路运输通行证，通过道路运输剧毒化学品的。

第八十九条　有下列情形之一的，由公安机关责令改正，处1万元以上5万元以下的罚款；构成违反治安管理行为的，依法给予治安管理处罚：

（一）危险化学品运输车辆未悬挂或者喷涂警示标志，或者悬挂或者喷涂的警示标志不符合国家标准要求的；

（二）通过道路运输危险化学品，不配备押运人员的；

（三）运输剧毒化学品或者易制爆危险化学品途中需要较长时间停车，驾驶人员、押运人员不向当地公安机关报告的；

（四）剧毒化学品、易制爆危险化学品在道路运输途中丢失、被盗、被抢或者发生流散、泄露等情况，驾驶人员、押运人员不采取必要的警示措施和安全措施，或者不向当地公安机关报告的。

第九十三条　伪造、变造或者出租、出借、转让危险化学品安全生产许可证、工业产品生产许可证，或者使用伪造、变造的危险化学品安全生产许可证、工业产品生产许可证的，分别依照《安全生产许可证条例》、《中华人民共和国工业产品生产许可证管理条例》的规定处罚。

伪造、变造或者出租、出借、转让本条例规定的其他许可证，或者使用伪造、变造的本条例规定的其他许可证的，分别由相关许可证的颁发管理机关处10万元以上20万元以下的罚款，有违法所得的，没收违法所得；构成违反治安管理行为的，依法给予治安管理处罚；构成犯罪的，依法追究刑事责任。

第九十四条　危险化学品单位发生危险化学品事故，其主要负责人不立即组织救援或者不立即向有关部门报告的，依照《生产安全事故报告和调查处理条例》的规定处罚。

危险化学品单位发生危险化学品事故，造成他人人身伤害或者财产损失的，依法承担赔偿责任。

第九十五条　发生危险化学品事故，有关地方人民政府及其有关部门不立即组织实施救援，或者不采取必要的应急处置措施减少事故损失，防止事故蔓延、扩大的，对直接负责的主管人员和其他直接责任人员依法给予处分；构成犯罪的，依法追究刑事责任。

第九十六条　负有危险化学品安全监督管理职责的部门的工作人员，在危险化学品安全监督管理工作中滥用职权、玩忽职守、徇私舞弊，构成犯罪的，依法追究刑事责任；尚不构成犯罪的，依法给予处分。

（三）《民用爆炸物品安全管理条例》的法律责任

《民用爆炸物品安全管理条例》是为了加强对民用爆炸物品的安全管理，预防爆炸事故发生，保障公民生命、财产安全和公共安全制定的条例法规；自2006年9月1日起施行。2014年7月29日经国务院第54次常务会议《关于修改部分行政法规的决定》修正《条例》第七章对携带、运输民用爆炸物品应负的法律责任进行规定：

第四十七条　违反本条例规定，经由道路运输民用爆炸物品，有下列情形之一的，由公安机关责令改正，处5万元以上20万元以下的罚款：

（一）违反运输许可事项的；

（二）未携带《民用爆炸物品运输许可证》的；

（三）违反有关标准和规范混装民用爆炸物品的；

（四）运输车辆未按照规定悬挂或者安装符合国家标准的易燃易爆危险物品警示标志的；

（五）未按照规定的路线行驶，途中经停没有专人看守或者在许可以外的地点经停的；

（六）装载民用爆炸物品的车厢载人的；

（七）出现危险情况未立即采取必要的应急处置措施、报告当地公安机关的。

第五十一条　违反本条例规定，携带民用爆炸物品搭乘公共交通工具或者进入公共场所，邮寄或者在托运的货物、行李、包裹、邮件中夹带民用爆炸物品，构成犯罪的，依法追究刑事责任；尚不构成犯罪的，由公安机关依法给予治安管理处罚，没收非法的民用爆炸物品，处1000元以上1万元以下的罚款。

第六节　特殊车辆的管理

为了加强对特殊车辆使用的管理，保障国家有关部门在依法执行紧急职务、紧急抢险救护、消防灭火等突发事件时能及时、畅通使用机动车辆，依据《道路交通安全法》对其作出相关规定。

一、特殊车辆的概念

特殊车辆是指警车、消防车、救护车、工程救险车，因用于执行特殊的任务，统称为特殊车辆。其中，警车是指公安机关、国家安全机关、监狱、劳动教养管理机关的人民警察和人民法院、人民检察院用于维护社会秩序，处理治安、刑事案件的指挥车、执行警卫任务的前后护卫车，以及其他执行特殊紧急任务的车辆；消防车是指公安及其他消防部门用于灭火的专用车辆和现场指挥车辆；救护车是指医疗部门用于抢救需要紧急接受治疗的病人的专用车辆；工程救险车是指水、电、煤炭、矿山、建筑、铁路等工程部门用于抢救公用设施和人民生命财产的专用车辆及现场指挥车辆。

二、特殊车辆管理的内容

（一）特殊车辆的牌证管理

在特殊车辆牌证管理中，因为涉及军车、警用、民用车辆牌证，所以，根据情况分类办理，统一管理。具体来说，消防车辆牌证管理由中国人民武装警察部队有关部门办理；警车牌证实行单独定编管理，统一由公安车辆管理机关核发警车号牌和行驶证，并建立车辆档案。在领取警车号牌和行驶证前，已有民用机动车牌证的，需先将民用机动车牌证交回原发证机关，再办理警用牌证；工程救险车、救护车按民用车辆牌证管理办法，由所在地公安车辆管理所依据相关规定办理。

（二）特殊车辆使用警报器、标志灯具的管理

根据《道路交通安全法》的规定，只有警车、消防车、救护车、工程救险车有权按照规定安装警报器、标志灯具。未经公安机关交通管理部门批准，其他任何机动车不得安装、使用警报器和标志灯具，即警车安装的“双音转换调”“紧急调频调”警报器和红色回转式警灯；消防车安装的“连续调频调”警报器和红色回转式警灯；工程救险车安装的“单音断鸣调”警报器和黄色回转式标志灯具；救护车安装的“慢速双音转换调”警报器和蓝色回转式标志灯具。

三、特殊车辆管理的规定

（一）使用警报器、标志灯具的规定

根据《道路交通安全法》的规定，警车、消防车、救护车、工程救险车等特殊车辆经公安机关交通管理部门批准，才能安装警报器、标志灯具，喷涂标志图案，严格按规定的用途和条件使用警报器和标志灯具。也就是说，特殊车辆在执行紧急公务时，才可以使用警报器、标志灯具。否则，不得使用。

（二）不受道路通行条件限制的规定

特殊车辆根据执行紧急公务的需要，在确保安全的前提下，不受交通法有关条文及相关行政法规和规章中有关道路通行条件的限制。具体来说就是，不受行驶路线、行驶方向、行驶速度和信号灯限制，其他车辆和行人应当让行。在非执行紧急公务时，都要严格遵守交通规则，按照道路通行规定执行，上述规定将受到限制。

（三）优先通行权的规定

特殊车辆在执行紧急公务时，较其他车辆和行人享有优先通行权。其他车辆和行人遇特殊车辆有紧急公务时，应对其有主动避让义务。在非执行紧急任务时，特殊车辆不享有优先通行权。

警车执行紧急任务使用警用标志灯具、警报器时，享有优先通行权；交通警察在保证交通安全的前提下，应当提供优先通行的便利。

（四）严格使用特种车辆的规定

《警车管理规定》第十七条规定：“除护卫国宾车队、追捕现行犯罪嫌疑人、赶赴突发事件现场外，驾驶警车的人民警察在使用警用标志灯具、警报器时，应当遵守下列规定：（一）一般情况下，只使用警用标志灯具；通过车辆、人员繁杂的路段、路口或者警告其他车辆让行时，可以断续使用警报器；（二）两辆以上警车列队行驶时，前车如使用警报器，后车不得再使用警报器；（三）在公安机关明令禁止鸣警报器的道路或者区域内不得使用警报器。”

严格要求按照规定的用途和条件使用特种车辆：严禁非紧急公务时闯红灯、单行线、禁行线和强行超车、逆行；严禁使用特种车辆从事非职务活动；严禁随意动用警车为非警务对象开通、迎送；严禁把特种车辆转借他人使用；严禁非特种车辆喷涂标志图案，安装和使用警报器和标志灯具；严禁特种车辆所属单位的非正式驾驶人驾驶车辆。违反上述规定者，依据相关法律、规章，视情节轻重、造成社会后果的情况给予处罚。

法律赋予这些特殊车辆特殊的权利，其原因在于这些车辆所从事的工作

是紧急公务，不在规定时间内迅速地完成将造成更大的损失，但这种权利的行使是以牺牲正常的交通秩序和其他车辆通行权为代价的，是对公民权利的一种限制。而在没有紧急公务时，同样赋予这样的权利既没有现实的必要性，也同法理不符，并且会造成一些人的特殊心理，产生腐败。在执行紧急任务时，特种车辆享有较大的特权，但是必须慎重行使，尤其是关于警报器、标志灯具的使用，不得滥用，不能成为扰民的工具，同时，在行驶过程中，也要接受交通警察的指挥，要有必要的监督。

（五）相关法律责任

违反规定必须承担相应法律责任，根据《警车管理规定》相应条款进行处理：

第22条　对非法涂装警车外观制式，非法安装警用标志灯具、警报器，非法生产、买卖、使用以及伪造、涂改、冒领警车牌证的，依据《中华人民共和国人民警察法》、《中华人民共和国道路交通安全法》和《中华人民共和国治安管理处罚法》的有关规定处罚，强制拆除、收缴警用标志灯具、警报器和警车牌证，并予以治安处罚；构成犯罪的，依法追究当事人的刑事责任。

第23条　违反本规定，有下列情形之一的，依据《中华人民共和国人民警察法》和《中华人民共和国道路交通安全法》及相关规定，对有关人员给予处分：

（一）不按规定审批和核发警车牌证的；

（二）不按规定涂装全国统一的警车外观制式的；

（三）驾驶警车时不按规定着装、携带机动车驾驶证、人民警察证的；

（四）滥用警用标志灯具、警报器的；

（五）不按规定使用警车或者转借警车的；

（六）不按规定办理警车变更、转移登记手续的；

（七）挪用、转借警车牌证的；

（八）其他违反本规定的行为。

四、特殊车辆喷涂标志图案、安装警报器、标志灯具的要求

为了维护交通秩序，保证特种车辆执行紧急公务时顺利通行，特种车辆喷涂标志图案、安装使用的警报器和标志灯具，其音响和颜色标识应有明显区别，以便行人和其他车识别避让。具体要求如下。

（一）喷涂标志图案的要求

特种车辆应严格按照相关规章要求喷涂外观标志图案，要醒目，便于行人辨认。各特种车辆的外观标志图案要有特定的形式和颜色，如救护车外面

标志图案为白色车身、空心红色“十”字图案。

（二）安装警报器和标志灯具的要求

不同特种车辆应安装不同的警报器和标志灯具。要求安装牢固，警报器音调声压级为110分贝至115分贝。安装警报器和标志灯具应履行相关备案审批手续，也就是说，由所在单位向辖区市、县公安局申请领取《特种车辆警报器和标志灯具使用证》，经审核同意方可安装使用，并随车携带以备检查审验。

（三）警报器、标志灯具的使用要求

一般情况下，特种车辆只使用警灯，只有通过人员、车辆复杂的路段、路线、路口或警告其他行人车辆让行时，才可以继续使用警报器。

在执行非紧急任务时，不准使用警报器和标志灯具；执行紧急任务时，可视交通情况断续使用警报器和标志灯具；两辆车以上列队行驶时，前车使用警报器，后车无特殊情况不得再使用警报器；夜间12点以后，除特殊情况又特别紧急的情况之外，不准使用警报器。

五、机动车专用号牌的管理

（一）警用机动车专用号牌的管理

1. 警车号牌式样。

（1）警车号牌尺寸为440mm×140mm，颜色为白底（反光）黑字。号牌字码编排为单排七位字符结构，第一位为省、自治区、直辖市简称，第二位为字母表示核发机动车号牌地区的代号，第三位为A、B、C、D分别表示法院、检察院、国家安全机关、监狱劳动教养机关，第四位至第六位为注册编号，第七位为红色反光“警”。第一位至第二位之间为间隔符，前号牌间隔符为圆点（警车号牌专用准产标记），后号牌间隔符为横杠，数码与间隔符横杠为黑色。大型汽车与小型汽车号牌尺寸相同，一副两块。

（2）警用摩托车号牌为双排排列，尺寸为220mm×140mm。第一位至第二位在上排，第三位至第七位在下排。号牌与字符颜色，排列顺序及含义与警车相同，只有一块，装在后挡泥板上。

（3）最高人民法院、最高人民检察院、国家安全部和司法部的警车号牌与北京市相应系统共用第三位专用代码，公安部警车号牌为“京·A0×××警”（如图3－20、3－21所示）。

前号牌 440mm×140mm　　后号牌　440mm×140mm

图3－20　警用汽车号牌

图3－21　警用摩托车号牌220mm×140mm

2. 警车号牌材料。警车号牌分为汽车号牌、摩托车号牌两种，均为铝质材，底色为白底反光。号牌应当符合《警车号牌式样》和机动车号牌的行业标准。

3. 警车外观等。警车车型由公安部统一确定。汽车为大、中、小、微型客车和执行紧急救援、现场处置等专门用途的车辆；摩托车为二轮摩托车和侧三轮摩托车。

警车应当采用全国统一的外观制式，外观采用白底，由专用的图形、车徽、编号、汉字“警察”和部门的汉字简称以及英文“POLICE”等要素构成。各要素的形状、颜色、规格、位置、字体、字号、材质等应当符合警车外观制式涂装规范和涂装用定色漆等行业标准。

公安机关、国家安全机关、监狱、劳动教养管理机关和人民法院、人民检察院的部门汉字简称分别为“公安”“国安”“司法”“法院”和“检察”。

警车应当安装固定式警用标志灯具。汽车的标志灯具安装在驾驶室顶部；摩托车的标志灯具安装在后轮右侧。警用标志灯具及安装应当符合特种车辆标志灯具的国家标准。警车应当安装警用警报器，应当符合车用电子警报器的国家标准。

4. 警车号牌的核发范围。根据《警车管理规定》，警车号牌的核发范围为警车，是指公安机关、国家安全机关、监狱、劳动教养管理机关和人民法院、人民检察院用于执行紧急职务的机动车辆。警车包括以下几类：

（1）公安机关用于执行侦查、警卫、治安、交通管理的巡逻车、勘察车、护卫车、囚车以及其他执行职务的车辆；

（2）国家安全机关用于执行侦查任务和其他特殊职务的车辆；

（3）监狱、劳动教养管理机关用于押解罪犯、运送劳教人员的囚车和追缉逃犯的车辆；

（4）人民法院用于押解犯罪嫌疑人和罪犯的囚车、刑场指挥车、法医勘察车和死刑执行车；

（5）人民检察院用于侦查刑事犯罪案件的现场勘察车和押解犯罪嫌疑人的囚车。

5. 审核手续。车籍在省公安厅车辆管理所的公安机关车辆，审核《警车号牌审批表》（如表3－10所示）《安装特种车辆警报器和标志灯具审批表》以及原车辆行驶证等相关表格。对车辆已经变更（国产同类型新车替换旧车）的，还应审核新车的车辆证明（合格证）及合法来历证明（发货票或调拨单）。新购车辆申请办理警车号牌需要审核下列手续：车辆证明（国产车系指列入全国汽车产品目录或通过省级鉴定的车辆合格证，进口车为海关签发的“货物进口证明书”），车辆合法来历证明（发货票或调拨单），车辆购置附加凭证。

表3－10　《警车号牌审批表》

<table>
<tr><td>申请单位</td><td></td><td>联系人</td><td></td><td>电话</td><td></td></tr>
<tr><td>品牌型号</td><td colspan="2"></td><td>车辆类型</td><td colspan="2"></td></tr>
<tr><td>车辆识别
代号/车架号</td><td colspan="2"></td><td>发动机号</td><td colspan="2"></td></tr>
<tr><td colspan="6">申请理由：
申请单位负责人（签名）
（单位盖章）
年　　月　　日</td></tr>
<tr><td colspan="6">地、市、州、盟公安处、局主管部门审查意见：
审查单位负责人（签名）
（单位盖章）
年　　月　　日</td></tr>
<tr><td colspan="6">省、自治区、直辖市公安厅、局主管部门审批意见：
审批单位负责人（签名）
（单位盖章）
年　　月　　日</td></tr>
<tr><td colspan="6">备注：

警车号牌号码：</td></tr>
</table>

6. 核发程序。公安机关、国家安全机关、监狱、劳动教养管理机关和人民法院、人民检察院申请办理警车注册登记，应当填写《警车号牌审批表》，

提交法定证明、凭证，由本部门所在的设区的市或者相当于同级的主管机关汇总后送当地同级公安机关审查后，报省、自治区、直辖市公安厅、局审批。

核发警用车辆号牌分别由市、州公安局及检、法、司和安全机关省级主管部门审定。申领警车号牌的程序：凡属编制内的车辆单位，均需到所在地公安机关车辆管理部门领取并填写《警车号牌审批表》《安装特种车辆警报器和标志灯具审批表》等相关表格。车籍在省厅车管所的公安机关车辆单位，携带相关证件到市、州公安局初审，由市、州车管所统一报省厅车管所审批。检、法、司和安全机关的警车经省级主管部门审核后到市、州公安局车管所进行车辆初审，并办理转籍手续，再由省级各主管部门上报省厅车管所审批。申领警车号牌的车辆，一律到省厅车管所进行检验，统一喷涂国家公安部统一规定式样的车身颜色及各部门的简称汉字，对已经安装警灯警报器的车辆，要按标准进行校准。不符合要求及未安装的，由省公安厅车管所统一安装。合格的车辆，按标准拍照车辆彩色照片三张后，核发车辆牌证。

（二）公安机关专段用号牌的管理

根据《警车管理规定》和《公安部关于取消公安专用车辆号牌换发民用号牌的通知》（公通字［1995］43 号），公安机关行政单位在编的机动车辆，公安机关事业单位中与公安业务有关的部分机动车辆及列入公安编制序列的铁道、民航、林业、公安机构中的业务车辆全部核发民用号牌。

第七节　法律责任

《机动车登记规定》对机动车辆出现以下行为应负的法律责任作出具体规定：

第五十六条　有下列情形之一的，由公安机关交通管理部门处警告或者二百元以下罚款：

（一）重型、中型载货汽车及其挂车的车身或者车厢后部未按照规定喷涂放大的牌号或者放大的牌号不清晰的；

（二）机动车喷涂、粘贴标识或者车身广告，影响安全驾驶的；

（三）载货汽车、挂车未按照规定安装侧面及后下部防护装置、粘贴车身反光标识的；

（四）机动车未按照规定期限进行安全技术检验的；

（五）改变车身颜色、更换发动机、车身或者车架，未按照本规定第十条规定的时限办理变更登记的；

（六）机动车所有权转移后，现机动车所有人未按照本规定第十八条规定的时限办理转移登记的；

（七）机动车所有人办理变更登记、转移登记，机动车档案转出登记地车辆管理所后，未按照本规定第十三条规定的时限到住所地车辆管理所申请机动车转入的。

第五十七条 除本规定第十条和第十六条规定的情形外，擅自改变机动车外形和已登记的有关技术数据的，由公安机关交通管理部门责令恢复原状，并处警告或者五百元以下罚款。

第五十八条 以欺骗、贿赂等不正当手段取得机动车登记的，由公安机关交通管理部门收缴机动车登记证书、号牌、行驶证，撤销机动车登记；申请人在三年内不得申请机动车登记。对涉嫌走私、盗抢的机动车，移交有关部门处理。

以欺骗、贿赂等不正当手段办理补、换领机动车登记证书、号牌、行驶证和检验合格标志等业务的，由公安机关交通管理部门处警告或者二百元以下罚款。

第五十九条 省、自治区、直辖市公安厅、局可以根据本地区的实际情况，在本规定的处罚幅度范围内，制定具体的执行标准。

对本规定的道路交通安全违法行为的处理程序按照《道路交通安全违法行为处理程序规定》执行。

第六十条 交通警察违反规定为被盗抢、走私、非法拼（组）装、达到国家强制报废标准的机动车办理登记的，按照国家有关规定给予处分，经教育不改又不宜给予开除处分的，按照《公安机关组织管理条例》规定予以辞退；对聘用人员予以解聘。构成犯罪的，依法追究刑事责任。

第六十一条 交通警察有下列情形之一的，按照国家有关规定给予处分；对聘用人员予以解聘。构成犯罪的，依法追究刑事责任：

（一）不按照规定确认机动车和审查证明、凭证的；

（二）故意刁难，拖延或者拒绝办理机动车登记的；

（三）违反本规定增加机动车登记条件或者提交的证明、凭证的；

（四）违反本规定第五十三条的规定，采用其他方式确定机动车号牌号码的；

（五）违反规定跨行政辖区办理机动车登记和业务的；

（六）超越职权进入计算机登记系统办理机动车登记和业务，或者不按规定使用机动车登记系统办理登记和业务的；

（七）向他人泄漏、传播计算机登记系统密码，造成系统数据被篡改、丢失或者破坏的；

（八）利用职务上的便利索取、收受他人财物或者谋取其他利益的；

（九）强令车辆管理所违反本规定办理机动车登记的。

第六十二条　公安机关交通管理部门有本规定第六十条、第六十一条所列行为之一的，按照国家有关规定对直接负责的主管人员和其他直接责任人员给予相应的处分。

公安机关交通管理部门及其工作人员有本规定第六十条、第六十一条所列行为之一，给当事人造成损失的，应当依法承担赔偿责任。

【思考题】

1. 简述机动车管理的概念。
2. 简述机动车登记的概念、种类、内容。
3. 机动车号牌、行驶证、登记证书的作用有哪些?
4. 特殊车辆管理的概念、规定包括哪些内容?
5. 校车管理的主要内容有哪些?
6. 剧毒危化品车辆管理的主要内容有哪些?
7. 办理各种机动车登记的业务流程和具体事项是什么?

第四章　机动车驾驶人管理

第一节　概述

一、机动车驾驶证管理的一般规定

（一）机动车驾驶证的概念

机动车驾驶证，是指由公安车辆管理机关核发的，证明机动车驾驶人驾驶某种车辆资格的法定凭证。

机动车驾驶证所证明的驾驶资格有三项：一是证明持证人已达到驾驶某种机动车的技术水平，即驾驶证是驾驶车辆的技术凭证；二是证明持证人拥有驾驶某种车辆通行道路的权利，即驾驶证是驾驶车辆通行道路的权利凭证；三是证明持证人具有适应驾驶机动车的生理和心理素质，即驾驶证是持证人的健康凭证。

驾驶证与汽车牌照几乎是同时出现的。我国的机动车驾驶证管理制度是在1920年开始形成的，随着机动车驾驶证制度的不断完善，驾驶证也相继从第一代逐步发展为目前的第七代。

公安车辆管理机关对申请人进行考试合格后，核发驾驶证，持此证可以在全国道路上驾驶准驾车型的民用机动车。同时，按《中华人民共和国道路交通安全法实施条例》的规定，机动车驾驶人初次申领机动车驾驶证后的12个月为实习期。可见，机动车驾驶证适用于机动车驾驶人和实习期驾驶人。因此，持此证的实习期驾驶人在驾驶车辆时，除应遵守交通法律、法规中关于机动车驾驶人应遵守的规定外，还须遵守实习期驾驶人驾车的有关规定，如实习期驾驶人应当在车身后部粘贴或者悬挂统一式样的实习标志，不得驾驶公共汽车、营运客车或者执行任务的警车、消防车、救护车、工程救险车等。

（二）机动车驾驶证管理的意义

机动车驾驶证管理具有下列意义。

（1）确保交通安全，维护交通秩序。建立和完善驾驶证管理制度，是对机动车驾驶人进行安全管理最有效的办法。世界各国无一例外地采用驾驶证制度来对机动车驾驶人进行管理，以不断提高其驾驶技术和职业道德水平，确保交通安全，维护交通秩序。

（2）掌握动态分布情况和各种统计数据。公安车辆管理机关通过对驾驶证的核发、审验、登记、建立信息数据库等管理工作，可以随时掌握机动车驾驶人的动态分布情况和各种统计数据，为领导部门制定交通管理的方针、政策，提供详细而可靠的参考依据。

（3）处理、杜绝违法行为。通过对驾驶证信息的计算机联网管理，可实现全国范围内驾驶人的违法记分处理，也可以杜绝假证、一人多证等违法行为。

（三）机动车驾驶证的分类

机动车驾驶证按管辖归属的不同，可以分为民用机动车驾驶证、军用机动车驾驶证及武警机动车驾驶证三种，分别由公安、军队、武警车辆管理机关核发和管理。

我国现行的民用机动车驾驶证，根据公安部 2004 年 5 月 1 日起施行的《机动车驾驶证申领和使用规定》（以下简称《申领和使用规定》）进行管理。该规定取消了学习驾驶证及临时驾驶证，减少了证件种类。原学习驾驶证用《机动车驾驶技能学习驾驶证明》（以下简称《学习驾驶证明》）替代；对持外国及我国香港、澳门特别行政区、台湾地区驾驶证的人，考试合格后，一律换发 6 年有效期的驾驶证，为经常往来我国的境外人士提供便利。这是驾驶证制度的一项重大改革，目的是方便群众、删繁就简，减少换证环节，并与驾驶证的国际通用分类方法接轨。

（四）机动车驾驶证的管理内容

机动车驾驶证的管理内容包括以下几点。

（1）申请、考试和发证。

（2）补发、换发、注销机动车驾驶证。

（3）建立、管理机动车驾驶人档案，并做好统计分析工作。

（4）建立《机动车驾驶证信息数据库》，实现驾驶证信息的计算机联网管理。

二、机动车驾驶人管理的一般规定

（一）机动车驾驶人的概念

机动车驾驶人，是指根据本人自愿，年龄、体检及其他条件审核合格，由公安车辆管理机关考核合格，准许驾驶某一种或几种车型的机动车辆，并持有公安车辆管理机关核发的机动车驾驶证的人员。

申请人报名并参加交通法规、机械常识及相关知识考试合格后，领取《学习驾驶证明》方可在道路上学习驾驶车辆，但不允许单独驾驶车辆，只能按照公安机关交通管理部门指定的路线、时间进行，并使用教练车，在教练员随车指导情况下进行。

申请人经考试合格并领取《中华人民共和国机动车驾驶证》后，可持证按准驾车型单独驾驶车辆，但在实习期内须遵守实习期驾驶人驾车的有关规定。

（二）驾驶人管理的意义

驾驶人管理具有以下意义。

（1）建立一支高素质驾驶员队伍。

（2）保障交通安全、减少交通事故。

（3）维护正常良好的交通秩序。

（4）降低交通公害。

（5）促进交通运输业的发展，为社会主义现代化建设事业服务。

（三）机动车驾驶人管理的内容

机动车驾驶人管理包括以下内容。

（1）记分和审验。

（2）安全教育法制宣传。

（3）对驾驶培训行业实施监督，保证和提高培训质量。

（4）研究驾驶人在道路交通中的生理和心理特征，为确定驾驶人的身体条件提供理论依据。

第二节　机动车驾驶证的申领业务

一、机动车驾驶证

（一）机动车驾驶证式样

目前常见的驾驶证是2004年5月1日开始核发的2004版驾驶证及2008版驾驶证，自2008年4月1日之后核发、换发的驾驶证均为2008版驾驶证。

1. 2004版驾驶证。初次申请机动车驾驶证或者申请增加准驾车型的，申请人考试科目一、科目二和科目三合格后，车辆管理所核发机动车驾驶证。申请增加准驾车型的，应当收回原机动车驾驶证，2004年5月1日开始核发的 2004 版机动车驾驶证式样如图 4 - 1 所示。

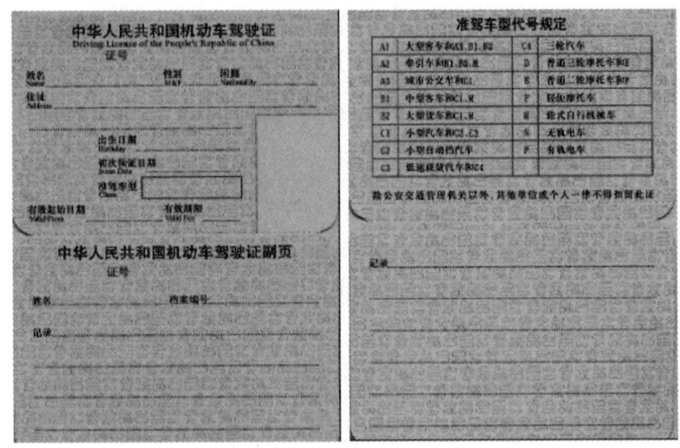

图 4 - 1　2004 年 5 月 1 日开始核发的 2004 版驾驶证

2. 2008 版驾驶证。随着社会经济和科学技术不断发展，2004 版机动车驾驶证在管理和使用中存在的问题也越来越明显，如科技含量低、防伪性能差，民警查验困难、辨认效率低，溯源管理困难、对一人持有多本驾驶证的情况难以核实，等等。因此，进一步改进驾驶证的防伪技术，加强驾驶证管理已成为当前公安机关交通管理部门亟须解决的问题。经过反复论证和试验，公安部决定启用具有较先进防伪技术的驾驶证。

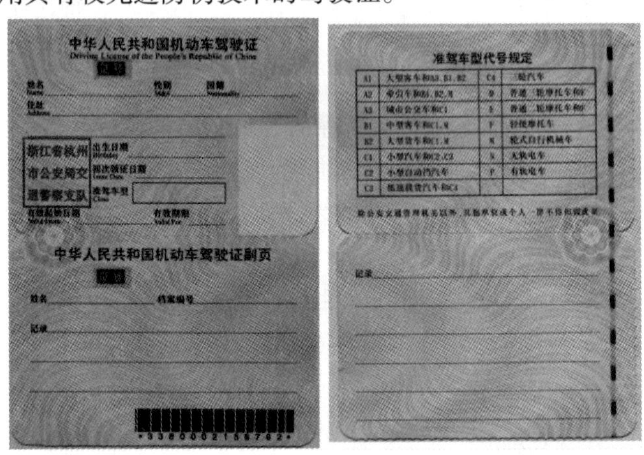

图 4 - 2　2008 年 4 月 1 日开始核发的 2008 版驾驶证

2008 年 4 月 1 日开始陆续核发的机动车驾驶证版本（如图 4 - 2 所示），比 2004 版驾驶证有了较多的改进。改进后的驾驶证使用了 33 项防伪技术，并且增加了记载发放驾驶证信息的一维条码。2008 版驾驶证重点改进了直观视觉查验技术，如证芯的纸张由普通白卡纸改为专用安全纸张，有特制的安全线和红蓝绿三色荧光纤维；证芯的底纹从普通印刷改为防伪印刷，采用了随机底纹、光变油墨和荧光印刷等技术；塑封套采用了当前最新的双通道变色技术和双色荧光图案等。识别 2008 版驾驶证的真伪可从以下五个方面入手：

（1）防伪线。在驾驶证正页和副页的背面，都安装有开窗安全线。安全线是驾驶证内置的金属条，从外观上看不出来。

（2）证号。驾驶证的证号背景色，正视时为紫色，斜视时为黑色。

（3）封套图案。在驾驶证的封套上共有 5 个组合图案，字符为荧光红色，长城图案为荧光绿色。

（4）平安结。在封套上全息防伪采用了平安结图案，平安结中间有一个大正方形，里面还套了一个小正方形。当把驾驶证平放正视时，小正方形呈蓝色，周围部分呈黄色。视线同驾驶证成 90°角时，再进行观察，会看到小正方形呈黄色，周围部分呈蓝色。

（5）防伪图案。防伪图案是立交桥，立交桥上的每根匝道上还有小汽车。

同时，为了规范对驾驶证的使用和管理，公安部还开发了数字化发行和使用管理系统，在驾驶证证芯上增加了用于记载发放驾驶证信息的一维条码。此外，还增加了人性化的内容：在驾驶证副页上增加了用于提示驾驶人提交身体条件证明或换领驾驶证等签注内容；塑封套全息防伪采用了平安结图案，既具有中国特征，又寓意平安。改进后的驾驶证从 2008 年 4 月 1 日分批在全国推广使用。正式启用的地方对初次申领驾驶证的机动车驾驶人核发新驾驶证，不得再使用旧版驾驶证；对已核发的旧版驾驶证，只在办理换证和补证业务时换发新驾驶证。

通过上述改进，增加了伪造驾驶证的成本和难度，提高了民警执法时查验真假驾驶证的效率，严格了驾驶证的溯源管理，利于打击伪造和使用伪造机动车号牌、行驶证、检验合格标志和驾驶证等违法行为，营造和谐的道路交通安全环境。

（二）机动车驾驶证准驾车型

准驾车型，是指驾驶证申请人经公安车辆管理机关考试合格准许驾驶的车型，以及按规定不经考试即可准许驾驶的车型。

各类机动车虽然机械原理大体相同，但由于车辆外廓尺寸、性能和使用性质各不相同，因此对驾驶者的驾驶操作技术、驾驶经验、应变能力等方面的要求也不同。为了确保安全驾驶和便于对驾驶人的动态管理，根据各种车型的驾驶特性，把机动车分成方向盘式和手把式两大类。在这两大类中，一般规定持高项记录车型的准驾低项记录的车型，但持低项记录车型的则不准驾驶高项记录的车型。否则为准驾车型不符，属交通违法行为。

机动车驾驶人准予驾驶的车型顺序依次分为：大型客车、牵引车、城市公交车、中型客车、大型货车、小型汽车、小型自动挡汽车、低速载货汽车、三轮汽车、普通三轮摩托车、普通二轮摩托车、轻便摩托车、轮式自行机械车、无轨电车和有轨电车。

准驾车型记录是在驾驶证主页上以代号形式签注的（如表 4－1 所示）：

表 4－1　机动车驾驶证准驾车型及代号一览表

序号	准驾车型	代号	准驾的车辆	准予驾驶的其他准驾车型
1	大型客车	A1	大型载客汽车	A3、B1、B2、C1、C2、C3、C4、M
2	牵引车	A2	重型、中型全挂、半挂汽车列车	B1、B2、C1、C2、C3、C4、M
3	城市公交车	A3	核载 10 人以上的城市公共汽车	C1、C2、C3、C4
4	中型客车	B1	中型载客汽车（含核载 10 人以上 19 人以下的城市公共汽车）	C1、C2、C3、C4、M
5	大型货车	B2	重型、中型载货汽车；重型、中型专项作业车	
6	小型汽车	C1	小型、微型载客汽车以及轻型、微型载货汽车；轻型、微型专项作业车	C2、C3、C4
7	小型自动挡汽车	C2	小型、微型自动挡载客汽车以及轻型、微型自动挡载货汽车	
8	低速载货汽车	C3	低速载货汽车	C4
9	三轮汽车	C4	三轮汽车	
10	残疾人专用小型自动挡载客汽车	C5	残疾人专用小型、微型自动挡载客汽车（允许上肢、右下肢或者双下肢残疾人驾驶）	

续表

序号	准驾车型	代号	准驾的车辆	准予驾驶的其他准驾车型
11	普通三轮摩托车	D	发动机排量大于 50ml 或者最大设计车速大于 50km/h 的三轮摩托车	E、F
12	普通二轮摩托车	E	发动机排量大于 50ml 或者最大设计车速大于 50km/h 的二轮摩托车	F
13	轻便摩托车	F	发动机排量小于等于 50ml，最大设计车速小于等于 50km/h 的摩托车	
14	轮式自行机械车	M	轮式自行机械车	
15	无轨电车	N	无轨电车	
16	有轨电车	P	有轨电车	

需要特别注意以上表格中准驾车型相对应的准予驾驶其他准驾车型的种类。

（三）机动车驾驶证有效期和准驾年龄限定

（1）为鼓励机动车驾驶人遵章守法，体现“管住重点，方便一般”的原则，机动车驾驶证有效期分为六年、十年和长期三种，在期满换证时根据记分情况签注不同的有效期。

（2）机动车驾驶人随着年龄增大，生理、心理素质下降，为确保安全，规定年龄在 60 周岁以上的，不得驾驶大型客车、牵引车、城市公交车、中型客车、大型货车、无轨电车和有轨电车；年龄在 70 周岁以上的，不得驾驶低速载货汽车、三轮汽车、普通三轮摩托车、普通二轮摩托车和轮式自行机械车。

二、机动车驾驶证申请条件

（一）机动车驾驶证申请条件一般规定

1. 申领受理机关。申领机动车驾驶证的人，按照下列规定向公安车辆管理机关提出申请：

（1）户籍地居住的，应当在户籍地提出申请；

（2）在暂住地居住的，可以在暂住地提出申请；

（3）现役军人（含武警），应当在居住地提出申请；

（4）境外人员，应当在居留地提出申请；

（5）申请增加准驾车型的，应当在所持机动车驾驶证核发地提出申请。

2. 初次申请应提交的证明。初次申请机动车驾驶证，应当填写《机动车驾驶证申请表》，并提交以下证明：

（1）申请人的身份证明。

（2）县级或者部队团级以上医疗机构出具的有关身体条件的证明。

（3）属于申请残疾人专用小型自动挡载客汽车的，应当提交经省级卫生主管部门指定的专门医疗机构出具的有关身体条件的证明。

3. 申请增加准驾车型应提交的证明。申请增加准驾车型的，除填写《机动车驾驶证申请表》，提交上条所列的证明外，还应当提交所持机动车驾驶证。

属于接受全日制驾驶职业教育，申请增加大型客车、牵引车准驾车型的，还应当提交学校出具的学籍证明。

例如，有的地区提出试点开展大型客货车驾驶人职业教育，利用大专院校优质教学资源，以职业化保证专业化，提高重点驾驶人整体素质。同时，将先进的驾驶理念和驾驶技能纳入教育培训内容，加强守法文明驾驶意识培养，提升大型客货车驾驶人专业技能和职业素养；引导建立大型客货车驾驶人培训基地，开展集中式教育培训。

（二）机动车驾驶证申请年龄和身体条件

1. 年龄条件。符合以下年龄条件的可申请机动车驾驶证。

（1）申请小型汽车、小型自动挡汽车、残疾人专用小型自动挡载客汽车、轻便摩托车准驾车型的，在18周岁以上，70周岁以下；

（2）申请低速载货汽车、三轮汽车、普通三轮摩托车、普通二轮摩托车或者轮式自行机械车准驾车型的，在18周岁以上，60周岁以下；

（3）申请城市公交车、大型货车、无轨电车或者有轨电车准驾车型的，在20周岁以上，50周岁以下；

（4）申请中型客车准驾车型的，在21周岁以上，50周岁以下；

（5）申请牵引车准驾车型的，在24周岁以上，50周岁以下；

（6）申请大型客车准驾车型的，在26周岁以上，50周岁以下。

（7）接受全日制驾驶职业教育的学生，申请大型客车、牵引车准驾车型的，在20周岁以上，50周岁以下。

对申请学习驾驶证者的年龄作出限制，主要是考虑到不同车型驾驶技术学习掌握的难易程度及人们的生理、心理变化规律。从人的生理、心理发展变化看，人随着年龄的增长，其心理也随之成熟起来，一般从 20 岁开始持续到中年，是技能培养的最佳年龄。统计资料表明，当人的年龄在 20 岁至 45 岁时，无论是模仿能力、反应能力还是应变能力，都处于最佳状态。

限定申请者的最低年龄，还与我国法律中所规定的民事责任能力和刑事责任能力，及其他法律责任承担的年龄要求相吻合，须具备完全的民事和刑事责任能力，因此，对驾驶证申请者年龄作出这样的限定是非常必要的。

《机动车驾驶证申领和使用规定》除规定了一般车型的年龄要求外，还从心理成熟、驾驶经历角度出发，对驾驶重点车型的年龄条件作了严格规定。同时，考虑到随着生活条件的改善，人们的体质有所增强，对一般车型的最高年龄要求有所放宽。

但是，对接受职业教育的人员来说，可以按照 139 号令的规定，将目前增驾大型客车、牵引车的年龄分别由 26 周岁、24 周岁降至 20 周岁。

2. 身体条件。申请机动车驾驶证需具备以下身体条件。

（1）身高：申请大型客车、牵引车、城市公交车、大型货车、无轨电车准驾车型的，身高为 155 厘米以上。申请中型客车准驾车型的，身高为 150 厘米以上。

对身高的规定主要是考虑机动车驾驶操作要求。如果身高满足不了要求，在驾驶操作中，既难以确定操纵机构与座椅的位置调整，也不利于实际操作，尤其是遇紧急情况或长时间驾驶极容易造成机动车辆失控而影响交通安全，甚至导致交通事故的发生。

（2）视力：申请大型客车、牵引车、城市公交车、中型客车、大型货车、无轨电车或者有轨电车准驾车型的，两眼裸视力或者矫正视力达到对数视力表 5.0 以上。申请其他准驾车型的，两眼裸视力或者矫正视力达到对数视力表 4.9 以上。单眼视力障碍，右眼裸视力或者矫正视力达到对数视力表 5.0 以上，且水平视野达到 150 度的，可以申请小型汽车、小型自动挡汽车、低速载货汽车、三轮汽车、残疾人专用小型自动挡载客汽车准驾车型的机动车驾驶证。

对于驾驶人来讲，视力是非常重要的。因为行车过程中，外界的情况有 90% 以上是通过眼睛来感知的。如果视力不合格就不能及时反映错综复杂的道路情况，容易造成判断错误而引发险情。

（3）辨色力：无红绿色盲。辨色力是指分辨颜色的能力。如果对某些颜色甚至所有颜色不能加以辨别，称为色盲。其中红绿色盲是一种最常见的色盲类型，他们对红绿颜色分辨不清。而在交通活动中，常常出现红、黄、蓝、绿、黑、白等各种颜色，其中尤以红、绿、黄最为常见和重要。如果车辆驾驶者是红绿色盲，那就无法正确辨认交通指挥信号灯、交通标志及前方车辆尾灯信号的颜色，容易造成交通事故，因而不能申领机动车驾驶证。

（4）听力：两耳分别距音叉50厘米能辨别声源方向。有听力障碍但佩戴助听设备能够达到以上条件的，可以申请小型汽车、小型自动挡汽车准驾车型的机动车驾驶证。

听力是指人凭借耳朵感知外界声音的能力。驾驶者必须具有正常的听力，因行车过程中，当出现驾驶人难以观察车后、侧边情况或通过视线不良的交叉路口、弯道、隧道、桥梁、山区道路时，就要靠耳朵判断道路前方或周围异常声响的距离和方位，借此做出及时反应，同时，驾驶者还可凭借耳朵查听自驾车辆运行的异常声响及部位，迅速排除机械故障，保证车辆的正常行驶。

（5）上肢：双手拇指健全，每只手其他手指必须有三指健全，肢体和手指运动功能正常。但手指末节残缺或者左手有三指健全，且双手手掌完整的，可以申请小型汽车、小型自动挡汽车、低速载货汽车、三轮汽车准驾车型的机动车驾驶证。

（6）下肢：双下肢健全且运动功能正常，不等长度不得大于5厘米。但左下肢缺失或者丧失运动功能的，可以申请小型自动挡汽车准驾车型的机动车驾驶证。

（7）躯干、颈部：无运动功能障碍。

（8）右下肢、双下肢缺失或者丧失运动功能但能够自主坐立，且上肢符合规定的，可以申请残疾人专用小型自动挡载客汽车准驾车型的机动车驾驶证，一只手掌缺失，另一只手拇指健全，其他手指有两指健全，上肢和手指运动功能正常，且下肢符合规定的，可以申请残疾人专用小型自动挡载客汽车准驾车型的机动车驾驶证。

（三）不得申请机动车驾驶证情形

有以下情形的不得申请机动车驾驶证。

（1）有器质性心脏病、癫痫病、美尼尔氏症、眩晕症、癔病、震颤麻痹、精神病、痴呆以及影响肢体活动的神经系统疾病等妨碍安全驾驶疾病的；

（2）三年内有吸食、注射毒品行为或者解除强制隔离戒毒措施未满三年，或者长期服用依赖性精神药品成瘾尚未戒除的；

（3）造成交通事故后逃逸构成犯罪的；

（4）饮酒后或者醉酒驾驶机动车发生重大交通事故构成犯罪的；

（5）醉酒驾驶机动车或者饮酒后驾驶营运机动车依法被吊销机动车驾驶证未满五年的；

（6）醉酒驾驶营运机动车依法被吊销机动车驾驶证未满十年的；

（7）因其他情形依法被吊销机动车驾驶证未满二年的；

（8）驾驶许可依法被撤销未满三年的；

（9）法律、行政法规规定的其他情形。

（四）申请准驾车型的规定

1. 初次申请驾驶证的规定。初次申领机动车驾驶证的，可以申请准驾车型为城市公交车、大型货车、小型汽车、小型自动挡汽车、低速载货汽车、三轮汽车、残疾人专用小型自动挡载客汽车、普通三轮摩托车、普通二轮摩托车、轻便摩托车、轮式自行机械车、无轨电车、有轨电车的机动车驾驶证，即除大客车、牵引车、中型客车之外的共13种。初次申领驾驶证的驾驶人不得申领A1、A2、B1驾驶证。

同时在暂住地也同样可以初次申请上述的13种车型，以及再进行增驾其余的3种车型。

2. 已有驾驶证需增加准驾车型的规定。《申领和使用规定》确立了准驾车型逐级申请制度，对申请驾驶重点车型增加严格的限制条件。考虑到大型客车、牵引车、中型客车是发生交通事故的重点车型，规定初次申领驾驶证的人员不能直接申请大型客车、牵引车、中型客车准驾车型，必须首先取得小型汽车或者大型货车准驾车型，并在具备一定年限的安全驾驶经历后，方可申请。这几个重点车型主要是指营运车辆，限制性规定对社会需求影响不大。同时，将交通违法记分与逐级申请紧密结合，对记分周期内出现满分记录的驾驶人不准增驾其他准驾车型。目的还是保证重点车型驾驶人在申请时就有一定的安全驾驶经验。

另外，有下列情形之一的，不得申请大型客车、牵引车、城市公交车、中型客车、大型货车准驾车型：

（1）发生交通事故造成人员死亡，承担同等以上责任的；

（2）醉酒后驾驶机动车的；

（3）被吊销或者撤销机动车驾驶证未满十年的。

3. 申请增加准驾车型的规定。已持有机动车驾驶证，申请增加准驾车型的，应当在本记分周期和申请前最近一个记分周期内没有记满12分记录。申请增加中型客车、牵引车、大型客车准驾车型的，还应当符合下列规定：

（1）申请增加中型客车准驾车型的，已取得驾驶城市公交车、大型货车、小型汽车、小型自动挡汽车、低速载货汽车或者三轮汽车准驾车型资格三年以上，并在申请前最近连续三个记分周期内没有记满12分记录。

（2）申请增加牵引车准驾车型的，已取得驾驶城市公交车、中型客车或者大型货车准驾车型资格三年以上，或者取得驾驶大型客车准驾车型资格一年以上，并在申请前最近连续三个记分周期内没有记满 12 分记录。

（3）申请增加大型客车准驾车型的，已取得驾驶中型客车或者大型货车准驾车型资格五年以上，或者取得驾驶牵引车准驾车型资格二年以上，并在申请前最近连续五个记分周期内没有记满 12 分记录。

正在接受全日制驾驶职业教育的学生，已在校取得驾驶小型汽车准驾车型资格，并在本记分周期和申请前最近一个记分周期内没有记满 12 分记录的，可以申请增加大型客车、牵引车准驾车型。

4. 持有军队、武警部队驾驶证，或者持有境外机动车驾驶证的规定。持有军队、武装警察部队机动车驾驶证，或者持有境外机动车驾驶证，符合申请条件的，可以申请对应准驾车型的机动车驾驶证。

三、申请程序

初次申请驾驶证的基本流程如下：

申请人提交申请表和证明——受理、审核——预约科目一考试——核发预约考试凭证——按期进行科目一考试——核发或自行打印《学习驾驶证明》——预约科目二和科目三，或者单独预约一科——进行科目二和科目三考试（包括科目三道路驾驶考试和之后的安全文明驾驶常识考试）——业务领导审核——制作机动车驾驶证——核发机动车驾驶证。

（一）接受申请的公安机关主管部门

1. 申领机动车驾驶证的有关规定。申领机动车驾驶证的人，按照下列规定向车辆管理所提出申请：

（1）在户籍所在地居住的，应当在户籍所在地提出申请；

（2）在户籍所在地以外居住的，可以在居住地提出申请；

（3）现役军人（含武警），应当在居住地提出申请；

（4）境外人员，应当在居留地或者居住地提出申请；

（5）申请增加准驾车型的，应当在所持机动车驾驶证核发地提出申请；

（6）接受全日制驾驶职业教育，申请增加大型客车、牵引车准驾车型的，应当在接受教育地提出申请。

2. 提出申请驾驶学习的手续。初次申请机动车驾驶证，应当填写申请表，并提交以下证明：

（1）申请人的身份证明；

（2）县级或者部队团级以上医疗机构出具的有关身体条件的证明。属于申请残疾人专用小型自动挡载客汽车的，应当提交经省级卫生主管部门指定的专门医疗机构出具的有关身体条件的证明。

申请增加准驾车型的，除填写申请表，提交《申领和使用规定》第十九条规定的证明和机动车驾驶证。属于接受全日制驾驶职业教育，申请增加大型客车、牵引车准驾车型的，还应当提交学校出具的学籍证明。

（二）其他

1. 持军队、武装警察部队机动车驾驶证的人申请机动车驾驶证。持军队、武装警察部队机动车驾驶证的人申请机动车驾驶证应当填写申请表，并提交以下证明、凭证：

（1）申请人的身份证明。属于复员、转业、退伍的人员，还应当提交军队、武装警察部队核发的复员、转业、退伍证明；

（2）县级或者部队团级以上医疗机构出具的有关身体条件的证明；

（3）军队、武装警察部队机动车驾驶证。

持军队、武装警察部队机动车驾驶证的人申请大型客车、牵引车、城市公交车、中型客车、大型货车准驾车型机动车驾驶证的，应当考试科目一和科目三；申请其他准驾车型机动车驾驶证的，免予考试核发机动车驾驶证。

2. 持境外机动车驾驶证的人申请机动车驾驶证。持境外机动车驾驶证的人申请机动车驾驶证，应当填写申请表，并提交以下证明、凭证：

（1）申请人的身份证明；

（2）县级以上医疗机构出具的有关身体条件的证明。属于外国驻华使馆、领馆人员及国际组织驻华代表机构人员申请的，按照外交对等原则执行；

（3）所持机动车驾驶证。属于非中文表述的，还应当出具中文翻译文本。

申请人属于内地居民的，还应当提交申请人的护照或者《内地居民往来港澳通行证》《大陆居民往来台湾通行证》。申请人提交的证明、凭证齐全、符合法定形式的，车辆管理所应当受理，并按规定审核申请人的机动车驾驶证申请条件。属于《申领和使用》第二十二条第二款规定情形的，还应当核查申请人的出入境记录。

持境外机动车驾驶证申请机动车驾驶证的，应当考试科目一；申请准驾车型为大型客车、牵引车、城市公交车、中型客车、大型货车机动车驾驶证的，还应当考试科目三。

内地居民持有境外机动车驾驶证，取得该机动车驾驶证时在核发国家或者地区连续居留不足 3 个月的，应当考试科目一、科目二和科目三。

属于外国驻华使馆、领馆人员及国际组织驻华代表机构人员申请的，应当按照外交对等原则执行。

3. 自学直考的申请规定。实行小型汽车、小型自动挡汽车驾驶证自学直考的地方，申请人可以使用加装安全辅助装置的自备机动车，在具备安全驾驶经历等条件的人员随车指导下，按照公安机关交通管理部门指定的路线、时间学习驾驶技能，按照《申领和使用》第十九条或第二十条的规定申请相应准驾车型的驾驶证。优化小型汽车驾驶人培训方式，在完成规定培训学时要求的基础上，学员可根据自身情况增加培训学时和内容，满足个性化、差异化的培训需求。小型汽车、小型自动挡汽车驾驶证自学直考管理制度由公安部另行规定。

公安部、交通运输部在 2016 年 1 月 28 日发布的《关于做好机动车驾驶人培训考试制度改革工作的通知》对自学直考试点工作进行了详细规定："试点自学直考是社会高度关注的重大改革措施。公安部、交通运输部已会同保监会联合发布公告，明确自学直考的管理制度和具体要求，确定试点地区。试点工作严格按照'依法、规范、有序、稳妥'的原则，从 2016 年 4 月 1 日起开始，不在试点范围内的其他地区不得开展自学直考工作。试点地市要提前做好试点准备工作，成立工作专班，制定实施方案，细化试点任务，明确进度安排和保障措施。公安机关交通管理部门要从车辆检验、牌证发放、考试受理、执法管理、事故处理、保险理赔等方面，建立相应工作制度，提前划定训练路线，设定训练时段，做好勤务安排和设施保障，及时宣传，准确解读，避免一哄而上和误解炒作，切实保障试点工作平稳开展。

省级交通运输部门、公安部门要加强协作，主动协调相关部门，根据本地实际，选择具备条件的职业技术学院、高级技工学校进行大型客货车驾驶人和驾驶培训教练员职业教育试点，大型客货车驾驶人职业教育试点报交通运输部、公安部备案。鼓励企业通过委托培养等形式，参与大型客货车驾驶人、驾驶培训教练员职业教育。试点院校要保障职业化教育质量，严格教学过程和质量管理。各地要研究探索小型汽车分科目、跨驾驶培训机构培训模式，可根据实际情况，选择具备条件的地区开展试点工作，允许学员在学习过程中，自主决定转至其他培训机构继续培训。

各地试点工作中遇到的问题要及时汇报，2016 年底前向公安部、交通运输部提交试点情况总结，为全面推行创造条件，积累经验。公安部、交通运输部将适时对试点工作进行跟踪检查。"

4. 再次申请驾驶许可的免培训直考的规定。申请机动车驾驶证的人，符合《申领和使用》要求的驾驶许可条件，具有下列情形之一的，可以按照第十四条第一款关于初次申领机动车驾驶证的规定，和第十九条关于初次申请驾驶证应履行的手续的规定，直接申请相应准驾车型的机动车驾驶证考试：

（1）原机动车驾驶证因超过有效期未换证被注销的；

（2）原机动车驾驶证因未提交身体条件证明被注销的；

（3）原机动车驾驶证由本人申请注销的；

（4）原机动车驾驶证因身体条件暂时不符合规定被注销的；

（5）原机动车驾驶证因其他原因被注销的，但机动车驾驶证被吊销或者被撤销的除外；

（6）持有的军队、武装警察部队机动车驾驶证超过有效期的；

（7）持有的境外机动车驾驶证超过有效期的。

有第六项、第七项规定情形之一的，还应当提交超过有效期的机动车驾驶证。

申请人提交的证明、凭证齐全、符合法定形式的，车辆管理所应当受理，并按规定审核申请人的机动车驾驶证申请条件。属于第一项至第五项规定情形之一的，还应当核查申请人的驾驶经历。对于符合申请条件的，车辆管理所应当按规定安排预约考试；不需要考试的，一日内核发机动车驾驶证。

5. 车管所对申请有疑义的规定。车辆管理所对申请人的申请条件及提交的材料、申告的事项有疑义的，可以对实质内容进行调查核实。调查时，应当询问申请人并制作询问笔录，向证明、凭证的核发机关核查。经调查，申请人不符合申请条件的，不予办理；有违法行为的，依法予以处理。

第三节　考试与核发机动车驾驶证

一、考试科目

根据公安部2017年10月1日实施的《机动车驾驶人考试内容与方法》（GA1026－2017）等驾驶人考试相关行业技术标准，考试科目分为道路交通安全法律、法规和相关知识考试科目（以下简称科目一）、场地驾驶技能考试科目（以下简称科目二）和道路驾驶技能和安全文明驾驶常识考试科目（以下简称科目三）。

（一）科目一

1. 考试内容。根据《机动车驾驶人考试内容和方法》，科目一考试内容包括：驾驶证和机动车管理规定、道路通行条件及通告规定、道路交通安全违法行为及处罚、道路交通事故处理相关规定。机动车基础知识、地方性法规、大中型客货车制动系统与安全装置知识、轮式自行机械车、有轨电车、无轨电车专用知识。

2. 考试方法。科目一考试应当在考试员的监督下，由申请人通过计算机闭卷答题，考试时间为45分钟。恢复驾驶资格考试时间为30分钟。

3. 考试题库的结构和基本题型。科目一考试题库的结构和基本题型由公安部制定，省级公安机关交通管理部门结合本地实际情况建立本省（自治区、直辖市）的考试题库。

考试题库结构分为通用试题和专用试题。通用试题主要考核各种准驾车型的申请人应当掌握的基本知识。专用试题主要考核不同准驾车型的申请人应当掌握的专项知识，具体分为：大型客车和牵引车专用试题，城市公交车、中型客车、大型货车、小型汽车、小型自动挡汽车专用试题和其他准驾车型专用试题。

考试的基本题型为单项选择题和判断题，通过文字或图片、视频等情景形式模拟实际道路交通场景，考核考生对实际道路交通情况认知、判断和处置的能力，更加突出安全文明行车、典型违法行为认知等内容的考核，考试内容更加贴近实用。

申领机动车驾驶证和满分学习90分为合格，考试试题数量如下：

（1）摩托车50道试题；

（2）其他车型100道试题。

（3）恢复驾驶资格考试试题数量为50道试题。

申请机动车驾驶证考试试题内容比例如表4－2所示。

表 4－2　申请机动车驾驶证考试试题内容比例

<table>
<tr><td colspan="2" rowspan="2">试题内容</td><td colspan="3">组卷比例</td></tr>
<tr><td>大型客车、牵引车、城市公交车、中型客车、大型货车</td><td>小型汽车、小型自动挡汽车、残疾人专用小型自动挡载客汽车、三轮汽车、低速载货汽车</td><td>普通三轮摩托车、普通二轮摩托车、轻便摩托车</td></tr>
<tr><td rowspan="6">通用试题</td><td>驾驶证和机动车管理规定</td><td>15%</td><td>20%</td><td>20%</td></tr>
<tr><td>道路通行条件及通行规定</td><td>10%</td><td>25%</td><td>34%</td></tr>
<tr><td>道路交通安全违法行为及处罚</td><td>30%</td><td>25%</td><td>26%</td></tr>
<tr><td>道路交通事故处理相关规定</td><td>10%</td><td>10%</td><td>10%</td></tr>
<tr><td>机动车基础知识</td><td>10%</td><td>10%</td><td>—</td></tr>
<tr><td>地方性法规</td><td>10%</td><td>10%</td><td>10%</td></tr>
<tr><td colspan="2">大中型客货车制动系统与安全装置知识</td><td>15%</td><td>—</td><td>—</td></tr>
<tr><td colspan="2">合计</td><td>100%</td><td>100%</td><td>100%</td></tr>
<tr><td colspan="5">注：轮式自行机械车、有轨电车、无轨电车准驾车型的试题内容比例由省级公安机关交通管理部门确定</td></tr>
</table>

恢复驾驶资格考试试题内容比例如表 4－3 所示。

表 4－3　恢复驾驶资格考试试题内容比例

试题内容	组卷比例
驾驶证和机动车管理规定	40%
道路通行条件及通行规定	20%
道路交通安全违法行为及处罚	30%
道路交通事故处理相关规定	10%
合　计	100%

4. 考试场地要求。科目一考试场地应当符合下列条件：

（1）使用计算机系统随机出题、考试，计算机考试系统与机动车驾驶证管理系统联网；

（2）各考位之间设置有效的间隔设施；

（3）考试区域实行封闭式管理；

（4）设置有待考人员等候休息场所，配备必要的便民服务和交通安全宣传设施。

5. 合格标准。科目一考试满分为100分，成绩达到90分的为合格。

（二）科目二

1. 考试内容。

（1）在规定场地内驾驶机动车完成考试项目的情况；

（2）对机动车驾驶技能掌握的情况；

（3）对机动车空间位置判断的能力。

2. 考试项目。

（1）大型客车、牵引车、城市公交车、中型客车、大型货车准驾车型的考试内容如下：

①桩考；

②坡道定点停车和起步；

③侧方停车；

④通过单边桥；

⑤曲线行驶；

⑥直角转弯；

⑦通过限宽门；

⑧通过连续障碍；

⑨起伏路行驶；

⑩窄路掉头；

⑪模拟高速公路行驶；

⑫模拟连续急弯山区路行驶；

⑬模拟隧道行驶；

⑭模拟雨（雾）天行驶；

⑮模拟湿滑路行驶；

⑯模拟紧急情况处置；

⑰省级公安机关交通管理部门可根据实际情况增加的考试内容。

（2）小型汽车、小型自动挡汽车、残疾人专用小型自动挡载客汽车和低速载货汽车准驾车型的考试内容如下：

①倒车入库；

②坡道定点停车和起步；

③侧方停车；

④曲线行驶；

⑤直角转弯；

⑥省级公安机关交通管理部门根据实际规定增加的考试内容。

（3）三轮汽车、普通三轮摩托车、普通二轮摩托车和轻便摩托车准驾车型的考试内容如下：

①桩考；

②坡道定点停车和起步；

③通过单边桥。

（4）轮式自行机械车、无轨电车、有轨电车准驾车型的考试内容由省级公安机关交通管理部门确定。

科目二考试应当先进行桩考。桩考未出现扣分情形的，补考或者重新预约考试时可以不再进行桩考。其他准驾车型的考试项目，由省级公安机关交通管理部门确定。

3. 考试方法。科目二考试应当按照报考的准驾车型，选定对应考试场地和考试车辆，在考试员的现场监督下，由申请人按照规定的考试线路和操作规范独立完成驾驶。其中，大型客车、城市公交车、中型客车、大型货车、小型汽车、小型自动挡汽车、低速载货汽车的科目二考试应当使用计算机自动监控考试系统考试。

4. 考试车辆要求。

（1）大型客车：车长不小于9米的大型普通载客汽车。

（2）牵引车：车长不小于12米的半挂汽车列车。

（3）城市公交车：车长不小于9米的大型普通载客汽车。

（4）中型客车：车长不小于5.8米的中型普通载客汽车。

（5）大型货车：车长不小于9米，轴距不小于5米的重型普通载货汽车。

（6）小型汽车：车长不小于5米的轻型普通载货汽车，或者车长不小于4米的小型普通载客汽车，或者车长不小于4米的轿车。

（7）小型自动挡汽车：车长不小于5米的轻型自动挡普通载货汽车，或者车长不小于4米的小型自动挡普通载客汽车，或者车长不小于4米的自动挡轿车。

（8）普通三轮摩托车：至少有四个速度挡位的普通正三轮摩托车或者普

通侧三轮摩托车。

（9）普通二轮摩托车：至少有四个速度挡位的普通二轮摩托车。

考试车应当设置明显的考试用车标志，除三轮汽车和摩托车外的考试车应当安装供考试员使用的副制动踏板和后视镜装置。其他考试用车的条件，由省级公安机关交通管理部门负责制定。

5. 考试场地要求。科目二考试场地应当符合下列条件：

（1）有满足场内道路驾驶考试所需的设施及相应的标志、标线；

（2）桩考场内地面平坦，坡度小于1%，附着系数大于0.40；

（3）大型客车、城市公交车、中型客车、大型货车、小型汽车、小型自动挡汽车、低速载货汽车的桩考应当使用计算机自动监控系统。

6. 合格标准。科目二考试满分为100分，设定不合格、减20分、减10分、减5分的项目评判标准。符合下列规定的，考试合格：

（1）报考大型客车、牵引车、城市公交车、中型客车、大型货车准驾车型，成绩达到90分的；

（2）报考其他准驾车型成绩达到80分的。

7. 不合格项目。除了以前的不合格项目之外，新标准还增加了时间的限制规定，倒车入库完成时间不能超过210秒，侧方停车完成时间不能超过90秒，一旦超出时间即判为不合格。

（三）科目三

1. 考试内容。科目三道路驾驶技能考试内容包括：大型客车、牵引车、城市公交车、中型客车、大型货车以及小型汽车、小型自动挡汽车、低速载货汽车和残疾人专用小型自动挡载客汽车准驾车型的考试内容如下：

（1）上车准备；

（2）起步；

（3）直线行驶；

（4）加减挡位操作；

（5）变更车道；

（6）靠边停车；

（7）直行通过路口；

（8）路口左转弯；

（9）路口右转弯；

（10）通过人行横道线；

（11）通过学校区域；

（12）通过公共汽车站；

（13）会车；

（14）超车；

（15）掉头；

（16）夜间行驶。

大型客车、中型客车考试里程不少于 20 公里，其中白天考试里程不少于 10 公里，夜间考试里程不少于 5 公里。牵引车、城市公交车、大型货车考试里程不少于 10 公里，其中白天考试里程不少于 5 公里，夜间考试里程不少于 3 公里。小型汽车、小型自动挡汽车、低速载货汽车、残疾人专用小型自动挡载客汽车考试里程不少于 3 公里，在白天考试时，应当进行模拟夜间灯光考试。

对大型客车、牵引车、城市公交车、中型客车、大型货车，省级公安机关交通管理部门应当根据实际增加山区、隧道、陡坡等复杂道路驾驶考试内容。对其他汽车准驾车型，省级公安机关交通管理部门可以根据实际增加考试内容。

省级公安机关交通管理部门可以根据各地实际，增加汽车准驾车型的考试项目，确定其他准驾车型的考试项目。

2. 科目三安全文明驾驶常识考试。安全文明驾驶常识考试内容如下：

（1）安全行车常识；

（2）文明行车常识；

（3）道路交通信号在交通场景中的综合应用；

（4）恶劣气象和复杂道路条件下安全驾驶知识；

（5）紧急情况下避险常识；

（6）典型事故案例分析；

（7）交通事故救护及常见危险化学品处置常识；

（8）地方试题。

题型为判断题、单项选择题、多项选择题。数量为 50 道试题。

试题内容比例见表 4－4。

表 4－4　安全文明驾驶常识考试试题内容比例

试题内容	组卷比例
安全行车常识	20%
文明行车常识	18%
道路交通信号在交通场景中的综合应用	8%
恶劣气象和复杂道路条件下安全驾驶知识	16%

续表

试题内容	组卷比例
紧急情况下避险常识	12%
典型事故案例分析	6%
交通事故救护及常见危险化学品处置常识	10%
地方试题	10%
合计	100%

3. 考试方法。科目三考试应当按照报考的准驾车型，选定对应考试场地和考试车辆，在考试员的同车监督下，由申请人按照考试员的考试指令完成场内道路和实际道路的驾驶操作。

4. 考试车辆要求。科目三考试车辆要求与科目二相同，但科目三考试用车应当悬挂明显的考试车标志，安装供考试员使用的副刹车装置和后视镜装置。

5. 考试道路条件。大型客车、牵引车、城市公交车、中型客车、大型货车、小型汽车、小型自动挡汽车、低速载货汽车准驾车型的考试道路应当符合下列条件：

（1）用于通行社会车辆的混合交通道路，汽车单向流量每小时不少于60 辆；

（2）考试路段起点和终点应当设置明显的标志，每公里设置里程标志；

（3）应当具有平面交叉路口、交通信号灯以及人行横道、注意行人、注意儿童、减速让行、停车让行等标志、标线；

（4）其他准驾车型的科目三考试可以在场地道路上进行。

省级公安机关交通管理部门可以根据本地实际，确定山区、涵洞、隧道等特点的科目三考试道路条件。

6. 合格标准。科目三考试按照不同准驾车型设定不合格、减 20 分、减10 分、减 5 分的评判标准。科目三道路驾驶技能和安全文明驾驶常识考试满分分别为 100 分，成绩分别达到 90 分的为合格。考试时间为 45 分钟。

根据新的《机动车驾驶人考试内容与方法》（GA1026－2017）的规定，虽然考试内容没变，但是，科目三道路驾驶技能考试同样有多项操作增加了时间限制，以及部分评判标准的调整。比如，绿灯亮起后的车辆起步，原本并无时间限制，但新标准明确规定“前方无其他车辆、行人等影响通行时，10 秒内未完成起步的”直接评判为不合格。

对于起步、转向、变更车道、超车、靠边停车操作，此前的标准要求必须打转向灯，没有打转向灯的扣 10 分。但在新的标准中，此项要求更为严格，不打转向灯的直接不合格；打了转向灯但时间未满 3 秒就转向的直接不合格；路口不礼让行人的直接不合格。

科目三“起步”项目中，规定“起步前，未观察内、外后视镜，回头观察后方交通情况的”，直接不合格；变更车道时，控制行驶速度不合理，妨碍其他车辆正常行驶的，不合格；停车后，车身距离道路右侧边缘线或者人行道边缘超出 50 厘米的，不合格。

除此之外，新的考试标准也更加注重驾驶人的安全文明意识。比如，科目三考试就明确遇后车发出超车信号不按规定让行的直接不合格。

在通过斑马线和直行通过路口、路口左转弯、路口右转弯项目中，明确不按规定主动避让优先通行的车辆、行人、非机动车的，不合格。

二、考试和评判组织

公安部 2016 年 3 月 21 日颁发的《机动车驾驶人考试工作规范》中第三章“考试组织和评判”规定：

第十五条　车辆管理所应当按照规定组织实施考试工作，严格执行考试内容和评判标准，并自觉接受社会监督。

第十六条　车辆管理所应当实行考场开放，公布考场布局、考试路线、考试流程，允许考生在考试前免费进入考场熟悉考试环境。

第十七条　科目一考试和科目三安全文明驾驶常识考试应当在考试员监督下，由考生使用全国统一的计算机考试系统完成考试。

报考摩托车准驾车型的，可以使用由计算机考试系统生成的纸质试卷进行考试。

第十八条　科目二考试应当按照报考的准驾车型，选定对应的考场和考试车辆，在考试员监督下，由考生按照规定的考试路线、操作规范和考试指令，驾驶考试车辆连续完成考试。

对申请大型客车、牵引车、城市公交车、中型客车、大型货车、小型汽车、小型自动挡汽车、残疾人专用小型自动挡载客汽车准驾车型科目二考试的，应当使用场地驾驶技能考试系统进行评判。

对申请大型客车、牵引车、城市公交车、中型客车、大型货车准驾车型科目二考试的，考试不合格当场补考时，未扣分的已考试项目不再补考。补考仍未合格的，重新预约考试，参加所有项目考试。

第十九条　科目三道路驾驶技能考试应当按照报考的准驾车型，选定对应考试车辆，在考试员的同车监督下，由考生在随机抽取的考试路线上，按照考试指令完成考试。

对申请大型客车、牵引车、城市公交车、中型客车、大型货车准驾车型科目三道路驾驶技能考试的，夜间考试不合格当场补考时，白天考试成绩保留。补考仍未合格的，重新预约考试，参加白天考试和夜间考试。

夜间考试应当在路灯开启的时间段内进行。进行夜间考试时，考试员和考生应当穿反光背心，考试车辆应当开启车辆灯箱。

科目三道路驾驶技能考试使用计算机考试系统的，应当采取人工随车和计算机考试系统相结合的方式进行评判。

第二十条　驾驶技能考试期间，除参加考试的考生和考试员外，其他人员不得乘坐考试车辆。

第二十一条　报考摩托车准驾车型考试的，科目一和科目三安全文明驾驶常识考试可以合并进行，科目二和科目三道路驾驶技能考试可以合并进行。

第二十二条　车辆管理所应当在考试前24小时内，使用全国统一的计算机管理系统，随机选配考试员到不同的考场承担各科目考试任务。

车辆管理所应当在考试开始前，当场随机安排考生分组，随机选取考试路线和考试车辆。科目三道路驾驶技能考试前，还应当根据不同的考试路线和考试车辆随机选配考试员。

第二十三条　考试员在每场考试开始前，应当将个人通讯工具上交、统一保存。

第二十四条　机动车驾驶人考试业务的流程和具体事项为：

（一）考试员组织核对考生身份，组织考生有序进入候考、考试区域。

（二）考试员自我介绍，组织讲解考试的流程、纪律、安全事项等要求。

（三）按照相关标准要求进行考试和评判。考试不合格的考生，可以当场补考一次。

（四）制作或者填写考试成绩表，当场公布考试成绩，由考试员和考生共同在考试成绩表上签名，对考试不合格的，应当场告知原因。对考生拒绝签字的，考试员应当在考试成绩表注明。考生对考试结果有异议的，考试员应当立即报告业务领导处理，允许考生在考试结束后三日内查询本人的考试音视频资料。

（五）各科目考试结束后，考试成绩自动上传或者录入计算机管理系统，考试成绩表移交受理岗。受理岗检查整理考试音视频监控资料，并按规定保存。对于异地考试的，由考试地车辆管理所在考试合格后三日内，以挂号邮件、特快专递、内部传送等形式，将考试成绩表转递给机动车驾驶证申请地车辆管理所。

第二十五条　考试期间，考试员应当维护考试秩序，禁止与考试无关的人员与车辆进入封闭的考试区域；对考试秩序混乱的，应当报业务领导批准后，中止考试业务。

考试员在考试过程中发现考生考试作弊的，应当中止考试，收集、固定物证、视频资料等相关证据，制作询问笔录。经审核确认的，取消作弊考生的考试资格，已经通过考试的其他科目成绩无效。作弊的考生在 1 年内不得再次申领机动车驾驶证，构成犯罪的，依法追究刑事责任。

第二十六条　对考试系统故障等原因出现误判的，考试员应当在当日内通过考试监管系统报业务领导批准后，保存误判的考试过程音视频资料，安排考生重新参加考试。

对考生故意调整、遮挡监控设备造成成绩表打印的照片不清晰、不完整或者无照片的，核实后应当按作弊处理。

第二十七条　车辆管理所应当设立考试档案室，负责考试过程档案保管和调用。考试档案应当实行车辆管理所内部转递和保管，不得交由其他社会单位、组织或者个人代为转递和保管。

第二十八条　推行考试过程档案电子化，允许考试过程中的档案采用电子形式转递，所有科目考试结束后，考试成绩表等档案资料应当全部打印，交由考生和考试员签字确认。

实行电子签名的，应当符合国家有关法律规定。

第二十九条　各科目的考试工作由考试岗负责，考试岗由考试员担任。

三、考试员

（一）拓宽考试员选用渠道

根据《申领和使用规定》的规定，从事考试工作的人员，应当持有省级公安机关交通管理部门颁发的资格证书。公安机关交通管理部门应当在车辆管理所公安民警中选拔足够数量的专职考试员，可以在公安机关交通管理部门公安民警、文职人员中配置兼职考试员。可以聘用运输企业驾驶人、警风警纪监督员等人员承担考试辅助评判和监督职责。

（二）规范考试员职责

考试员应当认真履行考试职责，严格按照规定考试，接受社会监督。在考试前应当自我介绍，讲解考试要求，核实申请人身份；考试中应当严格执行考试程序，按照考试项目和考试标准评定考试成绩；考试后应当当场公布考试成绩，讲评考试不合格原因。

每个科目的考试成绩单应当有申请人和考试员的签名。未签名的不得核发机动车驾驶证。

考试员应当严格遵守考试工作纪律，不得为不符合机动车驾驶许可条件、未经考试、考试不合格人员签注合格考试成绩，不得减少考试项目、降低评判标准或者参与、协助、纵容考试作弊，不得参与或者变相参与驾驶培训机构经营活动，不得收取驾驶培训机构、教练员、申请人的财物。

（三）引导使用社会考场

对考场布局、数量不能适应考试需要的，应当通过政府购买服务等方式使用社会考场，选用社会考场应按公平竞争、择优选定的原则依法确定。直辖市、设区的市或者相当于同级的公安机关交通管理部门应当根据本地考试需求建设考场，配备足够数量的考试车辆。对考场布局、数量不能满足本地考试需求的，应当采取政府购买服务等方式使用社会考场，并按照公平竞争、择优选定的原则，依法通过公开招标等程序确定。

根据公安部2016年3月21日颁发的《机动车驾驶人考试工作规范》第四章“考试员”的规定：

第三十条　考试员应当具备相应的知识和技能，经培训考试合格并取得考试员资格证书，由公安机关交通管理部门授权从事机动车驾驶人考试工作。

第三十一条　省级公安机关交通管理部门负责对本省（自治区、直辖市）范围内考试员的培训、考试和考试员资格证书的核发。省级公安机关交通管理部门应当结合本地实际，细化考试员资格管理规定，明确考试员培训考试、日常管理等要求。

第三十二条　考试员分为专职考试员、兼职考试员。公安机关交通管理部门应当在车辆管理所公安民警中选拔专职考试员。在公安机关交通管理部门民警和文职人员中选拔兼职考试员。专职、兼职考试员数量应当满足考试工作需求。

专职考试员承担考试任务量的比例应当达到50%以上，兼职考试员承担考试任务量的比例应当达到20%以上。

第三十三条　专职考试员和兼职考试员可以承担全部准驾车型的科目一、科目二、科目三安全文明驾驶常识考试工作，可以承担与其机动车驾驶证准驾车型相对应车型的科目三道路驾驶技能考试工作。但兼职考试员只能承担小型汽车及以下准驾车型科目三道路驾驶技能考试工作。

残疾人专用小型自动挡载客汽车准驾车型科目三道路驾驶技能考试工作，应当由持有小型汽车及以上准驾车型机动车驾驶证的专职考试员或者兼职考试员承担；轮式自行机械车准驾车型科目三道路驾驶技能考试工作，应当由持有大型货车及以上准驾车型机动车驾驶证的专职考试员承担；有轨电车、无轨电车准驾车型科目三道路驾驶技能考试工作，应当由持有大型客车准驾车型机动车驾驶证的专职考试员承担。

第三十四条 考试员应当具备以下条件：

（一）具有良好的道德品质和职业素养；

（二）持有机动车驾驶证三年以上，没有发生致人死亡或者重伤的交通事故责任记录，最近三个记分周期内无满分记录；

（三）身心健康，无传染性疾病，无癫痫病、精神病等可能危及行车安全的疾病病史，无酗酒行为记录；

（四）具有大专以上学历；

（五）熟练掌握道路交通安全法律、法规、规章及相关知识，以及考试标准和考试方法，具备考试评判能力；

（六）具备计算机常识并熟练掌握操作技能；

（七）具有良好的语言表达和沟通能力；

（八）没有因违规行为被取消考试员资格的记录；

（九）具备省级公安机关交通管理部门规定的其他条件。

第三十五条 拟选拔为考试员的人员应当参加不少于40小时的培训，进行专业技能考试。培训和考试内容包括道路安全法律、法规、规章和相关知识、廉政警示教育、计算机评判系统操作、驾驶技能、考试评判能力。考试合格的，核发考试员资格证书。

第三十六条 考试员资格证书有效期为三年，由省级公安机关交通管理部门统一印制。

考试员资格证书应当记载考试员姓名、有效期起止日期、发证机关、科目三道路驾驶技能考试准考车型等信息，并粘贴考试员照片。

第三十七条 取得资格证书的考试员，应当每年参加不少于16小时的业务知识培训和廉政警示教育，并进行考核。

第三十八条 考试员不符合本规范第三十四条规定的条件、未按期参加培训或者考核不合格的，设区的市或者相当于同级的公安机关交通管理部门应当上报省级公安机关交通管理部门，取消考试员资格，调整岗位。

第三十九条 各级公安机关交通管理部门应当建立考试员日常培训教育制度。

省级公安机关交通管理部门应当制定统一的考试员培训教育管理规定，编写培训教材，制定培训计划，指导地市级公安机关交通管理部门建立集中培训和日常培训相结合的教育训练机制。

设区的市或者相当于同级的公安机关交通管理部门、县级公安机关交通管理部门应当每月组织一次廉政教育、业务知识、实战技能集中培训，每周进行考试工作总结、点评。

第四十条　公安机关交通管理部门应当建立专职考试员轮岗交流制度，对连续承担考试工作超过三年的，可以根据考核及工作情况与其他岗位交流。

第四十一条　公安机关交通管理部门可以在运输企业驾驶人、警风警纪监督员、社会志愿者等群体中聘用社会辅助考试人员，并负责管理和支付薪酬。

社会辅助考试人员在专职考试员的监督管理下，可以承担考生身份验证、考试引导、考场巡查、远程监控等考试组织监督工作，以及小型汽车、小型自动挡汽车、残疾人专用小型自动挡载客汽车科目三道路驾驶技能考试辅助评判工作。

驾培机构教练员不得担任社会辅助考试人员。

第四十二条　公安机关交通管理部门聘用社会辅助考试人员所需经费，应当商当地财政部门由财政予以保障。

四、考场和设施

《机动车驾驶人考试工作规范》第五章“考场和设施”规定：

第四十三条　省级公安机关交通管理部门应当结合本地实际，细化考场管理规定，明确考场验收、使用和监督管理等要求。

直辖市、设区的市或者相当于同级的公安机关交通管理部门负责本行政辖区范围内考场的使用、管理、监督等工作。

第四十四条　直辖市、设区的市或者相当于同级的公安机关交通管理部门负责组织对本地考试供给能力进行评估测算，提出考场建设需求，按照方便群众、合理布局的原则布建考场。

考场的布局、数量应当满足本地机动车驾驶人考试需求。对存在考场资源缺口的，有序引导社会力量投资建设考场，推行以政府购买服务的方式依法选用社会考场。

鼓励有条件的地方积极推进县级考场建设，方便群众就近考试。

第四十五条　公安机关交通管理部门应当根据本地考场资源缺口的实际情况，及时提出购买社会考场服务需求，按照《国务院办公厅关于政府向社会力量购买服务的指导意见》等相关规定，购买社会考场服务。

公安机关交通管理部门应当协调财政等部门，将社会考场纳入本地政府购买服务目录，落实财政预算资金保障。

公安机关交通管理部门应当及时向社会公告购买社会考场服务需求，以及社会考场服务主体的资质和具体条件。按照公平竞争、公开择优的原则，依法采用公开招标等方式确定承接社会考场服务主体。

公安机关交通管理部门应当与承接社会考场服务主体签订合同，明确双方的权利义务和违约责任等事项，建立考场管理、评价考核和惩戒退出等制度。公安机关交通管理部门应当督促其严格履行合同，及时组织对考场检查验收，按规定开展考试工作。

公安机关交通管理部门不得无偿使用社会考场，不得参与社会考场经营活动。

第四十六条 考场应当符合以下要求：

（一）具有法人资格；

（二）法人拥有考场建设用地的所有权或者使用权，并符合国家相关法律规定；

（三）考试场地建设、路段设置、车辆配备、设施设备、考试系统以及考试项目、评判要求应当符合相关标准的规定；

（四）建立场地、车辆、设施日常检查，考试系统日常维护，考试工作台账记录管理，考试异常情况处置等完备的考场运行管理制度；

（五）配备保障考场规范运行的管理人员和工作人员。

第四十七条 设区的市或者相当于同级的公安机关交通管理部门向省级公安机关交通管理部门提出考场使用验收申请，并提交符合相关标准规定的文件资料。由省级公安机关交通管理部门按照相关标准和本规范第四十六条的要求组织验收。验收合格并出具验收合格报告的，方能用于考试。

省级公安机关交通管理部门可以委托设区的市或者相当于同级的公安机关交通管理部门，验收科目一和科目三安全文明驾驶常识考场，及低速载货汽车、三轮汽车、摩托车全部科目考场。

公安部交通管理局对省级公安机关交通管理部门开展考场验收工作进行监督检查。

第四十八条 考场有关系统应当接入全国统一的机动车驾驶人考试监管系统，接受公安机关交通管理部门监督管理。

直辖市、设区的市或者相当于同级的公安机关交通管理部门应当统一管理考场、考试设施和考试系统，使用符合标准的考试评判和监管系统，不得交由公安机关交通管理部门以外的任何单位和个人管理。

考试系统密码、设置考试业务权限、维护系统参数应当由监督岗的专职考试员负责。

第四十九条 考试前，考试员应当组织监督考场工作人员对考试场地、考试车辆、考试系统、音视频监控系统等设施设备进行检查测试，清除与考试无关物品、标记，确保考场及其设施符合标准规定。与考试无关的人员不得进入考场。

考试过程中，考试员应当组织监督考场工作人员加强考场巡查，维护考场秩序，在考场入口处设置“正在考试”的公告标识，在群众休息和候考场所实时播放考试视频，接受社会监督。

考试结束后，考试员应当组织监督考场工作人员记录当日考场检查测试、运行管理、异常业务处置等信息，建立工作台账，并断开考试专用网络联接。

第五十条　科目一、科目二和科目三安全文明驾驶常识考场实行封闭式管理。

科目三道路驾驶技能考试路线应当满足交通流量、考试项目和里程等要求，设置考试路线标志和考试项目的标志、标线。

第五十一条　任何单位和个人不得强制要求考生进考场训练并收取训练费、服务费等费用。不进行考试时，考试车辆和考试系统不得用于驾驶训练。

公安机关交通管理部门应当严格按照规定收取驾驶许可考试费，严格执行财政、价格主管部门核定的考试收费项目和收费标准，不得附加收取其他任何费用，不得为其他部门、企事业单位收费把关。

第五十二条　考场办事大厅、候考区应当公布考试项目、评判标准、收费标准、考试员和工作人员姓名、照片、举报投诉电话等内容，实行低柜台服务，设置群众等候休息区、书表区和交通安全宣传区，配置数量足够的休息座椅，提供饮水机、公用电话、公布公交线路等便民服务措施，配备用于播放交通安全宣传片的设备。

第五十三条　考试车辆类型和数量应当满足考试工作需要。考试车辆应当依法注册登记，必要时可以购买商业第三者责任等保险。

第五十四条　考试车辆应当按照相关标准要求安装副制动装置、辅助后视镜和音视频监控系统。用于大型客车、牵引车、城市公交车、中型客车、大型货车、小型汽车、小型自动挡汽车、残疾人专用小型自动挡载客汽车科目三道路驾驶技能考试的车辆，应当安装卫星定位系统。

考试车辆应当设置考试用车标志，进行夜间考试的车辆，还应当安装考试车辆灯箱、粘贴车身反光标识。考试用车标志式样由省级公安机关交通管理部门统一规定。

第五十五条　公安机关交通管理部门应当建立健全考场管理服务监督和评价机制，定期对考试场地、考试车辆、考试设施和考试系统组织检查，定期对考场管理服务水平、考生满意度等方面进行考核评价，并向社会公布监督评价结果。

第五十六条 公安机关交通管理部门应当按照依法、公开、公正的原则，对考场实行验收、监管和评价，不得向考场收取验收、评价等费用。

五、考试监督和责任追究

根据《机动车驾驶证申领和使用规定》，考试监督管理主要有以下内容：

1. 考务公开。第四十九条规定，车辆管理所应当在办事大厅、候考场所和互联网公开各考场的考试能力、预约计划、预约人数和约考结果等情况，公布考场布局、考试路线和流程。考试预约计划应当至少在考试前十日在互联网上公开。

车辆管理所应当在候考场所、办事大厅向群众直播考试视频，考生可以在考试结束后三日内查询自己的考试视频资料。

2. 考试过程监督。第五十条第一款规定，车辆管理所应当对考试过程进行全程录音、录像，并实时监控考试过程，没有使用录音、录像设备的，不得组织考试。严肃考试纪律，规范考场秩序，对考场秩序混乱的，应当中止考试。考试过程中，考试员应当使用执法记录仪记录监考过程。

3. 音频资料存档供查。第五十条第二款规定，车辆管理所应当建立音视频信息档案，存储录音、录像设备和执法记录仪记录的音像资料。建立考试质量抽查制度，每日抽查音视频信息档案，发现存在违反考试纪律、考场秩序混乱以及音视频信息缺失或者不完整的，应当进行调查处理。

4. 上级部门抽查制度。第五十条第三款规定，省级公安机关交通管理部门应当定期抽查音视频信息档案，及时通报、纠正、查处发现的问题。

5. 核定考场、考试员的考试量。第五十一条规定，车辆管理所应当根据考试场地、考试设备、考试车辆、考试员数量等实际情况，核定每个考场、每个考试员每日最大考试量。

车辆管理所应当对驾驶培训机构教练员、教练车、训练场地等情况进行备案。

6. 建立考试监管系统。第五十二条规定，车辆管理所应当每周通过计算机系统对机动车驾驶人考试和机动车驾驶证业务办理情况进行监控、分析。省级公安机关交通管理部门应当建立全省（自治区、直辖市）机动车驾驶人考试监管系统，每月对机动车驾驶人考试、机动车驾驶证业务办理情况进行监控、分析，及时查处、通报发现的问题。

车辆管理所存在为未经考试或者考试不合格人员核发机动车驾驶证等严重违规办理机动车驾驶证业务情形的，上级公安机关交通管理部门可以暂停该车辆管理所办理相关业务或者指派其他车辆管理所人员接管业务。

7. 相关信息公布、排名制度。第五十三条规定，直辖市、设区的市或者相当于同级的公安机关交通管理部门应当每月向社会公布车辆管理所考试员考试质量情况、三年内驾龄驾驶人交通违法率和交通肇事率等信息。

直辖市、设区的市或者相当于同级的公安机关交通管理部门应当每月向社会公布辖区内驾驶培训机构的考试合格率、三年内驾龄驾驶人交通违法率和交通肇事率等信息，按照考试合格率对驾驶培训机构培训质量公开排名，并通报培训主管部门。

8. 责任倒查结果公布制度。第五十四条第一款、第二款规定，对三年内驾龄驾驶人发生一次死亡 3 人以上交通事故且负主要以上责任的，省级公安机关交通管理部门应当倒查车辆管理所考试、发证情况，向社会公布倒查结果。对三年内驾龄驾驶人发生一次死亡 1 至 2 人的交通事故且负主要以上责任的，直辖市、设区的市或者相当于同级的公安机关交通管理部门应当组织责任倒查。

直辖市、设区的市或者相当于同级的公安机关交通管理部门发现驾驶培训机构及其教练员存在缩短培训学时、减少培训项目以及贿赂考试员、以承诺考试合格等名义向学员索取财物、参与违规办理驾驶证或者考试舞弊行为的，应当通报培训主管部门，并向社会公布。

9. 违规考试责任追究制度。第五十四条第三款规定，公安机关交通管理部门发现考场、考试设备生产销售企业存在组织或者参与考试舞弊、伪造或者篡改考试系统数据的，不得继续使用该考场或者采购该企业考试设备；构成犯罪的，依法追究刑事责任。

根据《机动车驾驶人考试工作规范》第六章“考试监督和责任追究”的规定：

第五十七条　公安机关交通管理部门应当建立机动车驾驶人考试工作监管机制，监督岗通过远程监控、日常检查、抽查档案、电话回访等方式，加强对机动车驾驶人考试工作的监督管理。

第五十八条　省级、设区的市或者相当于同级的公安机关交通管理部门应当建立驾驶人考试监管平台，通过远程音视频监控，对考场秩序、考试过程、考试评判等进行巡查监控和事后倒查。

考试过程音视频资料的采集和保存要求应当符合相关标准的规定，保存期限不得少于三年。

第五十九条　车辆管理所应当对考场不定期组织抽查，通过定期巡查和技术检测等手段，对考试车辆、考试项目、考试路线、标志标线，以及考试系统参数、权限设置、评判标准、数据存储等进行监督检查。

第六十条 考试员应当在考试期间使用执法记录仪。考试结束后，应当按规定当日上传执法记录仪记录信息，检查考试过程音视频监控资料是否完整有效。

第六十一条 车辆管理所应当建立考试质量和考试纪律抽查制度，每日抽查不少于百分之五的当天音视频电子信息档案和执法记录仪信息档案，发现存在违反考试纪律、考场秩序混乱以及视频、音频信息缺失或者不完整的，应当进行调查处理。

第六十二条 车辆管理所应当建立举报投诉查处制度，方便群众通过信函、电话、网络等方式对考试违规问题进行举报投诉，及时对举报内容进行查处，并向举报人反馈查处情况。

车辆管理所应当每周汇总互联网交通安全综合服务管理平台上考生对考试工作的评价反馈、举报投诉，落实专人跟踪核查，督办整改。

第六十三条 车辆管理所存在以下情形之一的，上级公安机关交通管理部门应当暂停其办理考试业务；情节严重的，可以指派其他车辆管理所人员接管考试业务：

（一）为未经考试、考试不合格人员核发机动车驾驶证的；

（二）组织、纵容、放任考试舞弊行为的；

（三）违规修改考试系统参数、考试成绩或者调整考试设施的；

（四）考试工作组织管理秩序混乱且拒不整改的；

（五）不按规定应用考试监管系统、落实考试监管要求的；

（六）在考试、核发驾驶证工作中，发生其他严重违规违纪问题的。

第六十四条 考试员具有下列情形之一的，应当暂停考试员资格，组织不少于24小时的岗位培训，经考试合格的，恢复考试员资格：

（一）未正确履行职责，影响考试工作正常开展的；

（二）业务知识抽查考试不合格的；

（三）在工作考评中被评为不合格的；

（四）未按规定时限上传音视频电子信息档案和执法记录仪信息档案的；

（五）因与考试员身份不相符的不当行为被投诉并经查实的。

第六十五条 考试员具有下列情形之一的，应当取消考试员资格，并按照有关规定给予纪律处分，终身不得参与驾驶考试工作；构成犯罪的，依法追究刑事责任：

（一）为未经考试、考试不合格人员直接签注考试合格成绩的；

（二）组织参与、协助、纵容考试舞弊的；

（三）减少考试项目、降低评判标准的；

（四）篡改、伪造考试数据或者违规调整考试设施影响考试结果的；

（五）故意删除、伪造、变造考试过程音视频资料的；

（六）收受企业和个人的现金、有价证券、支付凭证、干股、礼品的；

（七）本人及近亲属参与驾驶培训机构、社会考场经营、管理或者在驾驶培训机构、社会考场领取薪酬的。

第六十六条　考场有以下情形之一的，暂停考试业务，责令整改；经整改仍不符合要求或者再次发生违规情形的，取消考场资格，属于社会考场的，依法解除购买服务合同：

（一）考场工作人员参与考试作弊的；

（二）考场管理不到位，考试秩序混乱的；

（三）违规调整考试设施，考试场地或者考试车辆存在作弊标记的；

（四）考试设施损坏维修不及时、考试车辆维护不及时，影响正常考试的；

（五）考试系统和考试车辆用于驾驶训练的；

（六）设立强制性消费项目的；

（七）以承诺考试合格等名义进行虚假宣传，对考试工作造成不良影响的；

（八）经公安机关交通管理部门组织检查不合格的。

第六十七条　考场有以下情形之一的，取消考场资格，追究相关人员责任；构成犯罪的，依法追究刑事责任：

（一）组织、纵容考试作弊的；

（二）违规进入考试系统，篡改、伪造考试数据的；

（三）强制要求考生进考场训练并收取训练费的；

（四）以欺骗、敲诈等方式向学员索取财物的；

（五）有隐瞒情况、提供虚假材料或者以欺骗、贿赂等不正当手段申请设立考场的。

属于社会考场的，依法解除购买服务合同，并向财政部门通报，考场所属的法人、企业等单位及其法定代表人、企业负责人等不得再次参与考场政府购买服务。

第六十八条　考试设备供货厂商提供不符合标准的计算机考试设备、计算机考试系统，或者修改计算机考试系统参数，影响考试结果的，公安机关交通管理部门不得继续使用或者采购涉事厂商考试设备、计算机考试系统。

省级公安机关交通管理部门取消涉事厂商在本省（自治区、直辖市）范围内考试设备、计算机考试系统供货资格，并向公安部交通管理局报告，构成犯罪的，依法追究刑事责任。

第六十九条　车辆管理所应当每月向社会公布下列信息：

（一）各科目的考试人次、合格率，三年内驾龄驾驶人交通违法率和交通肇事率等信息；

（二）对三年内驾龄驾驶人发生一次死亡 3 人以上交通事故且负主要以上责任的倒查结果；

（三）辖区内驾驶培训机构的考试合格率、按照考试合格率等确定的培训质量排名，三年内驾龄驾驶人交通违法率和交通肇事率等信息；

（四）驾驶培训机构及其教练员贿赂考试员、以承诺考试合格等名义向学员索取财物、参与违规办理驾驶证或者考试舞弊等行为。

车辆管理所还应当将前款第（三）、（四）项信息通报驾驶培训行业主管部门。

六、驾驶证核发

初次申请机动车驾驶证或者申请增加准驾车型的，申请人考试科目一、科目二和科目三合格后，公安车辆管理机关核发机动车驾驶证。

（一）审核

驾驶证核发时必须对申请人申请的事项进行严格审核，审核的主要内容有以下几个方面。

1. 审核申请条件及申请手续。审核其申请的条件是否具备，各项申请手续是否齐全，并符合要求。

2. 审核考试记录及原驾驶证。

（1）审核申请者是否已通过规定科目的考试，主要审核考单的成绩记录（免考者除外）。

（2）对持军队、武装警察部队驾驶证的现役军人，以及持有外国或我国香港、澳门、台湾地区驾驶证或国际驾驶证的人员，要审核其原驾驶证是否有效，并收存其原驾驶证件影印件。

以上各项经审查合格后，制作驾驶证。

（二）证件记载和签注

应当使用机动车驾驶证计算机管理系统记载和签注机动车驾驶证，不使用计算机管理系统核发、打印的机动车驾驶证无效。

在民族自治区，驾驶证的姓名栏可根据有关规定使用本民族文字和汉字填写，其他栏目均用汉字填写。

1. 记载内容。机动车驾驶证应记载机动车驾驶人的以下相关信息：

（1）机动车驾驶证证号。按照申请人身份证明号码签注。身份证明是指居民的身份证明，即《居民身份证》；在暂住地居住的居民的身份证明，是《居民身份证》和公安机关核发的居住、暂住证明；现役军人（含武警）的身份证明，是《居民身份证》；境外人员的身份证明，是其入境的身份证明和居留证明；外国驻华使馆、领馆人员及国际组织驻华代表机构人员的身份证明，是外交部核发的有效身份证件。

（2）申请人姓名、性别、国籍、住址、出生日期。按照申请人身份证明记录的内容签注。其中，“国籍”栏填写我国通常使用的国名。香港、澳门和台湾地区应分别填写“中国香港”“中国澳门”和“中国台湾”字样。属境外的，“住址”栏填写居留证件上的住址。

（3）照片。为持证者本人近期免冠、正面半身相片（校正视力者须戴眼镜），其规格为 32mm × 22mm（1 英寸相片），人头部约占相片长度的三分之二。

2. 签注内容。

（1）初次领证日期。初次领证日期为第一次所领取驾驶证的制证日期。对特殊情况的初次领证日期签注规定如下。

补证、换证（包括增驾）的初次领证的日期按原驾驶证的日期签注。例如，持军队、武装警察部队驾驶证的人员转业后，换领地方民用驾驶证时，其初次领证日期应填写领取军队、武装警察部队驾驶证的日期。

持涉外驾驶证人员换领我国驾驶证的，初次领证日期按照境外机动车驾驶证记载的初次领证日期签注。境外机动车驾驶证没有记载的，按《机动车驾驶证申请表》签注。不满 18 岁领取境外机动车驾驶证的，按照申请人 18 岁的生日签注。

因吊（注）销后，重新申请领取驾驶证的，初次领证日期应填重新领取驾驶证的日期。

（2）准驾车型代号。准驾车型按照 A1、A2、A3、B1、B2、C1、C2、C3、C4、C5、D、E、F、M、N、P 的顺序，在机动车驾驶证相应栏内自左向右排列签注，并符合下列要求：

签注 A1 的同时，不再签注 A3、B1、B2、C1、C2、C3、C4、C5、M。

签注 A2 的同时，不再签注 B1、B2、C1、C2、C3、C4、C5、M。

签注 A3 的同时，不再签注 C1、C2、C3、C4、C5。

签注 B1 的同时，不再签注 C1、C2、C3、C4、C5、M。

签注 B2 的同时，不再签注 C1、C2、C3、C4、C5、M。

签注 C1 的同时，不再签注 C2、C3、C4、C5。

签注 C3 的同时，不再签注 C4、C5。

签注 D 的同时，不再签注 C5、E、F。

签注 E 的同时，不再签注 C5、F。

（3）有效期起始日期。按照初次领证日期签注增驾的，有效期起始日期按原机动车驾驶证签注换证的，按照原机动车驾驶证有效期起始日期签注，但属于有效期满换证的，按照换发机动车驾驶证的年份签注年份，按照初次领证日期的月、日签注月、日。

（4）有效期限。机动车驾驶证有效期限：签注六年。

增驾的，有效期限按原机动车驾驶证签注。

换证的，按照原机动车驾驶证有效期限签注，但属于有效期满换证的，按照累积记分查询结果确定，即机动车驾驶人在机动车驾驶证的 6 年有效期内，每个记分周期均未达到 12 分的，签注 10 年；在机动车驾驶证的 10 年有效期内，每个记分周期均未达到 12 分的，签注长期。

（5）车辆管理所印章规格和式样。

①印章为正方形、红色，规格为 20mm × 20mm。印章使用的汉字为国务院公布的简化字，字体为宋体。

②车管所的行政印章规格与式样：

规格为不得大于同级公安交通管理部门行政印章；

字体为宋体。

内容：①××省（自治区、直辖市）公安厅（局）交通警察总队（交通管理局）车辆管理所；②××省（自治区、直辖市）××市（地、州、盟、县级市）公安局交通警察支队（交通管理局、大队）车辆管理所。

③业务专用章规格与式样：用于出具退办凭证、机动车驾驶证档案查询证明，密封机动车驾驶证档案以及确认机动车驾驶证档案资料的内容等业务的专用章。规格为直径 4.2 厘米的圆形；字体为宋体。

内容：①××省（自治区、直辖市）公安厅（局）交通警察总队（交通管理局）车辆管理所业务专用章；②××省（自治区、直辖市）××市（地、州、盟、县级市）公安局交通警察支队（交通管理局、大队）车辆管理所业务专用章。

刻制多枚业务专用章时，可在印章中增加编号。编号用括号中的阿拉伯数字表示，位置在“业务专用章”文字下方正中。

式样一

式样二

③证件印章规格与式样：规格为2CM×2CM的方形；字体为宋体。

内容：××市公安局交通警察总队（交通管理局）；××省（自治区、直辖市）××市（地、州、盟、县级市）公安局交通警察支队（交通管理局、大队）。

式样一

××市公
安局交通
警察总队

式样二

××省××
市公安局交
通警察支队

④车辆管理所业务手续专用名章：规格为3CM×0.7CM；字体为宋体；内容为CGS××。其中，CGS为车辆管理所（简称车管所）缩写字母，×××为车辆管理所经办人姓名。

CGSXXX

（6）档案编号。驾驶证证件的档案编号由三部分组成。号码的前两位数为现籍车辆管理部门所在的省、自治区、直辖市代码（见GB2260—86），随后两位数是现籍车辆管理部门所在的地、市、州、盟代码，后八位数为顺序号，由发证机关自行编号。

（三）核发机动车驾驶证

收存下列有关证明后，核发机动车驾驶证。

（1）对初次申领或申请增加准驾车型的，考核合格领取驾驶证时，收存《学习驾驶证明》。

（2）申请增加准驾车型的，收存原机动车驾驶证。

（3）对持军队、武警部队驾驶证的现役军人，以及持有外国或我国香港、澳门、台湾地区驾驶证或国际驾驶证的人员，收存其原驾驶证件影印件。

（4）对持军队、武警部队驾驶证的复员、退伍、转业军人，同时收存其所持军队、武警部队机动车驾驶证和复员、退伍、转业证明复印件。

第四节　驾驶证考试预约

一、概述

2016 年，公安部构建面向公众的互联网交通安全综合服务管理平台，这是《机动车驾驶证申领和使用规定》施行以来一个最大的改动措施。公安部要求各级公安机关交通管理部门应当创新管理模式，积极推进互联网平台的建设和应用，通过网页、短信、手机 APP、语音等方式，统一向社会公众提供交通安全综合服务。各级公安机关交通管理部门应当建设互联网平台软硬件环境，建立健全互联网平台运行和使用规章制度，设置相关岗位，配备专职人员，完善监督机制。各级公安机关交通管理部门应当按照国家网络安全法律法规和信息安全等级保护制度要求，开展互联网平台等级保护定级备案、等级测评和安全建设工作，建立、健全互联网平台信息安全管理制度和技术防护措施，保障互联网平台运行安全和数据安全，保护公民隐私信息。规定各级公安机关交通管理部门可以根据本地实际开发互联网平台外挂软件，但不得与全国统一版本互联网平台服务方式和软件功能重复。规定要求各级公安机关交通管理部门要结合本地政府网上政务服务及公安机关互联网便民服务平台需求，采用用户互认技术，开放互联网平台服务功能。

根据公安部规定，在系统内部应该建立自上而下的一整套监督考核机制。上级公安机关交通管理部门应当对下级公安机关交通管理部门互联网平台运行和使用管理情况进行监督并定期通报。各地公安机关交通管理部门应当根据上级公安机关交通管理部门通报情况，及时解决存在的问题并上报处理结果。公安部交通管理局应当制定互联网平台运行和使用管理考核内容和指标。

科技部门考核内容应当包括：互联网平台系统建设、运行管理、应急处置等。

宣传部门考核内容应当包括：互联网平台信息发布、宣传推广、满分学习及审验教育、应急处置等。

秩序、事故、车管部门等业务部门考核内容应当包括：互联网用户窗口注册、业务预约/受理/办理、公告/公布、通报/抄告、应急处置、用户反馈答复等。

人事、财务等保障部门考核内容应当包括：互联网平台建设、运行维护、员工培训经费保障以及人员配备等。

各级公安机关交通管理部门应当定期开展考核和评价工作，对在互联网平台运行和使用工作中作出突出贡献的单位和个人，给予表彰和奖励；同时建立责任倒查机制，对于违反规定，影响互联网平台运行和使用，情节严重的，对相关单位和个人依法依规予以处理。

二、互联网交通管理业务

《互联网交通管理业务工作规范（试行）》是根据《机动车登记规定》《机动车驾驶证申领和使用规定》《道路交通安全违法行为处理程序规定》及相关工作规范，按照便民、创新、规范的总体原则制定的。各级公安机关交通管理部门应当按照本规范规定的程序办理互联网交通管理业务。

根据《互联网交通管理业务工作规范（试行）》可知，该互联网交通管理业务涉及广泛，使用该网络首先要注册，之后才能使用该网页的功能。该网页功能包括预选号牌号码，补、换领号牌、行驶证、检验合格标志，核发临时行驶车号牌，安全技术检验预约等机动车业务；还有补、换领驾驶证，延期换证、审验，提交身体条件证明，考试预约等机动车驾驶证业务；以及违法处理和罚款缴纳等道路交通违法业务。

但是，根据各地的应用情况来看，目前只有考试预约这一项功能被各驾校普遍使用，其他的功能还处在待开发利用的阶段。随着社会的发展，以及人们对互联网的认可和接纳程度的提高，国家行政管理发展到更低成本的阶段，该网页的其他功能必然能进一步得到应用。

（一）岗位设置

根据规定，公安机关交通管理部门办理互联网交通管理业务，应当设置受理岗、业务审核及管理岗、档案管理岗。

（1）受理岗负责互联网用户注册及变更申请受理，补换领牌证业务受理、制牌/证、邮政对接，核发、核销临时行驶车号牌证芯，考试预约、取消考试预约，及驾驶证延期业务的受理。

（2）业务审核及管理岗负责互联网个人用户注册与变更申请审核、暂住/居住证审核及驾驶证数字相片审核、互联网业务的管理与参数设置等。

（3）档案管理岗负责互联网用户注册资料档案归档，补换领牌证、驾驶证延期业务归档，以及业务退办和恢复牌证证芯编号等业务。

（二）考试预约的一般规定

互联网交通管理中考试预约这一功能的具体内容如下：

1. 科目二和科目三可以同时预约的规定。根据《机动车驾驶证申领和使用规定》第三十六条第一款的规定，车辆管理所应当按照预约的考场和时间安排考试。申请人科目一考试合格后，可以预约科目二或者科目三道路驾驶技能考试。有条件的地方，申请人可以同时预约科目二、科目三道路驾驶技能考试，预约成功后可以连续进行考试。科目二、科目三道路驾驶技能考试均合格后，申请人可以当日参加科目三安全文明驾驶常识考试。

2. 科目二、科目三可以选择考试场地的规定。根据第三十六条第二款的规定，申请人预约科目二、科目三道路驾驶技能考试，车辆管理所在六十日内不能安排考试的，可以选择省（自治区、直辖市）内其他考场预约考试。

3. 全国统一的考试预约系统。根据第三十六条第三款的规定，车辆管理所应当使用全国统一的考试预约系统，采用互联网、电话、服务窗口等方式供申请人预约考试。

4. 学习驾驶证明管理制度。根据第三十七条的规定，初次申请机动车驾驶证或者申请增加准驾车型的，科目一考试合格后，车辆管理所应当在一日内核发学习驾驶证明。学习驾驶证明（纸质）采用国际标准 A4 型（297mm × 210mm）白色纸印制（如图 4 –3A、图 4 –3B 所示），每一张都是 A4 纸打印格式。

（1）3 年有效。申请人在场地和道路上学习驾驶，应当按规定取得学习驾驶证明。《学习驾驶证明》的有效期为 3 年。申请人应当在有效期内完成科目二和科目三考试。未在有效期内完成考试的，已考试合格的科目成绩作废。

（2）电子学习驾驶证明具同等效力。申请人在道路上学习驾驶，应当随身携带学习驾驶证明，学习驾驶证明可以采用纸质或者电子形式，纸质学习驾驶证明和电子学习驾驶证明具有同等效力。申请人可以通过互联网交通安全综合服务管理平台打印或者下载学习驾驶证明。一般地，申请人直接用智能手机扫描学习驾驶证明上的二维码，在手机上即可形成学习驾驶证明电子版，随身携带手机供交通警察例行检查手机上的电子版学习驾驶证明。

5.《学车专用标识》管理制度。根据第三十七条第二款规定，属于自学直考的，车辆管理所还应当按规定发放学车专用标识（如图 4 –4A、图 4 –4B、图 4 –4C 所示），每一张都是 A4 纸打印格式。

根据规定，申请人在道路上学习驾驶时，应当随身携带学习驾驶证明，使用教练车或者学车专用标识签注的自学用车，在教练员或者学车专用标识签注的指导人员随车指导下，按照公安机关交通管理部门指定的路线、时间进行驾驶练习。

申请人为自学直考人员的，在道路上学习驾驶时，应当在自学用车上按规定放置、粘贴学车专用标识，自学用车不得搭载随车指导人员以外的其他人员。

《机动车驾驶证申领和使用规定》附件 2

学习驾驶证明式样（纸质）　　　　（电子）

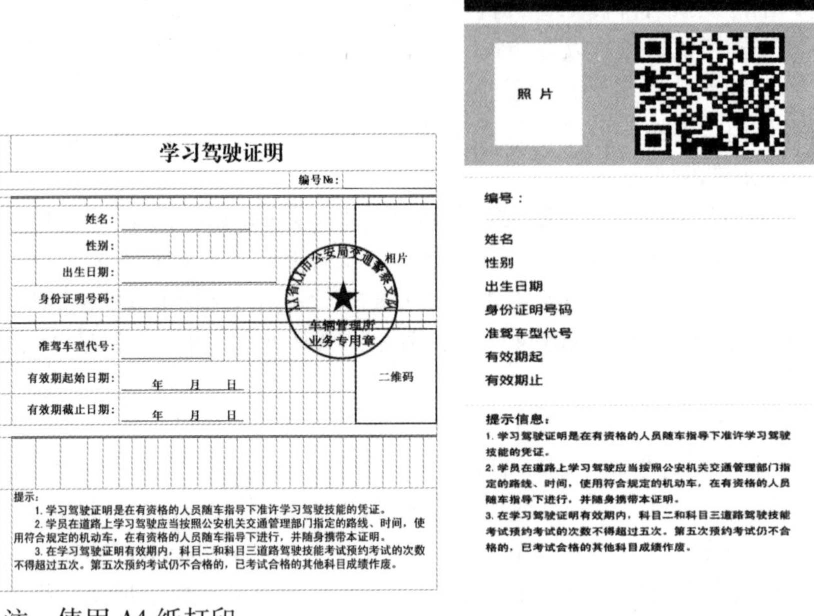

学习驾驶证明
编号№：
姓名：
性别：
出生日期：
身份证明号码：
相片
准驾车型代号：
有效期起始日期： 年 月 日
有效期截止日期： 年 月 日
二维码
车辆管理所
业务专用章
提示：
1. 学习驾驶证明是在有资格的人员随车指导下准许学习驾驶技能的凭证。
2. 学员在道路上学习驾驶应当按照公安机关交通管理部门指定的路线、时间，使用符合规定的机动车，在有资格的人员随车指导下进行，并随身携带本证明。
3. 在学习驾驶证明有效期内，科目二和科目三道路驾驶技能考试预约考试的次数不得超过五次。第五次预约考试仍不合格的，已考试合格的其他科目成绩作废。

注：使用 A4 纸打印

图 4－3　A

学习驾驶证明
照 片
编号：
姓名
性别
出生日期
身份证明号码
准驾车型代号
有效期起
有效期止
提示信息：
1. 学习驾驶证明是在有资格的人员随车指导下准许学习驾驶技能的凭证。
2. 学员在道路上学习驾驶应当按照公安机关交通管理部门指定的路线、时间，使用符合规定的机动车，在有资格的人员随车指导下进行，并随身携带本证明。
3. 在学习驾驶证明有效期内，科目二和科目三道路驾驶技能考试预约考试的次数不得超过五次。第五次预约考试仍不合格的，已考试合格的其他科目成绩作废。

图 4－3　B

《机动车驾驶证申领和使用规定》附件 3

学车专用标识式样

（正面）

学

图 4－4　A

（背面）

自学
标识编号
自学人员
指导人员
自学用车
签发机关

图 4－4　B

（规格）

Φ0.7cm
4cm
学
Φ21cm
Φ21cm

图 4－4　C

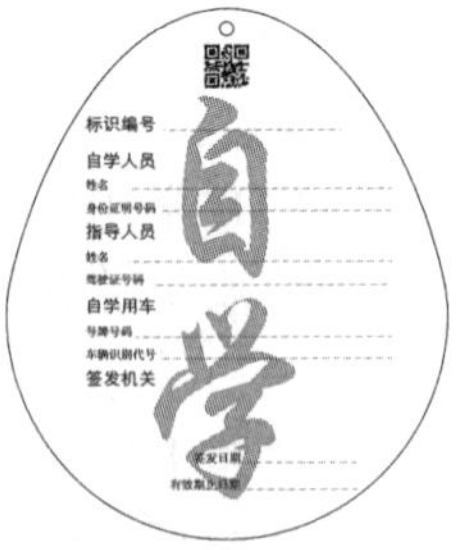

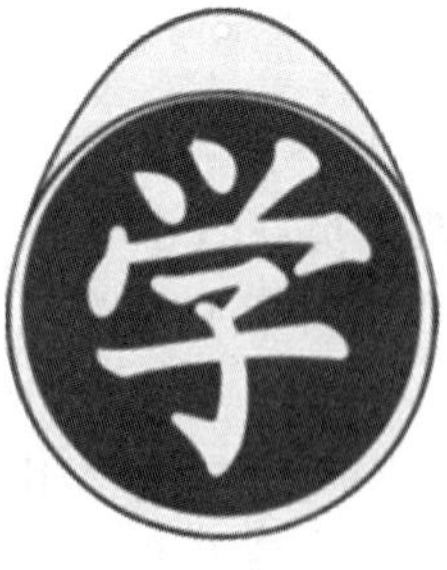

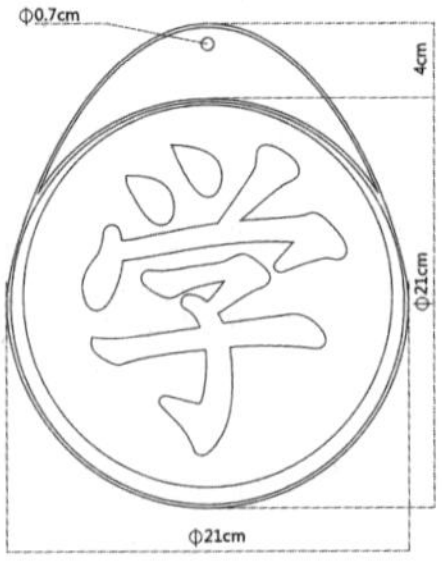

（三）考试约定

公安部 2016 年 3 月 21 日颁发的《机动车驾驶人考试工作规范》规定：

第二条　省级公安机关交通管理部门负责本省（自治区、直辖市）机动车驾驶人考试工作的指导、检查和监督，负责考试员的资格考核和考场的验收、检查、监督。

直辖市公安机关交通管理部门车辆管理所、设区的市或者相当于同级的公安机关交通管理部门车辆管理所、县级公安机关交通管理部门车辆管理所按本规范办理机动车驾驶人考试业务。

第六条　车辆管理所应当根据本地考场布局、考试能力和考试需求，合理制定考试计划。省级公安机关交通管理部门应当根据本省（自治区、直辖市）的考试能力和异地考试需求，审核制定异地考试计划。

车辆管理所在制定考试计划时，应当分时段安排考试场次。有条件的地方，应当科学安排科目二、科目三考试场次，允许申请人同时预约、连续考试。允许摩托车准驾车型申请人一次预约所有科目考试。

第七条　车辆管理所应当至少在考试前十日通过互联网交通安全综合服务管理平台公布考试计划，供申请人查询。

车辆管理所公开考试计划后，除不可抗力原因外，不得取消、减少或者变更考试计划。需要追加考试计划的，应当至少在考试前七日通过互联网交通安全综合服务管理平台公布。

第八条　车辆管理所对初次申请和申请增加大型客车、牵引车、城市公交车、中型客车、大型货车、小型汽车、小型自动挡汽车、残疾人专用小型自动挡载客汽车准驾车型驾驶证的考试预约，应当使用全国统一的互联网考试预约系统办理。对初次申请和申请增加其他准驾车型考试或者满分考试、实习期满考试、注销恢复考试以及持军队、武装警察部队机动车驾驶证和境外机动车驾驶证申请驾驶证的考试预约，应当使用全国统一的公安交通管理综合应用平台办理。

车辆管理所应当提供互联网、电话、窗口等多种方式，供申请人预约考试。

第九条　车辆管理所使用互联网考试预约系统，对已按照规定完成注册的申请人办理考试预约业务的流程和具体事项为：

（一）根据考试计划，受理申请人考试预约申请，并于考试前第五日停止受理；对于考试计划未约满的，可以延长至考试前第三日停止受理预约申请。

（二）通过计算机系统汇总考试预约信息，按以下规则对预约申请人进行自动排序：

(1) 首次预约科目一考试的，按照驾驶证申请受理时间排序；

(2) 非首次预约科目一或者预约其他科目考试的，按照上一次考试时间排序；

(3) 考试预约成功的申请人因自身原因取消约考或者缺考的，按照取消预约时间或者缺考时间排序；

(4) 同时符合第2、第3目情形的，按照最近一次时间顺序排序。

(三) 根据考试计划和申请人排序，由计算机确定考试预约结果，通过手机短信告知申请人，并在互联网公布，供申请人查询并下载打印考试预约凭证。

(四) 对考试预约截止日期及之前申请取消考试预约的，直接予以受理；对考试预约截止日期后申请的，告知申请人到业务大厅窗口办理。

第十条　车辆管理所使用公安交通管理综合应用平台，办理考试预约业务的流程和具体事项为：

(一) 审核申请人提交的身份证明，确认身份证明有效。

(二) 通过计算机管理系统核查，确认申请人不具有《机动车驾驶证申领和使用规定》第十三条第一款第二项至第八项的情形，并符合《机动车驾驶证申领和使用规定》第四十条、第四十一条、第四十四条规定的预约考试条件。符合规定的，受理考试预约申请，核发预约考试凭证。

(三) 因计算机网络问题暂时无法完成核查的，可以先受理，并在核发机动车驾驶证前完成核查。核查结果证实具有不准申请机动车驾驶证情形或者不符合预约考试条件的，终止预约、考试或者核发机动车驾驶证。

申请人提出取消考试预约的，受理岗审核机动车驾驶证申请人提交的身份证明，确认身份证明有效、核对预约申请信息后办理。

第十一条　申请预约科目二或者科目三道路驾驶技能考试超过六十日未成功的，车辆管理所应当为申请人提供省（自治区、直辖市）内其他考场预约考试的渠道。

第十二条　车辆管理所考试能力满足本地需求的，经省级公安机关交通管理部门批准，可以通过互联网交通安全综合服务管理平台受理异地申请人预约考试业务，并按以下流程和具体事项办理：

(一) 制定异地考试计划，明确异地申请人考试的考场、时间、科目、受理人数，上报省级公安机关交通管理部门。

(二) 省级公安机关交通管理部门审核制定异地考试计划，并在互联网上公布，供本省（自治区、直辖市）内符合条件的申请人选择。

(三) 考试计划公布后，按照本规范第九条规定流程和具体事项，通过计算机系统对异地申请人进行单独排序，受理考试预约。

(四) 考试预约结束后1日内，考试地车辆管理所受理岗将预约信息转递给机动车驾驶证申请地车辆管理所。

第十三条　因系统故障、停电、天气等特殊原因，不能按照考试计划组织考试的，车辆管理所应当另行安排考试，并及时通过电话、手机短信、互联网等方式通知申请人。对无法参加另行安排考试的，车辆管理所应当根据申请人提出的考试预约申请及时安排考试。

对学习驾驶证明有效期不足6个月的，车辆管理所应当根据申请人提出的考试预约申请，在学习驾驶证明有效期内每个科目优先安排1次考试。

车辆管理所应当将优先安排考试的相关信息在互联网和考场公开，供社会监督。

第十四条　车辆管理所核定考试能力、制定考试计划由监督岗负责，并报经业务领导批准，办理考试预约业务由受理岗负责。

1. 预约科目二考试。《机动车驾驶证申领和使用规定》第四十条规定，初次申请机动车驾驶证或者申请增加准驾车型的，申请人预约考试科目二，应当符合下列规定（如表4－5所示）：

（1）报考小型汽车、小型自动挡汽车、低速载货汽车、三轮汽车、残疾人专用小型自动挡载客汽车、轮式自行机械车、无轨电车、有轨电车准驾车型的，在取得学习驾驶证明满十日后预约考试；

（2）报考大型客车、牵引车、城市公交车、中型客车、大型货车准驾车型的，在取得学习驾驶证明满二十日后预约考试。

2. 预约科目三考试。

《机动车驾驶证申领和使用规定》

第四十一条规定，初次申请机动车驾驶证或者申请增加准驾车型的，申请人预约考试科目三，应当符合下列规定：

（1）报考低速载货汽车、三轮汽车、轮式自行机械车、无轨电车、有轨电车准驾车型的，在取得学习驾驶证明满二十日后预约考试；

（2）报考小型汽车、小型自动挡汽车、残疾人专用小型自动挡载客汽车准驾车型的，在取得学习驾驶证明满三十日后预约考试；

（3）报考大型客车、牵引车、城市公交车、中型客车、大型货车准驾车型的，在取得学习驾驶证明满四十日后预约考试。

表4－5　考试约定

<table>
<tr><td colspan="3">考试预约规定（取得驾驶技能证明后）</td></tr>
<tr><td>准考车型</td><td>科目二考试</td><td>科目三考试</td></tr>
<tr><td>C1、C2</td><td rowspan="2">10天后</td><td>30天后</td></tr>
<tr><td>C3、C4、D、E、F、M、N、P</td><td>20天后</td></tr>
</table>

续表

<table>
<tr><td colspan="4">考试预约规定（取得驾驶技能证明后）</td></tr>
<tr><td colspan="2">A1、A2、A3、B1、B2</td><td>20 天后</td><td>40 天后</td></tr>
<tr><td colspan="4">申请增加准驾车型</td></tr>
<tr><td>原准驾车型</td><td>增加准驾车型</td><td>驾龄</td><td>最近（　）个记分周期没有满分记录</td></tr>
<tr><td>一般车型</td><td>一般车型</td><td></td><td>1</td></tr>
<tr><td>C1、C2、C3、C4</td><td rowspan="2">B1</td><td>3 年</td><td>2</td></tr>
<tr><td>A3、B2</td><td>1 年</td><td>1</td></tr>
<tr><td>B1、B2</td><td rowspan="2">A2</td><td>3 年</td><td>2</td></tr>
<tr><td>A1</td><td>1 年</td><td>1</td></tr>
<tr><td>B1、B2</td><td rowspan="2">A1</td><td>5 年</td><td>3</td></tr>
<tr><td>A2</td><td>2 年</td><td>1</td></tr>
<tr><td colspan="4">注：申请人可自愿降低选择准驾车型，选择的准驾车型一旦确定后，除继续要求降低准驾车型外，不得再变更。降低准驾车型后，要求升级准驾车型的，须按增驾手续办理。</td></tr>
</table>

3. 补考。每个科目考试一次，可以补考一次。补考仍不合格的，本科目考试终止。申请人可以重新申请考试，但科目二、科目三的考试日期应当在十日后预约。在学习驾驶证明有效期内，已考试合格的科目成绩有效。但科目二和科目三道路驾驶技能考试预约考试的次数不得超过 5 次。第 5 次预约考试仍不合格的，已考试合格的其他科目成绩作废。

（四）全国统一的互联网考试预约

对初次申请或者申请增加大型客车、牵引车、城市公交车、中型客车、大型货车、小型汽车、小型自动挡汽车准驾车型的，应当使用全国统一的互联网考试预约系统办理；互联网机动车预选号牌号码软件全国统一。

个人用户可以办理机动车驾驶人考试预约业务。

1. 用户办理机动车驾驶人考试预约业务相关规定。

（1）可以预约的机动车驾驶人考试科目包括科目一道路交通安全法律、法规和相关知识考试，科目二场地驾驶技能考试，科目三道路驾驶技能考试，以及科目三安全文明驾驶常识考试。

（2）用户初次申领机动车驾驶证或者申请增加大型客车、牵引车、城市公交车、中型客车、大型货车、小型汽车、小型自动挡汽车准驾车型，参加机动车驾驶人考试的，可以办理机动车驾驶人考试预约业务。

（3）按照公布的机动车驾驶人考试计划，用户可以自主选择考试场地、考试时间、考试场次。

（4）用户可以同时预约科目二场地驾驶技能考试、科目三道路驾驶技能考试和科目三安全文明驾驶常识考试。

（5）在停止接受考试预约申请前，用户可以自主取消预约。在停止接受考试预约申请之日至考试之日期间，用户需要取消预约的，必须到公安机关交通管理部门窗口进行取消。

（6）用户到窗口办理考试预约和取消预约业务时，必须本人办理，并提交身份证明。

（7）用户预约成功但未参加考试的，按照缺考处理。

（8）因系统故障、停电等特殊原因未能按照预约计划进行考试，公安机关交通管理部门另行安排补充场次进行考试时，对无法参加补充场次考试的，可以重新提出考试预约申请。

（9）用户只能预约本地市考试场地、考试时间和考试场次。对于用户预约同一科目考试超过3个月未成功的，可以按照省级公安机关交通管理部门公布的异地考试计划，预约其他地市考试场地、考试时间和考试场次。

2. 公安机关交通管理部门提供机动车驾驶人考试预约业务服务相关规定。

（1）省级公安机关交通管理部门应指导督促本省各地市制订本地考试计划。同时，根据本省实际，指导考试能力有盈余的地市制订异地考试计划。

（2）对于本地市考试能力有盈余的，可以按照以下程序提供异地考试服务：

①制订异地考试计划，明确异地考试场地、考试时间、考试科目、考试人数，报备省级公安机关交通管理部门；

②省级公安机关交通管理部门公布汇总的全省异地考试计划；

③制订异地考试计划的公安机关交通管理部门受理本省其他地市用户考试预约，并安排考试。

（3）每次至少制订5日的考试场地、考试时间、考试科目、考试人数等考试计划，并至少在考试前10日公布考试计划。考试计划一经公布，不得擅自更改。

（4）考试前第5日应停止接受考试预约申请，汇总确定考试预约信息，公布考试预约结果，并通知预约成功的用户。

（5）停止接受考试预约申请时，考试计划未满额的，可以继续接受考试预约申请，并在考试前第3日停止接受考试预约申请。公安机关交通管理部门应及时公布继续接受考试预约申请信息，汇总确定继续接受的考试预约信息，公布考试预约结果，并通知预约成功的用户。

（6）按照本省异地考试计划，制订考试场地、考试时间、考试科目、考试人数等异地考试计划。

（7）对于因互联网服务平台故障导致无法网上办理，以及用户自愿到公安机关交通管理部门办理的，提供窗口考试预约和取消预约服务。

（8）对因系统故障、停电等特殊原因未能按照预约计划进行考试的，应另行安排补充场次进行考试，并及时公布补充场次考试信息。对无法参加补充场次考试，用户重新提出考试预约申请的，应优先予以安排。

（9）受理用户考试预约申请后，应按照以下规则安排考试：

①首次预约科目一考试的，以受理用户初次申领机动车驾驶证等业务的时间为排序时间；

②非首次预约科目一考试的，以上次考试时间为排序时间；

③考试预约成功的用户因自身原因取消预约的，以取消预约时间为排序时间；

④同时符合本款第二项、第三项情形的，以最近时间为排序时间；

⑤排序时间在前的先安排考试。

3. 公安机关交通管理部门办理机动车驾驶人考试预约相关业务的流程和具体事项。

（1）业务审核及管理岗按照下列程序办理机动车驾驶人考试预约业务：

①制订本地考试计划，通过计算机管理系统录入和公布考试计划。对于本地考试能力有盈余的，报省级公安机关交通管理部门同意后，可以制订异地考试计划，通过计算机管理系统录入异地考试计划并自动上传至省级公安机关交通管理部门。

②每日通过计算机管理系统查看和公布考试预约和考试安排信息。对于停止接受考试预约申请时，考试计划未满额的，及时公布继续接受考试预约申请信息，并接受申请。

③对于另行安排补充场次考试的，通过计算机管理系统录入和公布另行安排补充场次考试信息。

（2）业务受理岗按照下列程序办理窗口机动车驾驶人考试预约和取消预约业务：

①审核申请人提交的身份证明，确认身份证明有效；

②按照本规范第十条第一款第二项规定进行核查确认；

③符合规定的，受理考试预约或取消预约业务；

④因计算机网络问题暂时无法完成核查的，可以先受理，并在网络恢复正常后通过计算机管理系统完成核查。核查结果证实不符合本款第二项规定

的，暂停用户账号，同时按照有关法律法规进行处理。

（3）省级公安机关交通管理部门安排专人，通过计算机管理系统管理和公布本省异地考试计划。

三、交通安全综合服务管理系统应用

在百度搜索引擎键入“交通安全综合服务管理平台”，便可在搜索条目中的第一条出现你所要找的页面，点击进入即可看到主页面（如图4－5所示）。然后按照页面上的提示进入你所在的省区，再次点击进入该省区，便出现下层次的页面（如图4－6所示），一直到进入你所在市区的页面，点击进入你所在市区的页面之后便可看到该平台的主要业务内容界面（如图4－7所示）。另外，在此业务页面上还可以看到手机APP下载的功能，点击之后便会展开一个提供手机APP下载主页面（如图4－8所示）。那么，所有可以连接互联网的智能手机都能在手机上同样操作，在进行注册之后，便可以享受“交通安全综合服务管理平台”提供的各种服务。

图4－5　交通安全综合服务管理平台主页面

图4－6　交通安全综合服务管理平台所在市区页面

图 4 -7　交通安全综合服务管理平台业务界面

图4 -8　交通安全综合服务管理平台手机 APP 下载页面

网上考试预约

无论是驾校预录入、个人考试预约，还是互联网考试计划制订，都需要交通安全综合服务管理平台的数据与公安网“六合一”系统进行数据交互。

1. 驾校学员预录入。驾校学员预录入流程如图 4 -9 所示。一般来说，需要学习汽车驾驶考驾驶证的人员，首先要到驾校报名，然后去医院体检，体检通过之后，才能在驾校进行个人信息的预录入，经过驾校的个人信息预录入之后，个人就不需要注册了，经过驾校的术课培训之后，学员即可通过该系统进行各科目的个人考试预约。

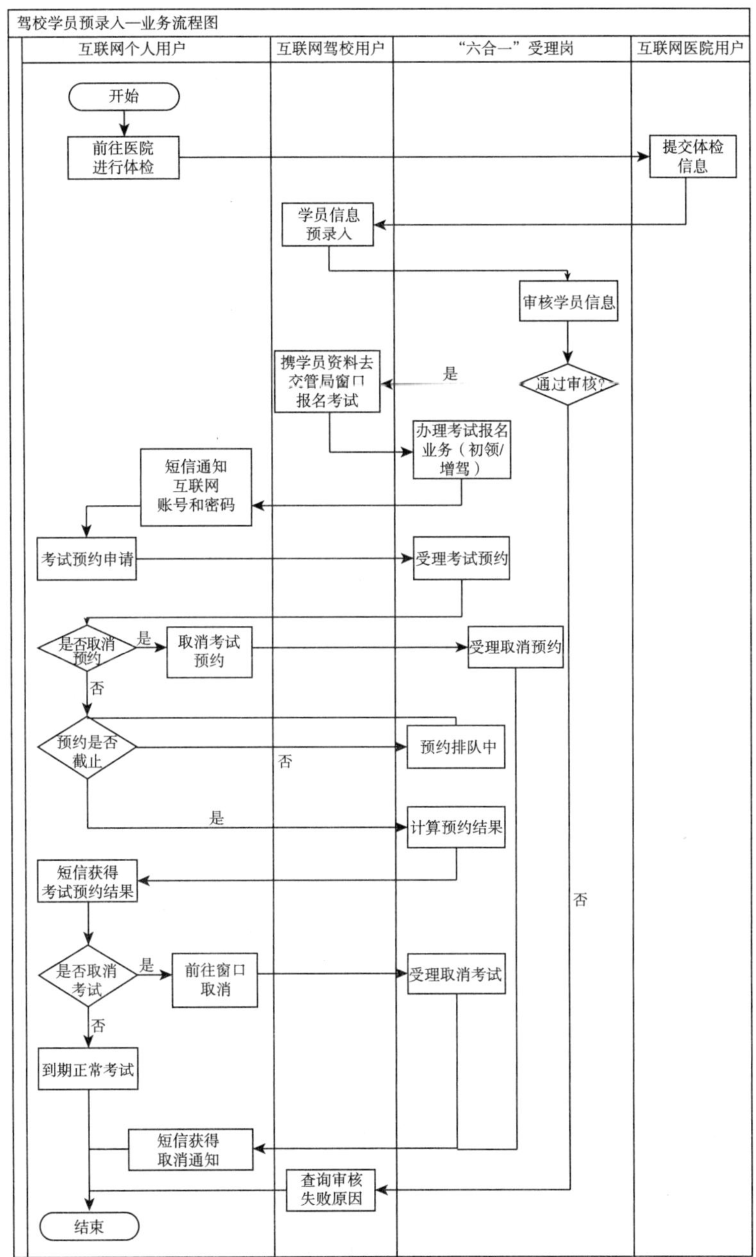

图4－9　驾校学员预录入流程

2. 个人考试预约。如果学习汽车驾驶的人不是通过驾校进行学习的，如符合《机动车驾驶证申领和使用规定》第二十四条的7种情形，即原来有驾驶证的因为这7种情形驾驶证被注销了，再次申请不需要参加培训，可以直接通过预约考试，再次申请驾驶证。那么，需要申请相应准驾车型考试的，就必须通过个人注册，再预约考试。

此外，《机动车驾驶证申领和使用规定》第七十七条中规定驾驶证被注销2年内的，不需要经过驾校培训，可直接预约科目一的考试，通过考试后，即可恢复驾驶资格。那么，个人也需要先注册，然后进行考试预约。个人考试预约流程如图4－10所示。

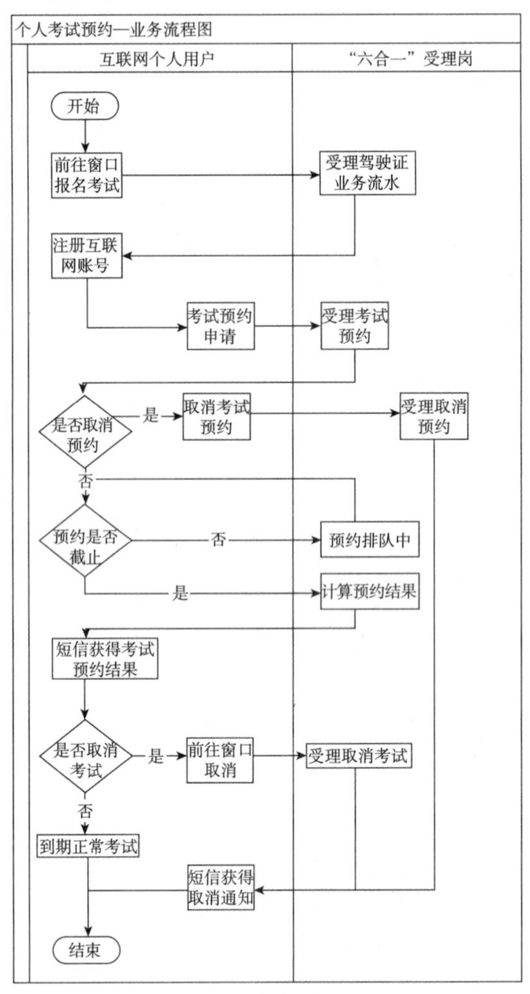

图4－10　个人考试预约流程

第五节　机动车驾驶证的相关业务

申请人考试合格后，应当接受不少于半小时的交通安全文明驾驶常识和交通事故案例警示教育，并参加领证宣誓仪式。

车辆管理所应当在申请人参加领证宣誓仪式的当日核发机动车驾驶证。属于申请增加准驾车型的，应当收回原机动车驾驶证。属于复员、转业、退伍的，应当收回军队、武装警察部队机动车驾驶证。

一、申请驾驶证时，车管所应履行的业务职责

车辆管理所办理机动车驾驶人考试业务时，应当设置受理岗、考试岗、监督岗。

车辆管理所应当使用符合标准的考试场地、考试路线、考试车辆、考试系统和考试设施进行考试，应当按规定使用全国统一的考试预约、监管系统。未按规定使用的，不得组织考试。

（一）初次申领

《机动车驾驶证业务工作规范》第二章“机动车驾驶证申领”规定办理初次申领机动车驾驶证的业务流程如下：

1. 审核机动车驾驶证申请人提交的《机动车驾驶证申请表》《机动车驾驶人身体条件证明》（以下简称《身体条件证明》）和身份证明；属于申请人符合《机动车驾驶证申领和使用规定》第二十四条第一款第六项、第七项情形直接申请机动车驾驶证的，还应当审核超过有效期的军队、武装警察部队机动车驾驶证或者境外机动车驾驶证，境外机动车驾驶证属于非中文表述的，还应当审核其中文翻译文本；申请人属于自学直考的，可以一并审核申请签注学车专用标识的材料。确认申请人年龄、身体条件、申请的准驾车型等符合规定。

2. 通过计算机管理系统核查，确认申请人未申领机动车驾驶证的许可。

3. 档案管理岗核对计算机管理系统信息，复核、整理资料，装订、归档。

下列资料存入机动车驾驶证档案：（一）《机动车驾驶证申请表》原件；（二）申请人的身份证明复印件，属于在户籍地以外居住的内地居民，还需收存公安机关核发的居住证明复印件；（三）《身体条件证明》原件；（四）考试成绩表原件；（五）属于申请人符合《机动车驾驶证申领和使用规定》第二十四条第一款第六项、第七项情形直接申请机动车驾驶证的，还需收存超过有效期的军队、武装警察部队机动车驾驶证或者境外机动车驾驶证复印件，境外机动车驾驶证属于非中文表述的，还需收存其中文翻译文本原件。

（二）增加准驾车型申领

《机动车驾驶证业务工作规范》第二章“机动车驾驶证申领”规定：

第七条　车辆管理所办理增加准驾车型申领业务的流程和具体事项为：

（一）受理岗按照本规范第五条第一项规定办理，同时审核申请人所持机动车驾驶证；申请人属于正在接受全日制驾驶职业教育的在校学生，申请增加大型客车、牵引车准驾车型的，还应当审核学校出具的学籍证明。通过计算机管理系统核查，确认申请人年龄、身体条件、驾龄、申请的准驾车型和累积记分符合《机动车驾驶证申领和使用规定》第十二条、第十五条、第七十八条第三款的规定。对申请大型客车、牵引车、城市公交车、中型客车、大型货车准驾车型的，还应当通过计算机管理系统核查，确认申请人不具有《机动车驾驶证申领和使用规定》第十六条规定的情形。

（二）符合规定的，受理岗、考试岗、档案管理岗按照本规范第五条第二项至第七项规定的流程和具体事项办理机动车驾驶证增加准驾车型业务。在核发机动车驾驶证时，受理岗还应当收回原机动车驾驶证。

第八条　下列资料存入机动车驾驶证档案：

（一）本规范第六条第一项至第四项规定的资料；

（二）原机动车驾驶证原件；

（三）属于正在接受全日制驾驶职业教育的，还应当收存学校出具的学籍证明。

第九条　车辆管理所在受理增加准驾车型申请至核发机动车驾驶证期间，发现申请人在一个记分周期内记满 12 分，机动车驾驶证转出及被注销、吊销、撤销，或者申请大型客车、牵引车、城市公交车、中型客车和大型货车准驾车型，具有《机动车驾驶证申领和使用规定》第十六条规定情形之一的，终止考试预约、考试或者核发机动车驾驶证，出具《不予受理/许可申请决定书》。

车辆管理所在核发机动车驾驶证时，距原机动车驾驶证有效期满不足九十日，或者已超过机动车驾驶证有效期但不足一年的，应当合并办理增加准驾车型和有效期满换证业务。

车辆管理所在核发机动车驾驶证时，原机动车驾驶证被公安机关交通管理部门扣押、扣留或者暂扣的，应当在驾驶证被发还后核发机动车驾驶证。

（三）持军队、武装警察部队机动车驾驶证申领

《机动车驾驶证业务工作规范》规定：

第十条　车辆管理所办理持军队、武装警察部队机动车驾驶证申领机动车驾驶证业务的流程和具体事项为：

（一）受理岗按照本规范第五条第一项规定办理，同时审核申请人所持的军队或者武装警察部队机动车驾驶证，确认初次领取军队或者武装警察部队机动车驾驶证时申请人已年满 18 周岁。申请人属于复员、退伍、转业的，还应当审核其复员、退伍、转业证明，并收回军队、武装警察部队机动车驾驶证。

（二）受理岗对申请准驾车型为大型客车、牵引车、城市公交车、中型客车、大型货车或者申请两种以上准驾车型，其中之一为大型客车、牵引车、城市公交车、中型客车、大型货车机动车驾驶证的，应当受理科目一、科目三考试预约申请，核发预约考试凭证。

（三）受理岗对申请其他准驾车型机动车驾驶证的，确定机动车驾驶证档案编号，制作并核发机动车驾驶证。

（四）考试岗对已预约科目一、科目三考试的申请人，按规定进行科目一、科目三考试。

（五）受理岗复核科目一、科目三考试资料；核对计算机管理系统信息，符合规定的，在科目三安全文明驾驶常识考试合格当日内，确定机动车驾驶证档案编号，制作机动车驾驶证，并安排申请人接受交通安全文明驾驶常识和交通事故案例警示教育、参加领证宣誓仪式后核发机动车驾驶证。

（六）档案管理岗核对计算机管理系统信息，复核、整理资料，装订、归档。

第十一条　下列资料存入机动车驾驶证档案：

（一）本规范第六条第一项至第三项规定的资料；

（二）经过考试的，还需收存考试成绩表原件；

（三）军队、武装警察部队机动车驾驶证复印件，但属于复员、退伍、转业的，应当收存军队、武装警察部队机动车驾驶证原件和复员、退伍、转业证明复印件。

（四）持境外机动车驾驶证申领

《机动车驾驶证业务工作规范》规定：

第十二条　持有境外机动车驾驶证的外国人，有居留证件的应当向居留证件签发地的车辆管理所申请机动车驾驶证，没有居留证件但持有有效签证或者停留证件的应当向出具住宿登记证明的公安机关所在地的车辆管理所申请机动车驾驶证。

持有境外机动车驾驶证的外国驻华使馆、领馆人员、国际组织驻华代表机构人员应当向使馆、领馆、国际组织驻华代表机构所在地的车辆管理所申请机动车驾驶证。

持有境外机动车驾驶证的华侨，香港、澳门特别行政区、台湾地区居民，应当向出具住宿登记证明的公安机关所在地的车辆管理所申请机动车驾驶证。

持有境外机动车驾驶证的内地居民、现役军人，应当向户籍地、居住地的车辆管理所申请机动车驾驶证。

第十三条　车辆管理所办理持境外机动车驾驶证申领机动车驾驶证业务的流程和具体事项为：

（一）受理岗按照本规范第五条第一项规定办理，同时审核申请人所持的境外机动车驾驶证，境外机动车驾驶证属于非中文表述的，还应当审核其中文翻译文本。申请人属于内地居民的，还应当审核申请人前往核发境外机动车驾驶证的国家或地区所持的护照、《往来港澳通行证》或者《大陆居民往来台湾通行证》，并通过公安部出入境管理系统核查、下载打印申请人出入境记录，确认其在境外的时间、地点与核发境外机动车驾驶证的情况相符；对取得该机动车驾驶证时在核发国家或者地区连续居留不足三个月的，将信息录入计算机管理系统，书面告知申请人需要参加科目一、科目二和科目三考试。申请人为外国驻华使馆、领馆人员及国际组织驻华代表机构人员的，按照外交对等原则审核《身体条件证明》。

（二）受理岗对持有与我国签订互相认可机动车驾驶证协议国家的机动车驾驶证或者外国驻华使馆、领馆人员及国际组织驻华代表机构人员持有境外机动车驾驶证，按照协议规定或者外交对等原则免于考试的，确定机动车驾驶证档案编号，制作并核发机动车驾驶证。

（三）受理岗受理科目一考试预约申请，核发预约考试凭证，考试岗按规定进行科目一考试。申请准驾车型为大型客车、牵引车、城市公交车、中型客车、大型货车或者申请两种以上准驾车型，其中之一为大型客车、牵引车、城市公交车、中型客车、大型货车机动车驾驶证的，受理岗还应当受理科目三考试预约申请，核发预约考试凭证，考试岗按规定进行科目三考试；申请人属于内地居民，在核发境外机动车驾驶证的国家或地区连续居留不足三个月的，受理岗还应当受理科目二、科目三考试预约申请，核发预约考试凭证，考试岗按规定进行科目二、科目三考试；外国驻华使馆、领馆人员及国际组织驻华代表机构人员持境外机动车驾驶证申请的，按照外交对等原则进行考试。

（四）受理岗复核考试资料；核对计算机管理系统信息，符合规定的，确定机动车驾驶证档案编号，制作并核发机动车驾驶证。

（五）档案管理岗核对计算机管理系统信息，复核、整理资料，装订、归档。

（六）下列资料存入机动车驾驶证档案：

1. 本规范第六条第一项至第二项规定的资料；

2.《身体条件证明》原件；但按照外交对等原则免于审核的，可以不收存；

3. 经过考试的，还需收存考试成绩表原件；

4. 境外机动车驾驶证复印件；非中文表述的，还需收存中文翻译文本原件；

5. 申请人属于内地居民的，还需收存下载打印的申请人出入境记录原件，但与公安部出入境管理系统联网核查申请人出入境记录的，可以不收存。

第十四条　车辆管理所办理临时机动车驾驶许可申领业务的流程和具体事项为：

（一）受理岗按照下列程序审核申请材料：

1. 审核申请人提交的《临时机动车驾驶许可申请表》、入出境身份证件、年龄及身体条件符合中国驾驶许可条件的证明文件、境外机动车驾驶证，境外机动车驾驶证属于非中文表述的，还应当审核其中文翻译文本。参加有组织的比赛以及其他交往活动的，还应当审核中国相关主管部门出具的证明。属于驾驶自带临时入境机动车的，还需审核其自带临时入境机动车号牌、行驶证；

2. 通过计算机管理系统，对申请人以前的入境记录进行核查，发现有道路交通违法行为和交通事故未处理完毕的，告知其处理完毕后再申请；在中国境内有驾驶机动车交通肇事逃逸记录的，不予核发临时机动车驾驶许可；

3. 符合规定的，受理申请，录入相关信息，在《临时机动车驾驶许可申请表》“经办人意见”栏内签字或者签章，收存相关资料。

（二）受理岗组织申请人参加道路交通安全法律、法规学习。学习完毕的，在《临时机动车驾驶许可申请表》“参加交通安全法律、法规学习情况”栏内签字或者签章。制作并核发临时机动车驾驶许可，告知申请人临时驾驶许可的有效期限和使用要求。

（三）档案管理岗核对计算机管理系统信息，复核、整理资料，装订、归档。

（四）下列资料存入临时机动车驾驶许可档案：

1.《临时机动车驾驶许可申请表》原件；

2. 入出境身份证件复印件；

3. 境外机动车驾驶证复印件；非中文表述的，还需收存中文翻译文本复印件；

4. 年龄及身体条件符合中国驾驶许可条件的证明文件复印件；

5. 参加有组织的比赛以及其他交往活动的，收存中国相关主管部门出具的证明复印件。

（五）核发学车专用标识

《机动车驾驶证业务工作规范》规定：

第十五条　车辆管理所办理申请签注学车专用标识业务的流程和具体事项为：

（一）受理岗按照下列程序审核申请材料：

1. 审核自学人员提交的《机动车驾驶证自学直考信息采集表》、身份证明、自学用车机动车登记证书、行驶证、所有人身份证明、自学用车交通事故强制责任保险等相关保险凭证、自学用车加装安全辅助装置后的安全技术检验合格证明等资料。通过计算机管理系统核查，确认自学用车不具有同时签注其他学车专用标识的情形；确认自学用车为自学直考申请地注册登记的非营运小型汽车、小型自动挡汽车；对签注过学车专用标识的自学用车确认自上次签注之日起已满三个月；

2. 审核随车指导人员提交的身份证明和机动车驾驶证等资料。通过计算机管理系统核查，确认随车指导人员不具有驾驶机动车造成人员死亡的交通责任事故或者造成人员重伤负主要以上责任的交通事故、吸食毒品记录、记满 12 分记录、驾驶证被吊销记录或者违规随车指导行为记录的情形；确认随车指导人员持有五年以上相应或者更高准驾车型的机动车驾驶证；确认随车指导人员不具有同时签注其他学车专用标识的情形；对签注过学车专用标识的随车指导人员确认自上次签注之日起已满三个月；

3. 审核自学用车的《机动车查验记录表》；确认申请人已取得《学习驾驶证明》，符合规定的，受理申请，一日内签注并制作学车专用标识。

（二）档案管理岗核对计算机管理系统信息，复核、整理资料，装订、归档。

（三）下列资料存入机动车驾驶证档案：

1.《机动车驾驶证自学直考信息采集表》原件；

2. 自学人员、随车指导人员身份证明复印件；

3. 随车指导人员机动车驾驶证复印件；

4. 自学用车机动车行驶证、所有人身份证明复印件；

5. 自学用车交通事故责任强制保险等相关保险凭证复印件；

6. 自学用车加装安全辅助装置后的安全技术检验合格证明复印件；

7.《机动车查验记录表》原件。

第十六条　车辆管理所办理因变更随车指导人员申请重新签注学车专用标识业务的流程和具体事项为：

（一）受理岗按照下列程序审核申请材料：

1. 审核自学人员提交的《机动车驾驶证自学直考信息采集表》、身份证明、自学用车所有人身份证明等资料；

2. 审核随车指导人员提交的身份证明和机动车驾驶证等资料。通过计算机管理系统核查，确认随车指导人员不具有驾驶机动车造成人员死亡的交通责任事故或者造成人员重伤负主要以上责任的交通事故、吸食毒品记录、记满12分记录、驾驶证被吊销记录或者违规随车指导行为记录的情形；确认随车指导人员持有五年以上相应或者更高准驾车型的机动车驾驶证；确认随车指导人员不具有同时签注其他学车专用标识的情形；对签注过学车专用标识的随车指导人员确认自上次签注之日起已满三个月；

3. 符合规定的，受理申请，收回原学车专用标识，一日内签注并重新制作学车专用标识。

（二）档案管理岗核对计算机管理系统信息，复核、整理资料，装订、归档。

（三）下列资料存入机动车驾驶证档案：

1.《机动车驾驶证自学直考信息采集表》原件；

2. 随车指导人员身份证明复印件，自学人员、自学用车所有人身份证明有变化的，还应当收存新的身份证明的复印件；

3. 随车指导人员机动车驾驶证复印件。

第十七条　车辆管理所办理因变更自学用车申请重新签注学车专用标识业务的流程和具体事项为：

（一）受理岗按照下列程序审核申请材料：

1. 审核自学人员提交的《机动车驾驶证自学直考信息采集表》、身份证明、自学用车机动车登记证书、行驶证、所有人身份证明、自学用车交通事故强制责任保险等相关保险凭证、自学用车加装安全辅助装置后的安全技术检验合格证明等资料。通过计算机管理系统核查，确认自学用车不具有同时签注其他学车专用标识的情形；确认自学用车为自学直考申请地注册登记的非营运小型汽车、小型自动挡汽车；对签注过学车专用标识的自学用车确认自上次签注之日起已满三个月；

2. 审核自学用车的《机动车查验记录表》。符合规定的，受理申请，收回原学车专用标识，一日内签注并重新制作学车专用标识。

（二）档案管理岗核对计算机管理系统信息，复核、整理资料，装订、归档。

（三）下列资料存入机动车驾驶证档案：

1.《机动车驾驶证自学直考信息采集表》原件；

2. 自学用车行驶证、所有人身份证明复印件，自学人员身份证明有变化的，还应当收存新的身份证明的复印件；

3. 自学用车交通事故责任强制保险等相关保险凭证复印件；

4. 自学用车加装安全辅助装置后的安全技术检验合格证明复印件；

5.《机动车查验记录表》原件。

第十八条　车辆管理所办理申请补、换领学车专用标识业务的流程和具体事项为：

（一）受理岗审核申请人提交的《机动车驾驶证自学直考信息采集表》、身份证明等资料。

（二）符合规定的，受理申请，当日内签注并重新制作学车专用标识，属于换领的，收回原学车专用标识，并按照规定将相关信息录入计算机管理系统。

（三）档案管理岗核对计算机管理系统信息，复核、整理资料，装订、归档。

（四）下列资料存入机动车驾驶证档案：

1.《机动车驾驶证自学直考信息采集表》原件；

2. 申请人身份证明复印件。

第十九条　车辆管理所办理申请注销学车专用标识业务的流程和具体事项为：

（一）受理岗按照下列程序审核申请材料：

1. 审核申请人提交的《机动车驾驶证自学直考信息采集表》、身份证明等资料；

2. 符合规定的，受理申请，收回原学车专用标识，并按照规定将相关信息录入计算机管理系统。

（二）档案管理岗核对计算机管理系统信息，复核、整理资料，装订、归档。

（三）下列资料存入机动车驾驶证档案：

1.《机动车驾驶证自学直考信息采集表》原件；

2. 申请人身份证明复印件。

第二十条　自学人员、随车指导人员、自学用车不符合《机动车驾驶证申领和使用规定》和《机动车驾驶证自学直考管理规定》有关条件或者自学人员取得相应驾驶证的，由计算机管理系统自动注销学车专用标识。

第二十一条　车辆管理所办理注销学车专用标识业务或者计算机管理系统自动注销学车专用标识时，未收回学车专用标识的，档案管理岗每月从计算机管理系统下载并打印学车专用标识注销信息，由公安机关交通管理部门公告学车专用标识作废。

学车专用标识作废公告应当采用在当地报纸刊登、电视媒体播放、车辆管理所办事大厅张贴、互联网网站公布等形式；公告内容应当包括学车专用标识编号，注销原因和注销时间。在车辆管理所办事大厅和互联网网站公布的公告，信息保留时间不得少于六十日。

二、换发驾驶证

《机动车驾驶证申领和使用规定》关于驾驶证换证的情形，包括有效期满换证、驾驶人户籍迁出原车辆管理所的换证、达到规定年龄换证、自愿降低准驾车型换证、机动车驾驶人信息发生变化换证、机动车驾驶证损毁换证和因身体条件变化降低准驾车型换证。

1. 机动车驾驶人驾驶证期满的换证。机动车驾驶人应当于机动车驾驶证有效期满前90日内，向机动车驾驶证核发地或者核发地以外的车辆管理所申请换证。申请时应当填写《机动车驾驶证申请表》，并提交以下证明、凭证：

（1）机动车驾驶人身份证明；

（2）机动车驾驶证；

（3）县级或部队团级以上医疗机构出具的有关身体条件的证明，属于申请残疾人专用小型自动挡载客汽车的，应当提交经省级卫生主管部门指定的专门医疗机构出具的有关身体条件的证明。

2. 机动车驾驶人户籍迁出原车辆管理所管辖区的换证。机动车驾驶人应当向迁入地车辆管理所申请换证；机动车驾驶人在核发地车辆管理所管辖区以外居住的，可以向居住地车辆管理所申请换证。申请时，应当填写《机动车驾驶证申请表》并提交以下证明、凭证：

（1）机动车驾驶人的身份证明；

（2）机动车驾驶证。

3. 达到规定年龄换证或者身体条件变化降低准驾车型的换证。机动车驾驶人年龄超过60周岁持有准驾车型A1、A2、A3、B1、B2驾驶证的，可换发准驾车型C1、C2、C3、C4驾驶证；只持准驾车型N、P驾驶证的不得换发驾驶证。除A1、A2、A3、B1、B2、N、P准驾车型外还有其他准驾车型的驾驶证，注A1、A2、A3、B1、B2、N、P后保留其他准驾车型换发驾驶证。应当到机动车驾驶证核发地或者核发地以外的车辆管理所换领准驾车型为小型汽车或小型自动挡汽车的机动车驾驶证；年龄达到70周岁，持有准驾车型为普通三轮摩托车、普通两轮摩托车的机动车驾驶人，应当到机动车驾驶证核发地或者核发地以外的车辆管理所换领准驾车型为轻便摩托车的机动车驾驶证。申请时应当填写《机动车驾驶证申请表》并提交以下证明、凭证：

（1）机动车驾驶人身份证明；

（2）机动车驾驶证；

（3）县级或部队团级以上医疗机构出具的有关身体条件的证明。属于申请残疾人专用小型自动挡载客汽车的，应当提交经省级卫生主管部门指定的专门医疗机构出具的有关身体条件的证明。

4. 在车辆管理所管辖区域内，机动车驾驶证记载的机动车驾驶人信息发生变化的换证。机动车驾驶人应当在30日内到机动车驾驶证核发地车辆管理所申请换证，申请时应当填写《机动车驾驶证申请表》，并提交机动车驾驶人的身份证明和机动车驾驶证。

5. 机动车驾驶证损毁无法辨认的换证。机动车驾驶人在申请时应当填写《机动车驾驶证申请表》，并提交机动车驾驶人身份证明和机动车驾驶证。

车辆管理所对符合上述规定的，应当在1日内换发机动车驾驶证。换发新证的同时收回原机动车驾驶证。

档案管理岗核对计算机管理系统信息，复核、整理资料，装订、归档，下列资料存入机动车驾驶证档案：

（1）《机动车驾驶证申请表》原件；

（2）身份证明复印件；

（3）原机动车驾驶证原件；

（4）属于有效期满换证、达到规定年龄换证和因身体条件变化降低准驾车型换证的，还需收存《身体条件证明》原件。

车辆管理所办理机动车驾驶证有效期满换证、达到规定年龄换证、自愿降低准驾车型换证、机动车驾驶人信息发生变化换证、机动车驾驶证损毁换证和因身体条件变化降低准驾车型换证业务时，对同时申请办理两项或者两项以上换证业务且符合申请条件的，应当合并办理。

三、补发驾驶证

根据《机动车驾驶证申领和使用规定》，机动车驾驶证遗失的，机动车驾驶人应当向机动车驾驶证核发地或者核发地以外的车辆管理所申请补发。申请时应当填写申请表，并提交以下证明、凭证：

（1）机动车驾驶人的身份证明；

（2）机动车驾驶证遗失的书面声明。

符合规定的，车辆管理所应当在一日内补发机动车驾驶证。

机动车驾驶人补领机动车驾驶证后，原机动车驾驶证作废，不得继续使用。

机动车驾驶证被依法扣押、扣留或者暂扣期间，机动车驾驶人不得申请补发。

四、注销驾驶证和恢复驾驶资格

（一）注销的规定

根据《机动车驾驶证申领和使用规定》规定：

第七十七条　机动车驾驶人具有下列情形之一的，车辆管理所应当注销其机动车驾驶证：

（一）死亡的；

（二）提出注销申请的；

（三）丧失民事行为能力，监护人提出注销申请的；

（四）身体条件不适合驾驶机动车的；

（五）有器质性心脏病、癫痫病、美尼尔氏症、眩晕症、癔病、震颤麻痹、精神病、痴呆以及影响肢体活动的神经系统疾病等妨碍安全驾驶疾病的；

（六）被查获有吸食、注射毒品后驾驶机动车行为，正在执行社区戒毒、强制隔离戒毒、社区康复措施，或者长期服用依赖性精神药品成瘾尚未戒除的；

（七）超过机动车驾驶证有效期一年以上未换证的；

（八）年龄在70周岁以上，在一个记分周期结束后一年内未提交身体条件证明的；或者持有残疾人专用小型自动挡载客汽车准驾车型，在三个记分周期结束后一年内未提交身体条件证明的；

（九）年龄在60周岁以上，所持机动车驾驶证只具有无轨电车或者有轨电车准驾车型，或者年龄在70周岁以上，所持机动车驾驶证只具有低速载货汽车、三轮汽车、轮式自行机械车准驾车型的；

（十）机动车驾驶证依法被吊销或者驾驶许可依法被撤销的。

有第一款第四项至第十项情形之一，未收回机动车驾驶证的，应当公告机动车驾驶证作废。

有第一款第七项情形被注销机动车驾驶证未超过二年的，机动车驾驶人参加道路交通安全法律、法规和相关知识考试合格后，可以恢复驾驶资格。

有第一款第八项情形被注销机动车驾驶证，机动车驾驶证在有效期内或者超过有效期不满一年的，机动车驾驶人提交身体条件证明后，可以恢复驾驶资格。

有第一款第二项至第八项情形之一，按照第二十四条规定申请机动车驾驶证，有道路交通安全违法行为或者交通事故未处理记录的，应当将道路交通安全违法行为、交通事故处理完毕。

（二）恢复驾驶资格的规定

恢复驾驶资格，是指已经取得我国机动车驾驶证的人员，因为超过有效期未换证或者超过规定时间未提交身体条件证明被注销驾驶证未超过两年，向公安机关交通管理部门申请恢复驾驶资格的行为。恢复驾驶资格是对被注销驾驶证人员的一种救济措施，体现了行政法中的比例原则。比例原则，又称“禁止过分”原则，要求对公民权利的限制或不利影响，只有在公共利益所必要的范围内，方得为之；是指政府实施行政权的手段与行政目的间应存在一定的比例关系，即其“手段”必须与行政“目的”成比例、相平衡。机动车驾驶许可是一项涉及公共安全的特定行为，其资格的取得、延续、注销等应当符合《机动车驾驶证申领和使用规定》，对驾驶证超过有效期一年未换证，或者超过规定时间一年以上未提交身体条件证明的，应当注销驾驶证。未按期换证或提交身体条件证明的行为不属于危害交通安全的严重行为，但是，注销驾驶证会使驾驶人失去驾驶资格，特别是大中型客车、牵引车等准驾车型不能初次申领，对当事人造成了较大影响。恢复驾驶资格就是允许这部分群众通过申请恢复驾驶资格，进行科目一考试，提高交通安全法律意识后，重新取得驾驶资格，保留原驾驶证的准驾车型。

五、撤销

相关法律明确规定撤销不属于违法处罚的种类，仅仅是公安交通管理的一个手段，但是，撤销对当事人的约束力很强。《道路交通安全法实施条例》第一百零三条对撤销作了明确且非常严格的规定：“以欺骗、贿赂等不正当手段取得机动车登记或者驾驶许可的，收缴机动车登记证书、号牌、行驶证或者机动车驾驶证，撤销机动车登记或者机动车驾驶许可；申请人在 3 年内不得申请机动车登记或者机动车驾驶许可。”这也是对车辆管理所繁重工作的一种肯定，要求每一个公民都应该有更严格的法律意识。

六、监督管理

（一）大车驾驶证实习结束后的考试（也称“科目四”）

机动车驾驶人初次申请机动车驾驶证和增加准驾车型后的 12 个月为实习期。

新取得大型客车、牵引车、城市公交车、中型客车、大型货车驾驶证的，实习期结束后三十日内应当参加道路交通安全法律法规、交通安全文明驾驶、应急处置等知识考试，并接受不少于半小时的交通事故案例警示教育。

在实习期内驾驶机动车的，应当在车身后部粘贴或者悬挂统一式样的实习标志（见公安部令第139号附件5）。

（二）实习期驾驶人的其他驾车规定

机动车驾驶人在实习期内不得驾驶公共汽车、营运客车或者执行任务的警车、消防车、救护车、工程救险车以及载有爆炸物品、易燃易爆化学物品、剧毒或者放射性等危险物品的机动车；驾驶的机动车不得牵引挂车。

驾驶人在实习期内驾驶机动车上高速公路行驶，应当由持相应或者更高准驾车型驾驶证三年以上的驾驶人陪同。其中，驾驶残疾人专用小型自动挡载客汽车的，可以由持有小型自动挡载客汽车以上准驾车型驾驶证的驾驶人陪同。

在增加准驾车型后的实习期内，驾驶原准驾车型的机动车时不受上述限制。

（三）持有准驾车型为残疾人专用小型自动挡载客汽车的驾驶人

持有准驾车型为残疾人专用小型自动挡载客汽车的机动车驾驶人驾驶机动车时，应当按规定在车身设置残疾人机动车专用标志（139号令附件6）。

有听力障碍的机动车驾驶人驾驶机动车时，应当佩戴助听设备。

（四）机动车驾驶人信息发生变化

机动车驾驶人联系电话、联系地址等信息发生变化，以及持有大型客车、牵引车、城市公交车、中型客车、大型货车驾驶证的驾驶人从业单位等信息发生变化的，应当在信息变更后三十日内，向驾驶证核发地车辆管理所备案。

（五）道路运输企业与公安机关交通管理部门的监督管理关系

道路运输企业应当定期将聘用的机动车驾驶人向所在地公安机关交通管理部门备案，督促及时处理道路交通安全违法行为、交通事故和参加机动车驾驶证审验。

公安机关交通管理部门应当每月向辖区内交通运输主管部门、运输企业通报机动车驾驶人的道路交通违法行为、记分和交通事故等情况。

七、驾驶人管理的其他规定

（一）委托办理机动车驾驶证的项目

持证人可以委托代理人办理机动车驾驶证的换证、补证业务。

（二）委托办理机动车驾驶证的规定要求

代理人申请机动车驾驶证业务时，应当提交代理人的身份证明和持证人与代理人共同签字的《机动车驾驶证申请表》。

车辆管理所应当记载代理人的姓名或者单位名称、身份证明名称、号码、住所地址、邮政编码、联系电话。

第六节　记分和审验

一、机动车驾驶人交通违法记分和审验的概念

（一）记分

根据《道路交通安全法》第二十四条规定，公安机关交通管理部门对机动车驾驶人违反道路交通安全法律、法规的行为，除依法给予行政处罚外，实行累计积分制度。公安机关交通管理部门对累积记分达到规定分值的机动车驾驶人，扣留机动车驾驶证，对其进行道路交通安全法律、法规教育，重新考试；考试合格的，发还其机动车驾驶证。对遵守道路交通安全法律、法规，在一年内无累积记分的机动车驾驶人，可以延长机动车驾驶证的审验期。具体办法由国务院公安部门规定。

驾驶人记分是一种教育措施，可有效地遏制累犯者的交通违法行为；能够定量地评价交通违法行为，为全国统一管理奠定基础；并将日常管理与长期管理相结合，有利于提高驾驶人管理工作的水平；顺应道路交通发展的客观需要，有助于驾驶人的自我管理。

（二）审验

驾驶人审验是公安机关对于正式机动车驾驶人定期进行的能否继续保持驾驶资格的审查。审验的目的在于公安机关全面地了解和掌握驾驶人的身体状况、驾驶技术水平和驾驶熟练程度、安全行车和遵章守法情况等。通过审验，公安机关可以控制驾驶人素质，纯洁驾驶人队伍；定期对驾驶人进行遵章守法和安全驾驶的教育；促进驾驶人进行自我管理教育。

二、累积记分

（一）记分的标准

1. 驾驶人记分的构成。驾驶人记分由基本分数和追加分数两部分构成，是根据交通违法者造成违法的危害程度来决定的分数。

2. 记分分值。依照道路交通违法行为的严重程度，一次记分的分值定为12 分、6 分、3 分、2 分、1 分五种。

（二）记分的内容及公布形式

（1）记分周期：记分周期为 12 个月，从机动车驾驶人初次领取机动车驾

驶证之日起计算。

（2）记分原则：驾驶人一次有两个以上违法行为记分的，应当分别计算，累加分值。

（3）累积记分：一个记分周期期满后，机动车驾驶人在一个记分周期内记分未达到 12 分，所处罚款已经缴纳的，记分予以清除；记分虽未达到 12 分，但尚有罚款未缴纳的，记分转入下一个记分周期。

（4）交通违法记分对于违法行为进行纠正、处罚或者追究其交通事故行政责任同步执行。

（5）对非本地核发机动车驾驶证的驾驶人给予记分的，应当将记分情况转至核发地车辆管理部门。

（三）记分的处罚

依据相关规定，公安机关交通管理部门对记分分值累计达到或者超过 12 分的机动车驾驶人，进行交通法规与相关知识、道路驾驶考试。考试合格的，记分予以清除，发还机动车驾驶证；考试不合格的，继续参加学习和考试。接受驾驶技能考试的，按照本人机动车驾驶证载明的最高准驾车型考试。

（1）在一个记分周期内，记分分值满 12 分的机动车驾驶人不得继续驾驶机动车。

（2）记分分值满 12 分的机动车驾驶人经学习、考试合格的，原记分分值予以消除；考试不合格的，可以申请补考。

《机动车驾驶证申领和使用规定》第六十八条规定，机动车驾驶人在一个记分周期内累积记分达到 12 分的，公安机关交通管理部门应当扣留其机动车驾驶证。

机动车驾驶人应当在十五日内到机动车驾驶证核发地或者违法行为地公安机关交通管理部门参加为期七天的道路交通安全法律、法规和相关知识学习。机动车驾驶人参加学习后，车辆管理所应当在二十日内对其进行道路交通安全法律、法规和相关知识考试。考试合格的，记分予以清除，发还机动车驾驶证；考试不合格的，继续参加学习和考试。拒不参加学习，也不接受考试的，由公安机关交通管理部门公告其机动车驾驶证停止使用。

机动车驾驶人在一个记分周期内有两次以上达到 12 分或者累积记分达到 24 分以上的，车辆管理所还应当在道路交通安全法律、法规和相关知识考试合格后十日内对其进行道路驾驶技能考试。接受道路驾驶技能考试的，按照本人机动车驾驶证载明的最高准驾车型考试。

（3）机动车驾驶人记分达到 12 分，拒不参加公安机关交通管理部门通知的学习，也不接受考试的，由公安机关交通管理部门公告其机动车驾驶证停止使用。

（4）在驾驶人复议、诉讼期间，接受考试的时效顺延。

（5）机动车驾驶人在机动车驾驶证的 6 年有效期内，每个记分周期均未达到 12 分的，换发 10 年有效期的机动车驾驶证；在机动车驾驶证的 10 年有效期内，每个记分周期均未达到 12 分的，换发长期有效的机动车驾驶证。

记分管理这项工作，就是对在一个记分周期内满 12 分的驾驶人进行教育和考试，这也是对超分驾驶人违法行为的一种管理教育手段，对其进行理论、法规、道路驾驶技能的考试，让其经过培训，进一步提高作为机动车驾驶人应具备的职业素质、责任意识等。实施记分管理让驾驶人增强驾驶机动车遵守交通法规的意识，减少道路交通违法行为，预防交通事故，对违反交通法规的机动车驾驶人依法予以记分和考试；同时对能够自觉遵守交通法规，无违法记录的机动车驾驶人也要给予一定的奖励。

三、审验

（一）免于审验的规定

持有大型客车、牵引车、城市公交车、中型客车、大型货车驾驶证的驾驶人，应当在每个记分周期结束后三十日内到公安机关交通管理部门接受审验。但在一个记分周期内没有记分记录的，免予本记分周期审验。

机动车驾驶人可以在机动车驾驶证核发地或者核发地以外的地方参加审验、提交身体条件证明。

（二）审验的对象

根据《机动车驾驶证申领和使用规定》，年龄超过 70 周岁以上的或者持有大型客车、牵引车、城市公交车、中型客车、大型货车、无轨电车、有轨电车准驾车型驾驶证的机动车驾驶人，应当每年进行一次身体检查。

持有大型客车、牵引车、城市公交车、中型客车、大型货车以外准驾车型驾驶证的驾驶人，发生交通事故造成人员死亡承担同等以上责任未被吊销机动车驾驶证的，应当在本记分周期结束后三十日内到公安机关交通管理部门接受审验。

在异地从事营运的机动车驾驶人，向营运地车辆管理所备案登记一年后，可以直接在营运地参加审验。

（三）审验的内容

审验内容包括以下方面：

（1）道路交通安全违法行为、交通事故处理情况。

（2）身体条件情况。

年龄在70周岁以上的机动车驾驶人，应当每年进行一次身体检查，在记分周期结束后三十日内，提交县级或者部队团级以上医疗机构出具的有关身体条件的证明。

持有残疾人专用小型自动挡载客汽车驾驶证的机动车驾驶人，应当每三年进行一次身体检查，在记分周期结束后三十日内，提交经省级卫生主管部门指定的专门医疗机构出具的有关身体条件的证明。

（3）道路交通安全违法行为记分及记满12分后参加学习和考试的情况。

持有大型客车、牵引车、城市公交车、中型客车、大型货车驾驶证一个记分周期内有记分的，以及持有其他准驾车型驾驶证发生交通事故造成人员死亡承担同等以上责任未被吊销机动车驾驶证的驾驶人，审验时应当参加不少于三个小时的道路交通安全法律法规、交通安全文明驾驶、应急处置等知识学习，并接受交通事故案例警示教育。

对交通违法行为或者交通事故未处理完毕的、身体条件不符合驾驶许可条件的、未按照规定参加学习、教育和考试的，不予通过审验。

（四）延期审验

机动车驾驶人因服兵役、出国（境）等原因，无法在规定时间内办理驾驶证期满换证、审验、提交身体条件证明的，可以向机动车驾驶证核发地车辆管理所申请延期办理。申请时应当填写申请表，并提交机动车驾驶人的身份证明、机动车驾驶证和延期事由证明。

延期期限最长不超过三年。延期期间机动车驾驶人不得驾驶机动车。

（五）审验时应注意的问题

审验合格的，在驾驶证上按规定格式签章或记载，持未记载审验合格的驾驶证的不具备驾驶资格。

（六）审验时车管所应履行的业务职责

根据2016年4月1日开始实施的《机动车驾驶证业务工作规范》第四章“监督管理”规定：

第三十四条　公安机关交通管理部门应当按照《机动车驾驶证申领和使用规定》第七十一条第二款和第八十五条的规定，组织驾驶人进行不少于三个小时的学习和教育，并做好记录。对已参加学习和接受教育的机动车驾驶人，出具接受教育的凭证。

省级公安机关交通管理部门应当制定全省（自治区、直辖市）统一学习教育大纲，组织编写交通安全文明常识和事故案例警示教材，制作教学片。直辖市、设区的市或者相当于同级的公安机关交通管理部门要定期汇总辖区典型交通事故案例，作为学习教育内容。

第三十五条　对具有《机动车驾驶证申领和使用规定》第七十条第三款、第四款规定情形的驾驶人，车辆管理所办理审验业务的流程和具体事项为：

（一）受理岗审核申请人提交的公安机关交通管理部门出具的接受教育的凭证、《机动车驾驶人身体情况申报表》和机动车驾驶证；机动车驾驶证遗失的，需审核身份证明。通过计算机管理系统核查申请人不具有记满12分、道路交通安全违法行为、交通事故未处理完毕以及被扣押、扣留、暂扣、注销、吊销或者撤销机动车驾驶证的情形。符合规定的，受理申请，录入相关信息，收存相关资料，出具审验证明。

（二）档案管理岗核对计算机管理系统信息，复核、整理资料。收存接受教育的凭证和《机动车驾驶人身体情况申报表》原件，在下一次接受审验的日期结束后销毁。

第三十六条　车辆管理所办理提交《身体条件证明》业务的流程和具体事项为：

（一）受理岗审核申请人提交的《身体条件证明》，通过计算机管理系统核查不具有记满12分以及注销、吊销或者撤销机动车驾驶证的情形。符合规定的，录入相关信息，出具提交《身体条件证明》回执。

（二）档案管理岗核对计算机管理系统信息，复核、整理资料。收存《身体条件证明》原件，在下一次提交《身体条件证明》的日期结束后销毁。

第三十七条　车辆管理所办理延期换证、延期审验、延期提交《身体条件证明》业务的流程和具体事项为：

（一）受理岗审核申请人提交的《机动车驾驶证申请表》、延期事由证明、身份证明和机动车驾驶证。符合规定的，受理申请，录入相关信息，在《机动车驾驶证申请表》“受理岗”栏内签字或者签章，出具延期换证、延期审验、延期提交《身体条件证明》回执，告知申请人延期期间不得驾驶机动车，收存相关资料。

（二）档案管理岗核对计算机管理系统信息，复核、整理资料。收存《机动车驾驶证申请表》原件、身份证明复印件、延期事由证明复印件，在申请人办理期满换证或者提交《身体条件证明》后销毁。

延期期限自驾驶证有效期截止日期、记分周期结束日期或者应当提交身体条件证明的日期开始计算。

第三十八条　车辆管理所办理机动车驾驶人信息变更备案业务的流程和具体事项为：机动车驾驶人具有《机动车驾驶证申领和使用规定》第八十条情形的，受理岗核实申请人身份信息，录入变更后相关信息。属于从业单位发生变更的，还应当核实并收存从业单位出具的证明。

附件：

道路交通安全违法行为记分分值

一、机动车驾驶人有下列违法行为之一，一次记12分：

（一）驾驶与准驾车型不符的机动车的；

（二）饮酒后驾驶机动车的；

（三）驾驶营运客车（不包括公共汽车）、校车载人超过核定人数20%以上的；

（四）造成交通事故后逃逸，尚不构成犯罪的；

（五）上道路行驶的机动车未悬挂机动车号牌的，或者故意遮挡、污损、不按规定安装机动车号牌的；

（六）使用伪造、变造的机动车号牌、行驶证、驾驶证、校车标牌或者使用其他机动车号牌、行驶证的；

（七）驾驶机动车在高速公路上倒车、逆行、穿越中央分隔带掉头的；

（八）驾驶营运客车在高速公路车道内停车的；

（九）驾驶中型以上载客载货汽车、校车、危险物品运输车辆在高速公路、城市快速路上行驶超过规定时速20%以上或者在高速公路、城市快速路以外的道路上行驶超过规定时速50%以上，以及驾驶其他机动车行驶超过规定时速50%以上的；

（十）连续驾驶中型以上载客汽车、危险物品运输车辆超过4小时未停车休息或者停车休息时间少于20分钟的；

（十一）未取得校车驾驶资格驾驶校车的。

二、机动车驾驶人有下列违法行为之一，一次记6分：

（一）机动车驾驶证被暂扣期间驾驶机动车的；

（二）驾驶机动车违反道路交通信号灯通行的；

（三）驾驶营运客车（不包括公共汽车）、校车载人超过核定人数未达20%的，或者驾驶其他载客汽车载人超过核定人数20%以上的；

（四）驾驶中型以上载客载货汽车、校车、危险物品运输车辆在高速公路、城市快速路上行驶超过规定时速未达20%的；

（五）驾驶中型以上载客载货汽车、校车、危险物品运输车辆在高速公路、城市快速路以外的道路上行驶或者驾驶其他机动车行驶超过规定时速20%以上未达到50%的；

（六）驾驶货车载物超过核定载质量30%以上或者违反规定载客的；

（七）驾驶营运客车以外的机动车在高速公路车道内停车的；

（八）驾驶机动车在高速公路或者城市快速路上违法占用应急车道行驶的；

（九）低能见度气象条件下，驾驶机动车在高速公路上不按规定行驶的；

（十）驾驶机动车运载超限的不可解体的物品，未按指定的时间、路线、速度行驶或者未悬挂明显标志的；

（十一）驾驶机动车载运爆炸物品、易燃易爆化学物品以及剧毒、放射性等危险物品，未按指定的时间、路线、速度行驶或者未悬挂警示标志并采取必要的安全措施的；

（十二）以隐瞒、欺骗手段补领机动车驾驶证的；

（十三）连续驾驶中型以上载客汽车、危险物品运输车辆以外的机动车超过4小时未停车休息或者停车休息时间少于20分钟的；

（十四）驾驶机动车不按照规定避让校车的。

三、机动车驾驶人有下列违法行为之一，一次记3分：

（一）驾驶营运客车（不包括公共汽车）、校车以外的载客汽车载人超过核定人数未达20%的；

（二）驾驶中型以上载客载货汽车、危险物品运输车辆在高速公路、城市快速路以外的道路上行驶或者驾驶其他机动车行驶超过规定时速未达20%的；

（三）驾驶货车载物超过核定载质量未达30%的；

（四）驾驶机动车在高速公路上行驶低于规定最低时速的；

（五）驾驶禁止驶入高速公路的机动车驶入高速公路的；

（六）驾驶机动车在高速公路或者城市快速路上不按规定车道行驶的；

（七）驾驶机动车行经人行横道，不按规定减速、停车、避让行人的；

（八）驾驶机动车违反禁令标志、禁止标线指示的；

（九）驾驶机动车不按规定超车、让行的，或者逆向行驶的；

（十）驾驶机动车违反规定牵引挂车的；

（十一）在道路上车辆发生故障、事故停车后，不按规定使用灯光和设置警告标志的；

（十二）上道路行驶的机动车未按规定定期进行安全技术检验的。

四、机动车驾驶人有下列违法行为之一，一次记2分：

（一）驾驶机动车行经交叉路口不按规定行车或者停车的；

（二）驾驶机动车有拨打、接听手持电话等妨碍安全驾驶的行为的；

（三）驾驶二轮摩托车，不戴安全头盔的；

（四）驾驶机动车在高速公路或者城市快速路上行驶时，驾驶人未按规定系安全带的；

（五）驾驶机动车遇前方机动车停车排队或者缓慢行驶时，借道超车或者占用对面车道、穿插等候车辆的；

（六）不按照规定为校车配备安全设备，或者不按照规定对校车进行安全维护的；

（七）驾驶校车运载学生，不按照规定放置校车标牌、开启校车标志灯，或者不按照经审核确定的线路行驶的；

（八）校车上下学生，不按照规定在校车停靠站点停靠的；

（九）校车未运载学生上道路行驶，使用校车标牌、校车标志灯和停车指示标志的；

（十）驾驶校车上道路行驶前，未对校车车况是否符合安全技术要求进行检查，或者驾驶存在安全隐患的校车上道路行驶的；

（十一）在校车载有学生时给车辆加油，或者在校车发动机引擎熄灭前离开驾驶座位的。

五、机动车驾驶人有下列违法行为之一，一次记 1 分：

（一）驾驶机动车不按规定使用灯光的；

（二）驾驶机动车不按规定会车的；

（三）驾驶机动车载货长度、宽度、高度超过规定的；

（四）上道路行驶的机动车未放置检验合格标志、保险标志，未随车携带行驶证、机动车驾驶证的。

第七节　法律责任

一、《刑法修正案》（九）

2015 年 11 月 1 日实施的《刑法修正案》（九）将刑法第一百三十三条之一修改为：“在道路上驾驶机动车，有下列情形之一的，处拘役，并处罚金：

（一）追逐竞驶，情节恶劣的；

（二）醉酒驾驶机动车的；

（三）从事校车业务或者旅客运输，严重超过额定乘员载客，或者严重超过规定时速行驶的；

（四）违反危险化学品安全管理规定运输危险化学品，危及公共安全的。

（五）机动车所有人、管理人对前款第三项、第四项行为负有直接责任的，依照前款的规定处罚。

（六）有前两款行为，同时构成其他犯罪的，依照处罚较重的规定定罪处罚。”

将刑法第二百八十条修改为：“伪造、变造、买卖居民身份证、护照、社会保障卡、驾驶证等依法可以用于证明身份的证件的，处三年以下有期徒刑、拘役、管制或者剥夺政治权利，并处罚金；情节严重的，处三年以上七年以下有期徒刑，并处罚金。”

这一条的修改与《机动车驾驶证申领和使用规定》第九十六条的规定并不矛盾，只是加重了对伪造、变造身份证、驾驶证的处罚。

二、《中华人民共和国道路交通安全法》

第九十九条　有下列行为之一的，由公安机关交通管理部门处二百元以上二千元以下罚款：

（一）未取得机动车驾驶证、机动车驾驶证被吊销或者机动车驾驶证被暂扣期间驾驶机动车的；

（二）将机动车交由未取得机动车驾驶证或者机动车驾驶证被吊销、暂扣的人驾驶的；

（三）造成交通事故后逃逸，尚不构成犯罪的；

（四）机动车行驶超过规定时速百分之五十的；

（五）强迫机动车驾驶人违反道路交通安全法律、法规和机动车安全驾驶要求驾驶机动车，造成交通事故，尚不构成犯罪的；

（六）违反交通管制的规定强行通行，不听劝阻的；

（七）故意损毁、移动、涂改交通设施，造成危害后果，尚不构成犯罪的；

（八）非法拦截、扣留机动车辆，不听劝阻，造成交通严重阻塞或者较大财产损失的。

行为人有前款第二项、第四项情形之一的，可以并处吊销机动车驾驶证；有第一项、第三项、第五项至第八项情形之一的，可以并处十五日以下拘留。

三、《机动车驾驶证申领和使用规定》的法律责任

第八十八条　隐瞒有关情况或者提供虚假材料申领机动车驾驶证的，申请人在一年内不得再次申领机动车驾驶证。

申请人在考试过程中有贿赂、舞弊行为的，取消考试资格，已经通过考试的其他科目成绩无效；申请人在一年内不得再次申领机动车驾驶证。

申请人以欺骗、贿赂等不正当手段取得机动车驾驶证的，公安机关交通管理部门收缴机动车驾驶证，撤销机动车驾驶许可；申请人在三年内不得再

次申领机动车驾驶证。

第八十九条　申请人在教练员或者学车专用标识签注的指导人员随车指导下，使用符合规定的机动车学习驾驶中有道路交通安全违法行为或者发生交通事故的，按照《道路交通安全法实施条例》第二十条规定，由教练员或者随车指导人员承担责任。

第九十条　申请人在道路上学习驾驶时，未按照第三十九条规定随身携带学习驾驶证明，由公安机关交通管理部门处二十元以上二百元以下罚款。

第九十一条　申请人在道路上学习驾驶时，有下列情形之一的，由公安机关交通管理部门对教练员或者随车指导人员处二十元以上二百元以下罚款：

（一）未按照公安机关交通管理部门指定的路线、时间进行的；

（二）未按照第三十九条规定放置、粘贴学车专用标识的。

第九十二条　申请人在道路上学习驾驶时，有下列情形之一的，由公安机关交通管理部门对教练员或者随车指导人员处二百元以上五百元以下罚款：

（一）未使用符合规定的机动车的；

（二）自学用车搭载随车指导人员以外的其他人员的。

第九十三条　申请人在道路上学习驾驶时，有下列情形之一的，由公安机关交通管理部门按照《道路交通安全法》第九十九条第一款第一项规定予以处罚：

（一）未取得学习驾驶证明的；

（二）学习驾驶证明超过有效期的；

（三）没有教练员或者随车指导人员的；

（四）由不符合规定的人员随车指导的。

将机动车交由有前款规定情形之一的申请人驾驶的，由公安机关交通管理部门按照《道路交通安全法》第九十九条第一款第二项规定予以处罚。

第九十四条　机动车驾驶人有下列行为之一的，由公安机关交通管理部门处二十元以上二百元以下罚款：

（一）机动车驾驶人补领机动车驾驶证后，继续使用原机动车驾驶证的；

（二）在实习期内驾驶机动车不符合第七十五条规定的；

（三）驾驶机动车未按规定粘贴、悬挂实习标志或者残疾人机动车专用标志的；

（四）持有大型客车、牵引车、城市公交车、中型客车、大型货车驾驶证的驾驶人，未按照第八十条规定申报变更信息的。

有第一款第一项规定情形的，由公安机关交通管理部门收回原机动车驾驶证。

第九十五条　机动车驾驶人有下列行为之一的，由公安机关交通管理部门处二百元以上五百元以下罚款：

（一）机动车驾驶证被依法扣押、扣留或者暂扣期间，采用隐瞒、欺骗手段补领机动车驾驶证的；

（二）机动车驾驶人身体条件发生变化不适合驾驶机动车，仍驾驶机动车的；

（三）逾期不参加审验仍驾驶机动车的。

有第一款第一项、第二项规定情形之一的，由公安机关交通管理部门收回机动车驾驶证。

第九十六条　伪造、变造或者使用伪造、变造的机动车驾驶证的，由公安机关交通管理部门予以收缴，依法拘留，并处二千元以上五千元以下罚款；构成犯罪的，依法追究刑事责任。

第九十七条　交通警察有下列情形之一的，按照有关规定给予纪律处分；聘用人员有下列情形之一的予以解聘。构成犯罪的，依法追究刑事责任：

（一）为不符合机动车驾驶许可条件、未经考试、考试不合格人员签注合格考试成绩或者核发机动车驾驶证的；

（二）减少考试项目、降低评判标准或者参与、协助、纵容考试作弊的；

（三）为不符合规定的申请人发放学习驾驶证明、学车专用标识的；

（四）与非法中介串通谋取经济利益的；

（五）违反规定侵入机动车驾驶证管理系统，泄漏、篡改、买卖系统数据，或者泄漏系统密码的；

（六）参与或者变相参与驾驶培训机构经营活动的；

（七）收取驾驶培训机构、教练员、申请人或者其他相关人员财物的。

交通警察未按照第五十条第一款规定使用执法记录仪的，根据情节轻重，按照有关规定给予纪律处分。

公安机关交通管理部门有本条第一款所列行为之一的，按照国家有关规定对直接负责的主管人员和其他直接责任人员给予相应的处分。

【思考题】

1. 简述机动车驾驶证管理的意义。
2. 简述机动车驾驶证申请条件。
3. 简述申请机动车驾驶证的考试科目。
4. 简述机动车驾驶人交通违法记分和审验的概念。
5. 简述机动车驾驶人交通违法记分的处罚有哪些?
6. 简述审验的对象以及内容。
7. 重点驾驶人的教育管理原则有哪些?
8. 校车驾驶人管理的内容有哪些?

第五章 汽车维护与安全

第一节 概述

汽车在远行中，由于机件磨损、自然腐蚀和其他原因，技术性能将有所下降，如长期缺乏必要的维护，不仅车本身的寿命会缩短，还会成为影响交通安全的一大隐患。因此，懂得一些维护与保养知识，对车主来说显得尤为重要。所谓汽车维护与保养是指保持和恢复汽车的技术性能，根据车辆各部位不同材料所需的保养条件，采用不同性质的专用护理材料和产品对汽车进行全新的保养护理，保证汽车具有良好的使用性和可靠性，及时正确的保养会使汽车的使用寿命延长，安全性能提高，既省钱又免去许多修车的烦恼。但是，时下“以修代保（保养)”的观念在车主中仍旧存在，因缺乏保养或保养不当引起的交通事故屡有发生。所以，及时正确的保养汽车是延长汽车使用寿命、保证行车安全的重要一环。

对于汽车维护与保养，人们传统的观念无非是洗车、打蜡、抛光或者清洗机头外表以及室内仪表板，真皮及座椅的养护等，至于如何恢复汽车引擎的性能，如何对润滑油道、变速箱或者冷却系统进行经常性的护理，很少有维修厂及养护中心作为固定的项目推介给车友，传统的观念是外部护理，或者是内部维修，至于日常的内部护理常常被修理厂或养护中心忽视。

我们平时所说的汽车保养，主要是从保持汽车良好的技术状态，延长汽车的使用寿命方面进行的工作，主要有以下四个方面。

一、日常维护

日常维护是各级维护的基础，目的是维持车辆的车容和车况，使车辆处于完整和完好状况，以保证正常运行；由驾驶员负责执行，其作业的中心内容是清洁、补给和安全检视。日常维护包括出车前、行驶途中、收车后三个环节；要求是：车容整洁；确保四清（机油、空气、燃油、蓄电池）；四不漏（油、水、电、气）；附件齐全；螺栓、螺母不松动、不缺少；保持轮胎气压正常；制动可靠，转向灵活；润滑良好；灯光、喇叭正常等。

二、一级维护

一级维护由专业维修工负责执行。其作业中心内容除执行正常维护作业外，以清洁、润滑、紧固为主，并检查有关制动、操纵等安全部件，保持车辆的正常运行状况。一级维护的主要内容包括各总成和连接件的紧固，主要总成和部件的润滑以及在外部检查时发现的一些必要的调整作业。

三、二级维护

二级维护由专业维修工负责执行。其作业中心内容除执行一级维护作业外，以检查、调整为主，并拆检轮胎，进行轮胎换位，目的是车辆在以后的较长运行时间内保持良好的运行性能。二级维护的作业项目较多，除完成一级全部作业外，还必须消除维护作业中发现的故障和隐患。该工作需要有一定的作业时间，所以二级维护需占用车辆一定的运行时间。

四、三级维护

三级维护仅次于车辆大修，以拆解总成，并对其进行清洗、检验、调整、消除隐患为中心，除进行二级维护外，应更深入地清洗和检查，并视需要拆检各个总成或组合件，消除故障，清除积炭、油污和结胶。专业维修工负责清洗机油通道，清除水垢，清洗油底壳和燃油箱，拆检和调整底盘各总成，并清洗换油，检查和调整四轮定位，对车架和车身进行检查、除锈和补漆。这些作业内容都应由专业维修工负责进行。

第二节　汽车日常维护

日常维护是各级维护的基础，目的是维持车辆的车容和车况，使车辆处于完整和完好状况，以保证正常运行。由驾驶员负责执行，其作业的中心内容是清洁、补给和安全检视。它包括出车前、行驶途中、收车后三个环节。其要求是：车容整洁；确保四清（机油、空气、燃油、蓄电池）；四不漏（油、水、电、气）；附件齐全；螺栓、螺母不松动、不缺少；保持轮胎气压正常；制动可靠，转向灵活；润滑良好；灯光、喇叭正常等。

一、每天使用前的维护

（1）环视汽车，看看灯光装置有没有损坏，后视镜的位置是否正确，车身有没有倾斜。

（2）检查发动机机油油面高度、制动液液面高度和动力转向储液罐液面高度，检查冷却液液面高度、风窗清洗液液面高度，并检查有没有漏油、漏水等泄漏情况。

（3）检查轮胎的外表情况及轮胎气压是否正常；检查车门、发动机罩盖、行李箱盖和风窗玻璃的状况，检查刮水器的状况。

（4）清理干净脚坑内的物品，防止影响制动踏板的操作。

（5）将变速杆置于空挡，将离合器踏到底，启动发动机，检查各警告灯是否正常熄灭，看看指示灯是否正常点亮。查看油量表的指示，必要时补充燃油。

二、每星期的维护

（1）检查调整轮胎气压，清理轮胎上的杂物。注意不要忘记对备胎进行检查。

（2）查看发动机各部附件的固定情况，查看发动机各结合面有没有漏油、漏水的情况，检查调整传动带张紧度，查看各部分的管路和导线固定情况，检查补充机油、冷却液、电解液、动力转向机油、风窗玻璃清洗液，清洁散热器外表等。

（3）清洗汽车外表及车内各部位。

三、每月的维护

在每月保养时，应重复每星期的保养项目，但所进行的检查工作应更细致。

（1）巡视汽车，检查灯泡及灯罩的损坏情况，检查车体饰物的固定情况，检查倒车镜的固定情况。

（2）检查轮胎的磨损情况，出现或接近轮胎的磨耗记号时应更换轮胎；检查轮胎有没有鼓包、异常磨损、老化裂纹和硬伤等情况。

（3）彻底清扫汽车内部，清理行李箱的多余物品，不要让车变成移动仓库；清洁水箱外表、机油散热器外表和空调冷凝器外表上的杂物。

（4）清洁汽车外表，去除车体上的油污并修补车体脱漆的部位。

（5）检查底盘各部分有没有漏油的现象，发现有漏油痕迹，应检查漏油部位并进行适当的补充。对底盘所有的润滑脂油嘴进行充分的补脂作业。

四、每半年的维护

每半年进行的保养，一般安排在春秋两季进行。

（1）清洗发动机外表，清洗时应注意对电气部分进行防水处理。如果电气部分的防水要求较高（如汽车上的电脑与传感器），应避免用高压、高温水枪来冲洗发动机，但可以用毛刷蘸清洗剂清洗发动机外表。

（2）清洁或更换发动机“三滤”和机油。“三滤”是指空气滤清器、燃油滤清器和机油滤清器。

（3）检查蓄电池接线柱部分有没有腐蚀的现象，用热水冲洗蓄电池外表，清除蓄电池接线柱上的腐蚀物；测量调整蓄电池的电解液密度。配备免维护型蓄电池的车型没有此项维护项目。

（4）检查补充冷却液，清洁水箱的外表。

（5）检查轮胎的磨损情况，对轮胎实施换位。

（6）检查轮毂轴承预紧情况，如有间隙应调整预紧度。

（7）检查调整手制动拉杆工作行程；检查调整制动踏板的自由行程；检查车轮制动器蹄片磨损情况，如果达到磨耗记号应更换制动蹄片；检查调整车轮制动器的蹄片间隙，检查补充制动液等。

（8）检查底盘重要螺栓或螺母的紧固情况，特别是对于转向系统的重要螺栓和螺母，发现有松动或缺损情况，应补充拧紧。

（9）检查底盘各部分管路情况，查看有没有泄漏情况；检查紧固所有金属连接杆件，并检查橡胶轴套有没有损坏情况；对底盘所有润滑点进行补脂润滑。

（10）彻底清洗汽车内、外部，并对脱漆和破损部位进行修补。

（11）检查修理汽车灯光；检查维护制冷、取暖装置；清洁音响系统等。

五、每年的维护

虽然每半年的汽车保养已经很全面，但驾驶人还是应该对汽车每年进行一次比较深入的检查。每年的保养是和每第二个半年保养一并进行的，即在半年的保养项目中再加上以下内容：

（1）检查调整汽油发动机的点火正时情况。现代很多车型的点火正时不可调，由电脑自动调整。对于点火正时的检查与调整，最好到修理厂进行。

（2）国内轿车仍有部分发动机装有普通气门（如夏利 2000 轿车），应检查调整气门间隙。对于装用液力挺柱的发动机，则没有此项。

（3）清洁发动机罩盖、车门和行李箱铰链机构的油污，重新调整并润滑上述机构。

六、每两年的维护

（1）更换防冻液并清洗冷却系统。防冻液一般的使用年限为两年，届时应在年度保养中更换防冻液，并对冷却系统进行彻底的清洗。

（2）更换制动系统和离合器传动系统的液力油。由于制动液的吸湿性，制动液应每两年更换一次。

除上述驾驶员可以自己完成的保养项目外，还应该按照汽车生产厂家的规定，将汽车送到修理厂，由修理厂进行汽车的二级保养和定程保养项目，完成一些自己不能做的保养工作。现在我国一些中高档轿车（如上海大众帕萨特轿车）的仪表板上有一个维护保养指示灯（SERVICE），当该指示灯亮时，表示到了保养的时间，应尽快到特约维修站进行维护保养。

第三节 汽车一级维护

一、汽车一级维护相关知识

1. 一级维护标准。一级维护一般按汽车生产厂家推荐或规定的行驶里程或使用时间进行。一级维护的间隔里程约为7500～15000千米或6个月，以先达到的为准。

2. 一级维护执行。一级维护由专业维护工负责执行。其作业中心内容除日常维护作业外，以清洁、润滑、紧固为主，并检查有关制动、操纵等安全部件。这些操作基本上以不拆卸为原则。

3. 一级维护竣工检验技术要求。

（1）发动机前后悬挂、进排气歧管、散热器、轮胎、传动轴、车身、附件支架等外露件、螺母须齐全、紧固、无裂纹。

（2）转向臂。转向拉杆、制动操纵机构工作可靠，锁销齐全有效，转向杆球头、转向传动十字轴承、传动轴十字轴承无松旷。

（3）转向器、变速器、驱动桥的润滑油面，应在检视口下缘0～15毫米（车辆处于停驶状态）处，通风孔应畅通；变速器、减速器的凸缘螺母长应可靠。

（4）备润滑脂油嘴齐全有效，安装位置正确，所有润滑点均已润滑，无遗漏。

（5）空气滤清器滤芯清洁有效。

（6）轮胎气压应符合充气规定，胎面无嵌石及其他硬物。

（7）离合器踏板和制动踏板自由行程符合技术规定。

（8）灯光、仪表、喇叭、信号齐全有效。

（9）蓄电池电解液液面应高出极板10～15毫米，通风孔畅通，接头牢靠。

（10）车轮轮毂轴承无松旷。

（11）全车各部无漏水、漏油、漏气和漏电现象。

二、一级维护主要作业项目

（1）检查、清洗发动机气滤清器、曲轴箱通风空气滤清器、机油转子滤清器、检查曲轴箱油面。

（2）检查、紧固散热器、机油滤清器、发动机前后支垫、水泵空压机、进排气歧管等装置。检查、调整风扇V带松紧度。

（3）检查、调整离合器自由行程。

（4）检查转向器、传动十字轴承、横拉杆、摇臂及前桥，添加润滑油，调整松紧度、润滑前桥球头销。

（5）检查变速器、传动轴、中间轴承和后桥，添加润滑油，畅通通气孔，校紧各部螺栓、螺母。

（6）检查紧固制动管路各接头、支架、螺栓、螺母。检查调整行车制动踏板自由行程和驻车制动自由行程。

（7）检查紧固车架、车厢及附件支架各部的螺栓、拖钩、挂钩。

（8）检查轮辋及压条挡圈的裂损情况。

（9）检查补足轮胎气压。

（10）检查轮毂轴承松紧度。

（11）检查钢板弹簧有无断裂，紧固“U”形螺栓和卡环。

（12）检查减振器性能。

（13）检查蓄电池液面高度，补充蒸馏水。检查通气孔使之畅通。检查清除电极及夹头氧化物。

（14）检查灯光、仪表、信号装置。

（15）全车润滑。

（16）全车外观检查。

三、汽车一级维护主要内容

（一）润滑和补给作业

1. 更换发动机机油和机油滤清器。

（1）实操步骤。

①更换发动机机油。将汽车停放于平坦场地上，在前、后车轮处垫上止滑块。

第一步，在热车状态下，拧下机油盘下部放油螺栓（注意防止热油烫伤人），放出机油。清除螺栓上吸附的杂质，并拧回原位。

第二步，打开汽缸盖前罩盖上的加机油口盖，取下小空气滤清器。

第三步，加入新机油，使油面达到油标尺的上限。

第四步，启动发动机，怠速运转数分钟，停机30分钟后，用油标尺检查油面是否在2/4～4/4，不足时应补加。最后盖好加机油口盖。

②更换滤清器滤芯。

第一步，启动发动机使之运转，待达到正常的工作温度（80℃以上），然后将发动机熄火，在热车状态下放出油底和滤清器内的机油。

第二步，当油底壳放油螺孔将旧机油放净时，用滤清器扳手卸下滤清器滤芯。准备好同样的滤芯，先在滤芯的“O”形圈上涂抹一层机油，用手将滤芯拧至拧不动为止。不要用滤清器的扳手拧紧，以防损坏“O”形圈，造成漏油。

第三步，从加机油口加入适量机油。启动发动机，在怠速的情况下，观察滤清器有无泄漏。如有泄漏，应拆检油封胶圈，排除漏油现象。

（2）技术要求。机油量应位于油标尺上、下刻线之间。更换机油后，启动发动机，滤清器处无机油泄漏。

2. 检查、补充冷却液。

（1）实操步骤。

①检查冷却液：检查储液罐的液面，如果冷却液面在规定标准处（一般在max和min之间），则冷却液量为合适。如果低于min线，则应补充冷却液。如果冷却液变得污浊或充满水垢，应将冷却液全部放掉并清洗冷却系统。

②补充冷却液：待发动机冷却后，用抹布裹着散热器盖将其打开，添加冷却液至规定位置。

（2）技术要求。

①冷却液品种要符合本地气候条件。

②按时更换冷却液。普通冷却液应每六个月更换一次。长效防锈防冻液一般两年更换一次。

3. 检查、更换变速器、驱动桥、转向器的润滑油。

（1）实操步骤。

①检查、更换变速器齿轮油。拧下油位检查孔螺栓，检查油位是否达到规定油位，油位应不低于孔边15毫米（伸入手指，一节手指应能够到油面）。如果油量不足，应补充齿轮油，使油位达到规定值，并检查有无漏油现象。

更换齿轮油，应先起动车辆，运转或行驶一定距离，使变速器齿轮油升温。趁着齿轮油还处在温热状态时，拧下放油孔螺栓，放出齿轮油，再将放油螺栓拧牢固。然后加入符合要求的新齿轮油，直到齿轮油从油位检查孔向外溢出，最后装好检查孔螺栓。

②驱动桥齿轮油的检查与更换。拧下油位检查孔螺栓，检查油位与检查孔边的距离（0~15毫米）。如果油量不足，应补充齿轮油，直到齿轮油从油位检查孔向外溢出。

③检查。更换转向器齿轮油。拧下油位检查孔螺栓，检查油位与检查孔边的距离（0~10毫米）。如果油量不足，应补充齿轮油，直到齿轮油从油位检查孔向外溢出。

更换齿轮油，拧下放油螺栓，放出齿轮油。放净齿轮油后，将螺栓牢固拧回转向器壳。拧下油位检查孔螺栓，加入新齿轮油，直到齿轮油从油位检查孔向外溢出，最后装好检查孔螺栓。

（2）技术要求。齿轮油的质量要符合原厂规定，补充齿轮油至检查孔下边缘0~15毫米。

4. 更换制动液。

（1）实操步骤。

①放出旧制动液，启动发动机并保持其怠速运转。拧下制动储液罐的加油口盖。拧松放气阀，连续踩下制动踏板，直到制动液不再流出。拧紧放气阀，然后向储液罐内加入足量的同种制动液。

②排放液压管路内的空气时，应按由远及近的原则，按制动管路分布情况对各轮缸进行放气作业，由两人配合进行，一个人在驾驶室内连续踩动制动踏板，使踏板位置升高并保持踩下踏板不动。此时车下另一人拧松放气阀，使管路中的空气和制动液一同排出。踏板位置降低时，立即拧紧放气阀，如此反复多次，直到塑料管内没有气泡排出。然后扭紧放气阀并装好防尘套，按上述方法依次对其他轮缸进行放气。

③在排气时应一边排除空气，一边检查和补充制动液，以免空气重新进入制动管路，直到完全排放干净，将储液罐的制动液补充到规定位置。

（2）技术要求。制动液质量和数量要符合原厂规定。

5. 注意事项。

（1）各个部分补给的润滑油或工作液应适量。加注后，一定要检查油面是否合适。

（2）检查油量时应检查油质的好坏，如已失效或变质则应更换新油。

（3）补充或更换机油时，应注意机油的牌号和种类。

（4）补充冷却液时，一定要等发动机冷却后再打开加水盖，以防烫伤或引起缸体、缸盖变形。

（二）检查、紧固作业

1. 检查排气系统和三元催化净化器。

（1）实操步骤。

①检查排气系统泄漏情况，维护时应检查排气系统的泄漏情况，发现泄漏应及时修理或更换泄漏的部件。

②检查三元催化净化器，其简易方法是：在发动机起动快速暖机（发动机快怠速）时，查看排气管口是否有水珠排出，若有水珠排出，说明三元催化净化器正常。如果长时间滴水，则应检查发动机是否有故障。

（2）技术要求。排气系统无泄漏；三元催化净化器完好。

2. 更换空气滤清器滤芯。

（1）实操步骤。

①清洁空气滤芯。

②松开滤清器锁扣，卸下固定滤芯的螺母，取下护盖后拔出滤芯。取出滤芯时，要注意防止杂质掉入化油器内。用抹布蘸汽油擦拭空气滤清器壳内、外部。

③检查滤芯污染程度并进行清洁。当滤芯积存干燥的灰尘时，可用压力不高于500kPa的压缩空气，从滤芯内侧开始，上下均匀地沿斜角方向吹净滤芯内外表面的灰尘。如果没有压缩空气，可用旋具柄轻轻敲打滤芯，再用毛刷刷净外部污垢。

操作时，不得用大力敲打或碰撞滤芯。在清洁时，如果发现滤芯损坏，应更换滤芯，正常使用的纸质滤芯也应按规定时间更换。

④检查滤芯。将照明灯点亮放入滤芯里面从外部观察有无损伤、小孔或变薄的部分，检查橡胶垫圈有无损伤。如有异常，应更换滤芯和垫圈。

⑤更换空气滤清器的滤芯，根据车型的行程规定（一般为30000km）进行更换。换滤芯时，应注意检查新滤芯有无损伤，垫圈有无缺损，发现缺损，应予以配齐。

⑥安装空气滤清器。按与其拆卸相反的顺序，将各部件安装好。维修员必须稳妥地安装滤芯，不宜用手或器具接触滤芯的纸质部分，尤其不能让油类污染滤芯。

（2）技术要求。

①汽车行驶7500~8000km时，应对空气滤清器进行维护。

②汽车行驶30000km时应更换滤芯。

③滤芯应清洁无破损，上、下衬垫无残缺，密封良好；滤清器应清洁彻底，安装牢固。

3. 检查V带状况，调整其张紧度。

（1）实操步骤。

①检查V带状况与张紧度，有无损伤、剥落。V带在断裂之前，会出现滑磨声，V带表面会出现龟裂、磨损以及剥落等前兆现象。因此，应仔细观察，如出现上述现象应及时更换V带。

检查V带张紧度时，用拇指以98～147N的力按压V带中间部位，挠度应为10～15mm。如果不符合要求，应进行调整。

②调整V带张紧度时，用调整螺栓将整个交流发动机向里或向外移位以调整V带的张紧度。调整后，应可靠地拧紧固定螺栓。

（2）技术要求。

①V带应无损伤、剥落、裂纹。

②V带张紧度合适，用拇指以98～147N的力按压V带中部，挠度应为10～15mm。

4. 检查、清洁火花塞。

（1）实操步骤。

①拆卸火花塞。拆卸火花塞前，要清除火花塞孔处的杂物和灰尘。如果火花塞孔处有灰尘和杂物，可用嘴吹去灰尘和杂物。如果不易吹掉，可用抹布和旋具进行清除。

用火花塞套筒逐一卸下各缸的火花塞。拆卸时，火花塞套筒要确实套牢火花塞，否则，会损坏火花塞的绝缘磁体而引起漏电。为了稳妥，可用一只手扶住火花塞套筒并轻压套筒，另一只手转动套筒，卸下的火花塞应按顺序排好。

②检查火花塞状态。逐一检查火花塞，如果火花塞的电极呈灰白色，而且没有积炭则表明该火花塞工作正常，燃烧良好；如果电极严重烧蚀或有积炭，甚至有污迹或其他异常现象，则表明该火花塞有故障，应予更换。

检查火花塞的绝缘体，如有油污和积炭应清洗干净。磁芯如有损坏、破裂，应予更换。清除积炭时，最好使用火花塞清洁器进行清洁，不要用火焰烧烤。

③检查、调整火花塞电极间隙。用火花塞量规测量火花塞电极间隙，火花塞间隙大时，可用旋具柄轻轻敲打外电极进行调整；间隙过小时可用一字旋具插入电极之间搬动一字旋具把间隙调整到符合要求为止。调整间隙时，只能弯动旁电极，不能弯动中央电极，以免损坏绝缘体。

火花塞间隙调整好后，外电极与中央电极应略成直角，如过度弯曲或电极烧蚀成圆形，则表示该火花塞不能再使用，应予更换。

④安装火花塞。安装火花塞时，先用手抓住火花塞的尾部，对准火花塞孔，慢慢用手拧上几圈，然后再用火花塞套筒拧紧。如果用手拧入有困难或费力，应把火花塞取下来，再试一次，千万不要勉强拧入，以免损坏螺纹孔。为使安装顺利，可以在火花塞螺纹上涂抹一点机油。

（2）技术要求。

①火花塞性能良好，电极呈灰白色，无积炭。

②火花塞间隙应在0.7mm至0.9mm之间。

5. 燃料系统的检查与清洁。

（1）实操步骤。

①清除燃油系统滤网中的沉淀物。松开汽油泵、化油器的进油接头，取出滤网，倒出滤网中的污物，在汽油中清洗并吹干净滤网后，装回原处，拧紧油管。启动发动机，观察汽油泵有无渗漏现象，如有渗漏现象应检修汽油泵。

②清洗或更换汽油滤清器。如果要进行清洗，应先从车上拆下汽油滤清器总成。清洗时，要按汽油流动方向逆向进行。

③汽油泵的检查。用手指堵死进油口，推动摇臂，手指应感到进油口有吸力，再将进、出油口接上油管，将进油管口浸入汽油盆内，并使出油管口对准水平方向，摆动摇臂，检查出油管口喷油距离，该距离能达到50mm至70mm属正常。确定有故障时，应解体检查其泵膜、进出油阀和泵体密封性，检查摇臂弹簧、泵膜弹簧的工作情况，检查摇臂磨损情况。

④化油器的检查。取下空气滤清器，拆洗化油器进油口滤网；用抹布蘸化油器清洗剂，将化油器外表擦拭干净，然后启动发动机，使发动机转速保持在中等速度。用化油器清洗剂向化油器腔室内喷洗，将化油器腔室、暖管等处的油污清洗下去，检查联动机构，紧固连接螺栓。在清洗过程中注意控制发动机转速，清洗剂的喷出量应适当控制，使清洗后的物质能随混合气燃烧后排出发动机。

（2）技术要求。

①燃油系统各连接螺栓应紧固，衬垫良好，不漏油，不漏气。

②汽油泵工作正常，管路畅通，无凹陷、裂损，接头不漏油。

③化油器滤网清洁、作用良好，外部清洁无泥垢，节气门、阻风门开闭完全，联动件运动灵活不松旷，垫圈、锁销齐全有效。

6. 点火系统的检查和调整。

（1）实操步骤。

①清洁分电器内部。

第一步，打开分电器盖的卡簧，卸下分电器盖。用抹布擦拭分电器盖的内外部，检查分电器盖有无破损或龟裂的痕迹，分电器盖出现破损或龟裂现象必须更换。

第二步，检查中央电极的碳棒及弹簧，用手或旋具轻压中央电极，松开时，电极应能弹回原位。中央电极的碳棒及弹簧如果损坏，应更换。

第三步，用布擦净分火头，检查分火头有没有裂纹或破损，如果有龟裂或破损，应及时更换。

第四步，当分电器盖装到分电器上时，要用卡簧固定住，并检查各缸高压线是否套牢。

②调整触点间隙。用塞尺检查分电器触点间隙，间隙标准值为 0.35 ~ 0.45mm，如不符合，则通过其上的调整螺钉进行调整。

（2）技术要求。

①分电器盖无破损或龟裂，分火头无裂纹和破损。

②触点完好，触点间隙为 0.35 ~ 0.45mm。各线路接头牢固可靠，无漏电，各连接轴无松旷和轴向窜动。

7. 检查传动轴及等速万向节。

（1）实操步骤。

①检查传动轴的技术状况。检查传动轴各轴承，拧紧各部螺栓、螺母，检查添加润滑油。必要时，拆检传动轴，更换万向节。

②检查传动轴万向节防尘套。检查传动轴万向节防尘套的破损情况，发现传动轴万向节防尘套破损时，应拆检传动轴万向节，如果发现万向节磨损，应予以更换；如果万向节脏污，可更换防尘套。

（2）技术要求。万向节、中间轴承、花键轴无松旷，万向节防尘套无破损，真空助力器工作状态良好。

8. 检查轮胎气压。

（1）实操步骤。检查轮胎气压，轮胎气压应符合规定要求，必要时进行补气和调整。轮胎气压检查步骤如下：

①拧下轮胎气嘴防尘帽，用轮胎气压表测量轮胎气压。轮胎气压应符合轮胎上的规定，轮胎气压数值通常标注在轮胎的侧壁上。气压不足时，应进行补充；气压过高时，应放出部分气体。

②检查完轮胎气压后，用唾液涂在气嘴上，查看是否漏气。如果唾液涂在气嘴上有明显的气泡或抖动，表示气嘴芯漏气，应拧紧或更换气嘴芯。最后，将气嘴的防尘帽拧上，以防脏物和水汽进入气嘴。

（2）技术要求。轮胎气压符合标准，气门嘴不漏气。

9. 蓄电池的维护。

（1）实操步骤。

①清洁蓄电池外部接头。

第一步，检查蓄电池及各桩柱导线夹头的固定情况，应无松动现象。

第二步，检查蓄电池壳体应无开裂和损坏现象，极柱和夹头应无烧损现象，否则，应将蓄电池从车上拆下进行修复。

第三步，用布块擦净蓄电池外部灰尘，如果表面有电解液溢出，可用布块擦干。清洁极柱桩头上的脏物和氧化物，擦净连接线外部及夹头，清除安装架上的脏污。疏通加液口盖通气孔，并将其清洗干净。安装时，在极柱和夹头上涂一薄层工业凡士林。

②检查蓄电池液面高度。用一根内径 6～8mm、长约 150mm 的玻璃管，垂直插入加液口内，直至极板边缘，然后用拇指压紧管上口，用食指和无名指将玻璃管夹出，玻璃管中电解液的高度即为蓄电池内电解液高出极板的高度，应为 10～15mm，最后再将电解液放入原单格电池中。

③补充电解液。如果电解液液面过低，应及时补充蒸馏水或市场上销售的电瓶补充液，不要添加自来水、河水或井水，以免混入杂质造成自行放电的故障；也不要添加电解液，否则，会使电解液浓度增大而缩短蓄电池的使用寿命。

值得注意的是，电解液液面不能过高，以防充、放电过程中电解液外溢造成短路故障。调整液面之后应对蓄电池充电 0.5h 以上，以便使加入的蒸馏水能够与原电解液混合均匀。否则，在冬季会使蓄电池内结冰。

（2）技术要求。蓄电池壳体无开裂和损坏，通气孔畅通，电柱夹头清洁、牢固，电解液液面高出极板 10～15mm。

10. 灯光、仪表、信号装置的检查及调整。

（1）实操步骤。

①检查灯光、信号和线束。

第一步，检查、调整灯光和信号显示装置，如果发现损坏，及时维修。

第二步，检查、紧固全车线路。

第三步，检查全车线路接头，要求干净、整齐、连接可靠。

第四步，检查全车线路的绝缘层。如有破损，可用胶布包裹好，破损较多的导线，应予以更换。

第五步，检查全车线束固定情况。卡子应齐全，固定可靠，无松动。

②检查报警信号。检查各报警信号灯、传感器及连线，均应完好无损，发现损坏或显示异常应及时修理，以确保行车安全。

③检查全车灯光情况。两个人配合检查前照灯、转向灯、示宽灯、制动灯等灯光装置。检查时，先打开灯光开关，依次检查全车各部位的灯光，踩下制动踏板查看制动灯情况。发现不亮现象应予以排除。常见的灯光不亮故障多为灯泡烧毁或熔丝烧断所致，更换灯泡或熔丝即可排除故障。

（2）技术要求。

①各报警信号灯、传感器及连线完好无损。

②前照灯、转向灯、示宽灯、制动灯工作正常，灯光光束应符合《机动车运行安全技术条件》的要求。

11. 空调装置的维护。

（1）实操步骤。

①查找冷冻油和制冷剂泄漏部位。

第一步，检查漏油痕迹。在空调制冷循环系统中，冷冻油是用来润滑密封轴承以及压缩机内其他运动部件的，冷冻油与制冷剂互溶，并与制冷剂一同在系统中循环。如果制冷循环系统发生泄漏，泄漏处就会出现油渍，所以在检查过程中，发现管路及接头处有油渍，就可以确定该处有泄漏故障，应进行修理。

第二步，观察检视窗，判定制冷剂泄漏情况。启动发动机（约1000r/mln），打开制冷控制开关（A/C），将温度开关控制杆置于COLD（冷）位置，风扇开关开到最大位置，可以从检视窗处观察到制冷剂的流动状态，以此来判断制冷循环系统中有无泄漏现象。制冷剂流动正常：制冷剂大体上透明，此时出风口的风是冷的。没有制冷剂：如果制冷系统严重泄漏，观察玻璃窗内就什么也看不到，此时空调系统不会制冷。

②检查空调系统的工作情况。检查时将汽车停放在通风良好的场地上，保持发动机中速运转，将空凋机风速开到最大挡，使车内空气循环。

第一步，从各部的温度判断空调状况。用手触摸空调系统各部件，检查表面温度。正常情况下，低压管路呈低温状态，高压管路呈高温状态。检查顺序如下：

高压管路：压缩机出口斗冷凝器斗储液罐到膨胀阀进口处。这些部件应该先热后暖，手摸时应特别小心，避免被烫伤。如果在其中某一点发现有特别热的部位，则说明此处有问题，散热不好。如果某一处特别凉或结霜，也说明此处有问题，可能有堵塞。干燥储液罐进出口之间若有明显温差，说明此处堵塞。

低压管路：膨胀阀出口到蒸发器压缩机进口。这些部位应该由冷到凉，但膨胀阀处不应发生霜冻现象。

压缩机高低压侧（进出口）之间应该有明显的温差，若没有明显温差，则说明空滤系统内没有制冷剂，空调系统有明显的泄漏。

第二步，清理空调装置的杂物。检查蒸发器通道及冷凝器表面，以及冷凝器与发动机水箱之间（停机检查）是否有杂物、污泥。若有，要注意清理，仔细清洗。冷凝器可用毛刷轻轻刷洗，注意不能用蒸汽冲洗。

第三步，检查调整空调 V 带。检查 V 带松紧度是否适宜，表面是否完好。以上检查如果发现异常，应进行修理。

③检查冷暖风机。

第一步，打开驾驶室内的风机开关，检查电动鼓风机的运转情况，要求转动正常，无异常响声。否则，应检查并排除故障。当运转中有异常响声时，应检查鼓风机风扇叶片有无损坏及风扇配重片有无脱落。

第二步，检查送风橡胶软管有无老化和破损现象，如有损坏应予更换。

第三步，启动发动机升温后，打开暖风开关和鼓风机开关，供暖通风设备状况应符合要求，否则，应予以调整和修理。

（2）技术要求。

①整个系统无漏油痕迹，制冷剂剂量合适。

②空调系统工作正常。

③冷暖风机运行正常。

第四节 汽车的二级维护

汽车的二级维护是以检查、调整转向节、转向摇臂、制动蹄片、悬架等经过一定时间的使用容易磨损或变形的安全部件为主，并拆检轮胎，进行轮胎换位，检查调整发动机工作状况和排气污染控制装置等，由维修企业负责执行的车辆维护作业。

一、二级维护相关知识

（一）二级维护主要内容

一、二级维护周期

汽车一、二级维护周期的确定，应以汽车行驶里程为基本依据。汽车一、二级维护行驶里程依据车辆使用说明书的有关规定，同时依据汽车使用条件的不同，由省级交通行政主管部门规定。

（二）二级维护作业过程

汽车二级维护时首先要进行检测，汽车进厂后，根据汽车技术档案的记录资料（包括车辆运行记录、维修记录、检测记录、总成维修记录等）和驾驶员反映的车辆使用技术状况（汽车的动力性、异响、转向、制动及燃润料消耗等），确定所需检测项目。依据检测结果及车辆实际技术状况进行故障诊断，从而确定附加作业项目，附加作业项目确定后与基本作业项目一并进行二级维护作业。二级维护过程中要进行过程检验，过程检验项目的技术要求应满足有关技术要求或规范。二级维护作业完成后，应经维修企业进行竣工检验，竣工检验合格的车辆，由维修企业填写《汽车维护竣工出厂合格证》后方可出厂。

二、二级维护作业项目

（一）汽车发动机二级维护基本作业项目

（1）拆检清洗机油粗滤器，更换滤芯。

（2）拆检机油细滤器。

（3）拆检清洗机油盘、集滤器；检查曲轴轴承松紧度，校紧曲轴轴承螺栓、螺母。

（4）热车放出脏机油后，加入清洗剂，清洗发动机油道。

（5）检查清洗汽油滤清器。

（6）检查汽油泵及管路。

（7）清洗火花塞积炭，校正电极间隙，检查有无漏油现象。

（8）清洁、检查、调整分电器。

（9）检查调整气门间隙。

（10）检查紧固进、排气歧管。

（11）清洁发动机空气滤清器和曲轴箱通风空气滤清器。

（12）清洁曲轴箱通风单向阀及管路。

（13）校紧水泵螺栓、螺母；调整风扇 V 带松紧度。

（14）按规定次序和扭矩校紧缸盖螺栓。

（15）拆洗化油器进口滤网；清洁化油器外壳；检查联动机构；紧固连接螺栓。

（16）检查发动机支架的连接及损坏情况。

（17）检查、紧固、调整散热器及百叶窗。

（18）检查、紧固汽油箱及油管。

（19）检查、紧固排气管及消音器。

（20）检测发动机燃烧效果，进行调整。

（二）汽车底盘二级维护作业项目

（1）检查离合器片；检查分离轴承；检查分离杠杆，调整其与分离轴承之间的间隙；调整离合器踏板自由行程；润滑变速器第一轴前轴承和分离轴承。

（2）检查转向节衬套与主销的配合松紧度；校紧主销横销螺栓。

（3）检查前轮制动器调整臂的作用。

（4）拆检前轮毂轴承、制动蹄、偏心销；清洗转向节、轴承、偏心销；清洁制动底板等零件；检查制动底板、制动凸轮轴，校紧装置螺栓；检查转向节及螺母、保险片及油封、转向节臂；校紧装置螺栓；检查内外轴承、制动蹄及支承销、制动蹄回位弹簧；检查前轮毂、制动蹄及轴承外座圈；校紧轮胎螺栓内螺母；装复前轮毂，调整前轮轴承松紧及制动间隙。

（5）检查转向器的工作状况及密封性，校紧装置螺栓；检查转向传动机构，校紧装置螺栓及横销螺栓。

（6）解体横直拉杆，清洗检查各部件。

（7）检查调整前束及转向角。

（8）检查转向器齿轮油油面。

（9）检查变速器润滑油油面；检查紧固变速器第二轴凸缘螺母；拆检清洗变速器通气塞。

（10）检查传动轴万向节、中间轴承有无松旷；检查、紧固传动轴凸缘和中间支承“U”形支架。

（11）拆下后桥壳盖，清除沉积物，检视减速器齿轮，校紧减速器壳连接螺栓螺母、差速器轴承盖螺母；检查调整主、被动圆锥齿轮的啮合间隙；检查校紧主动圆锥齿轮凸缘螺母；拆洗通气孔；加注齿轮油。

（12）检查后轮制动器调整臂的作用。

（13）拆下半轴、轮毂总成、制动蹄、支承销；清洗各零件及制动底板、半轴套管；检查制动底板、制动凸轮轴，校紧连接螺栓；检查后桥半轴套管、螺母及油封；检查内外轴承；检查制动蹄及支承销；检查制动蹄回位弹簧；检查后轮壳、制动鼓及轴承外座圈；检查紧固半轴螺栓；检查轮胎螺栓，校紧内螺母；检查半轴；装复后轮毂，调整制动间隙。

（14）拆洗空气压缩机的空气滤清器，检查空气压缩机底座有无裂纹。

（15）检查制动阀各管路接头是否漏气和紧固；检查制动气室；检查挂车室、分离开关、连接接头和管路。

（16）检查储气筒放水阀、安全阀、单向阀的工作情况；紧固储气筒连接部件。

（17）检查紧固翼子板、发动机罩、前脸、挡泥板等。

（18）检查驾驶室有无缺陷，紧固驾驶室连接部位；检查调整车门、玻璃升降器、门锁。

（19）检查、调整、紧固气动刮水器。

（20）检查车厢，校紧各部螺栓。

（21）检查车架铆钉，检查校紧车架保险杠，检查校紧前后拖车钩；检查校紧车架上各支架螺栓。

（22）检查钢板弹簧吊耳；检查钢板弹簧；检查紧固钢板弹簧卡子和“U”形螺栓，检查紧固减振器固定螺栓及支架。

（23）分解车轮，检查清洁挡圈及轮辋；检查内外胎。

（24）检查备胎、补气。

（25）轮胎换位。

（26）润滑水泵轴承、离合器与制动踏板轴、变速器第一轴前轴承、制动调整臂、传动轴十字轴轴承、传动轴滑动叉、传动轴中间支承轴承、转向节上下轴承、前后钢板弹簧销、横直拉杆球销、转向传动轴滑动叉及十字轴轴承、前后制动凸轮轴、驻车制动蹄片轴。

（三）汽车电气二级维护基本作业项目

（1）清洁蓄电池表面及极柱，在接线头上涂润滑脂，检查电解液密度，视情况加注蒸馏水。

（2）清除发电机滑环表面油污，清洗检查轴承，填充润滑脂，检查二极管。

（3）检查调整发电机调节器。

（4）清洁起动机整流子，清洗检查轴承，填充润滑脂。

（5）检查灯光、仪表、信号、暖风装置的工作情况，检查紧固全车线路。

三、汽车二级维护保养验收标准

汽车作为损耗品，为保持其优良性能，一般每行驶 7500 ~ 1000km 就要进厂做二级维护保养。汽车二级维护保养的验收标准：

（1）发动机通过三清三滤作业后，应易启动、运转平稳、排气正常（指尾气达标）、水温、机油压力符合要求、转速平稳、无异响、各皮带张紧适度，无四漏（水、油、电、气）现象。

（2）方向自由行程和前束符合要求，转向轻便、灵活、可靠，行驶时前轮无左右摆头和跑偏。

（3）离合器自由行程符合要求，操作方便、分离彻底、结合平稳、可靠，无异响，液压系统无漏油。

（4）变速箱、驱动桥、万向节（或半轴）传动装置等润滑良好，连接可靠，无异响和过热，不跳挡，换挡灵活，不漏油。

（5）制动踏板自由行程和制动器间歇符合要求，行车、驻车制动良好，制动时无跑偏现象和拖滞现象，惯性比例阀工作正常，不漏油。

（6）轮胎压力正常（不同的车型规定的高低压标准不同）。

（7）悬臂、减振固定可靠，功能正常，二轮毂轴承温度在行驶后不高热。

（8）发电机、起动机、灯光、仪表、信号灯、按钮、开关附属设备齐全、完整，能工作正常。

（9）全车各润滑点加注润滑油。

（10）全车冲洗清洁。

维修厂家只要做到以上十条二级保养作业，车辆就是合格产品，车主可以放心使用。

第五节　汽车的季节性维护

汽车的季节性维护又称换季维护，是指汽车进入夏冬季运行，在季节变换之前为使汽车适应季节变化而实施的维护。季节性维护通常结合定期维护（日常维护和一、二级维护都属于定期维护）一并进行。

一、春季汽车保养要“三防”

汽车服务厂的专家提示车主，春季车主用车要特别留意做好汽车的“三防工作”，即“防水、防菌和防疲劳驾驶”。

（一）防水

雨水中的酸性成分对汽车的漆面具有极强的腐蚀作用，久而久之就会对汽车的漆面造成损害，因此在雨水较多的春季，换季保养一定不要忽视汽车的防水工作。在进行换季保养时，最好能给爱车进行一次漆面美容。最简单的方法是打蜡，更长久、更有效的方法是进行封釉美容。这是给车辆穿上一件看不见的保护外衣，防止漆面褪色老化。

（二）防菌

春季气温升高，再加上空气潮湿，是各种病菌繁衍生长的季节，因此要特别注意汽车内的防菌工作，让汽车室内保持干爽卫生，特别是对汽车坐垫、出风口这些卫生死角更要做好清扫工作，保持车内环境的干爽整洁。

（三）防疲劳驾驶

春季是容易犯困的季节，因此春季开车，不但自己尽量不要疲劳驾驶，同时在出行中也要控制好自己的车速，尽量避免一些危险的驾驶动作和不良的驾驶习惯。

二、夏秋交替注意汽车保养

（一）空调的保养

在经过一个夏天的超负荷运转后，进入秋季还应该先做一次车辆检查与养护。夏天雨水多，车辆经常会走一些涉水路面，空调冷凝器下部就不可避免地沾染泥沙。泥沙及灰尘的长时间的大量淤积，严重影响空调使用寿命。

（二）正时皮带保养

在多雨的季节里，车辆容易进水，一般会有水溅到皮带里，而水中的杂质则会加速皮带的老化，造成皮带突然断裂。

（三）点火系保养

点火系关乎车辆能否启动，在逐步步入秋季时，车主应该仔细检查一下这些部位，尤其是插头部位，看看是否生锈，一旦生锈，就要使用专业清洗剂处理。

（四）充电系的保养

在这个部位的保养上，要着重检查发电机皮带在经过雨打、高温后是否老化或者开裂，如果没有发现上述状况，还要看看皮带的松紧度。皮带过松，会引起皮带的嚣叫，使皮带过早磨损；皮带过紧，又会造成发电机轴承的偏磨，从而带来不必要的麻烦。

三、秋冬季汽车保养

秋冬季即将来临时，在例行保养的同时，检查车内外状况同样重要。

（一）检查车辆外部

如果有明显刮伤，要及时做外部的喷漆处理。因为油漆的作用不仅是美观，它更重要的功能是防锈。

（二）检查发动机舱

该检查包括检查机油、方向机油、刹车油及防冻液是否充足。一般防冻液的更换周期为2～3年或是行驶3～4万公里。在加注防冻液前要对发动机冷却系统进行清洗。

（三）检查刹车系统

注意制动液是否够量，品质是否变差，需要时应及时添注或更换。注意制动有无变弱、跑偏，制动踏板的蹬踏力度及制动时车轮抱死点的位置。必要时清理整个制动系统的管路部分。

（四）检查轮胎是否有明显的外伤、刮痕及胎压是否标准

秋冬季橡胶变硬相对较脆，不但摩擦系数会降低，也较易于漏气、扎胎。

要注意经常清理胎纹内夹杂物，尽量避免使用补过一次以上的轮胎，更换磨损较大和不同品牌不同花纹的轮胎也是不可忽视的。

（五）检查进风口或进风格栅、电子扇等位置是否有杂物

检查时可以用压缩空气吹走灰尘，在发动机冷却状态下，可用水枪由里向外冲洗上述部位。

（六）检查暖风管线及风扇

检查特别要注意风挡玻璃下的除霜出风口出风是否正常，热量是否足够。风挡除霜出风口出现问题，在秋冬季驾车会带来许多麻烦和不安全因素。

（七）清理车辆内饰

使用专业清洗剂并配合高温内饰桑拿机，不但可以去除车内污垢、异味，同时能够有效地杀灭细菌且不伤内饰。清理后用保护剂进行护理，可使车内饰件焕然一新。门轴、导轨会由于风沙侵袭和洗车的影响生锈，导致开关困难并发出异响等问题，利用专用的防锈润滑剂可解决以上问题。

四、冬季汽车保养

冷却液是现代汽车发动机不可缺少的一部分。它在发动机冷却系统中循环流动，将发动机工作中产生的多余热能带走并散发到大气中，使发动机能以正常工作温度运转。

当冷却液不足时，将会使发动机水温升高，而导致发动机机件损坏。车主一旦发现冷却液不足，应该及时添加。不过冷却液也不能随便添加，因为除了冷却作用外，冷却液还应具有以下功能。

（一）各季防冻

为了防止汽车在冬季停车后，冷却液结冰而造成水箱、发动机缸体胀裂，要求冷却液的冰点低于该地区最低温度10℃左右，以防天气突变。

（二）夏季防沸

冷却液沸腾过程中产生的气泡一方面可能造成冷却系中产生气阻，影响冷却系的循环，另一方面会对水泵叶片、水管等部件产生气蚀，因此要求冷却液有较高的沸点。

（三）防腐蚀

冷却液具有防止金属部件腐蚀、橡胶件老化的作用，可延长冷却系寿命。

（四）防水垢

在冷却液循环过程中，应尽可能减少水垢的产生，以免堵塞循环管道，影响冷却系的散热功能。综上所述，在选用、添加冷却液时，应该慎重。首先，应该根据具体情况（要求的冰点、沸点）去选择合适配比的冷却液；然

后，将选择好配比的冷却液添加到水箱中，使液面达到规定位置。

如果车在行驶途中“开锅”，而又没有合适的冷却液添加时，最好添加河水或白开水。等车开至维修厂时，需将冷却系中的冷却液全部更换。在添加时应注意等到冷却系温度降低后再添加，以防被烫伤。在添加过程中，最好对冷却系进行放气，以免造成气阻。

五、四季分明地区汽车保养常识

（一）油液适当

车辆保养的核心思想是使用优质的车用机油、防冻液及相应的添加剂。尤其是在冬季，气温下降后，机油的黏度会增大，因此，在入冬前，应该换用优质、高效的防冻液和润滑油。换油液的工作应到特约站点或信誉可靠的专业保养中心进行。

（二）调整电瓶

蓄电池最怕低温，在冬季来临之前，须补充蓄电池的电解液，并检查存电情况。温暖天气时使用正常的蓄电池，在寒冷的气温下经常失效，故蓄电池的保养应引起驾驶人的特别重视。

（三）检查轮胎

北方的冬季寒冷干燥，对轮胎的伤害较大。如遇冰雪天气，路面湿滑，情况更难控制。所以，在入冬前驾驶人应仔细检查轮胎的气压及磨损情况，如有裂痕，须及时修补或更换；也可以更换冬季防滑轮胎。

（四）护理底盘

遇到雨雪天气，常有泥沙、水渍附着在底盘上，很难冲洗。入冬后，天气寒冷，容易结冰，更难冲洗。时间长了，底盘容易被侵蚀、氧化、生锈，所以，在入冬前驾驶人要彻底进行底盘清洗及防锈处理维护。

第六节　汽车磨合期维护与安全

磨合也叫走合。汽车磨合期，是指新车或大修后的初驶阶段，一般行驶里程为1000km至1500km，这是保证机件充分接触、摩擦、适应、定型的基本里程。在这期间可以调整提升汽车各部件适应环境的能力，并磨掉零件上的凸起物。汽车磨合得优劣，对车的寿命、安全性、经济性将会产生重要的影响。汽车磨合的目的是使机体各部机能适应环境的能力得以调整和提升。新车、大修车及装用大修发动机的汽车在初期使用阶段都要经过磨合，以便相互配合机件的摩擦表面进行吻合加工，从而顺利过渡到正常使用状态。

汽车出厂前虽然按规定进行了磨合处理，但零件表面仍然较粗糙，加之新零配件间有较多的金属粒脱落，使磨损加剧。机件在加工、装配时存在一定的偏差和难以发现的隐患，在磨合期间很可能出现发热和渗漏等故障。磨合期间，汽车具有零件磨损快、易出故障、润滑油易变质、耗油量大的特点。汽车的磨合期不仅包括发动机的磨合，还包括变速箱的磨合、刹车的磨合、车胎的磨合等，汽车的磨合就是这些主要部件磨合的统称。

发动机的磨合又包括很多小的方面，如活塞和缸套之间、连杆和轴瓦之间、连杆和轴承之间的磨合等，发动机的磨合大约要经过3000km的行驶距离才能度过。因此，在磨合期内不能让发动机的工作超载，像急刹车、突然加速、加速过弯等情况都应尽量避免。

变速箱主要是齿轮之间的磨合，它的磨合一般需要5000km的行驶距离，相当于按照规定的标准换过两次机油基本就度过磨合期了。轮胎和地面之间的磨合时间是最短的，一般里程在200km至300km。刹车的磨合主要包括刹车片和刹车碟、刹车蹄和刹车鼓的磨合等，一般行驶400km左右就可以完成了。

顺利度过磨合期对车辆今后是否耐用、油耗高低、动力足与否等指标起着至关重要的作用。磨合期间的驾车与磨合期后的驾车存在区别，是保证顺利度过磨合期的关键，驾驶人应特别注意。

一、新车磨合期维护内容

（一）100公里内

检查维护方面，应紧固外露的螺栓、螺母，添加燃油、机油，补充冷却液，检查变速器、前后驱动桥、传动轴、轮毂和轮胎的气压，检查灯光仪表、电瓶以及制动系统的制动能力。这时摩擦制动片尚未达到百分之百的制动效果，轮胎摩擦力也不够，因此，刹车时要比正常情况下用力。

（二）100公里至500公里

检查维护方面，要更换发动机机油，并用煤油清洗油底壳，更换机油滤芯，并将前、后轮毂螺母进行紧固；轮胎附着力尚未达到最佳效果，车主应尽量避免快速过弯时紧急刹车。

（三）500公里至2500公里

驾驶人应温和驾驶，时速不超过100公里，转速不超过2500转。

（四）2500公里至3500公里

在水温达工作温度（水温指针在刻度中间处）时，车主可将车速提高到最高车速或发动机最大转速。若是国产车，就要更换变速器、主减速器和方向机内的齿轮油，并检查调整离合器踏板。

磨合前期的维护工作包括：清洁全车；紧固外露的螺栓、螺母；添加燃油、机油；补充冷却液；检查离合器、变速器、轮胎的气压；检查灯光仪表；检查电瓶；检查制动。

二、汽车磨合期使用要求及注意事项

汽车在磨合期，驾驶人应注意限载、限速、选用优质润滑油、低速升温、慢起步、慢加油、经常检查变速器、驱动桥和轮毂的温度，最好选择条件好的道路进行磨合。

选择润滑油时，应选择低黏度和优质润滑油，使摩擦表面得到良好的润滑，减缓机件磨损。汽油机应选用 SE 级，柴油机应以 CL－4 级为佳。

汽车在磨合期内装载量不能超过额定载荷的 75％。新车在装载时应低于规定的载重量或人数，更不能超载，因为超载会加重发动机、变速器、传动系统及悬挂系统等部件的负荷，加重磨损，对车辆造成损害。

驾驶人要尽量添加质量比较好的汽油（汽油标号不一定非常高，但一定要清洁）。

（一）磨合期的使用要求

（1）起步先预热：这是针对电喷车而言的，起步前，应先将钥匙转到空挡后等待 5 秒至 10 秒，再启动。这是因为汽车启动后，汽油泵就开始工作，将油压及喷油量进行调整，所以，应等待数秒后再启动以保护发动机。

（2）忌紧急制动：紧急制动不仅会使磨合中的制动系统受到冲击，还会加大底盘和发动机的冲击负荷，在最初行驶的 300 公里内，最好不要紧急制动。

（3）避免负荷过重：新车在磨合期如满载运行，会对机件造成损坏，因此，在行驶 1000 公里内，国产车装载量不能超过额定载荷的 75％至 80％。另外，为减少车身和动力系统负荷，汽车在磨合期内应行驶在比较平坦的行车路面，避免振动、冲撞或紧急制动。

（4）忌跑长途：新车在磨合期内跑长途，发动机连续工作的时间就会增加，易造成机件磨损。

（5）勿高速行驶：新车磨合期内有速度限制，国产车一般在 40～70km/h，进口车一般在 90km/h 内，当油门全开时，车速不能超过最高时速的 80％，且在行驶中注意观察发动机转速表和车速表，确保发动机转速和车速在中速工作，一般情况下，磨合期发动机转速应在 2000～3500r/min。

（6）及时换挡：及时换挡是为了避免高挡位低转速和低挡位高转速行驶，

不要长时间用一个挡位，也不要在各个挡位使车速达到极限，一般而言，各挡位时速控制在极速3/4范围内，具体为：1挡25km、2挡40km、3挡60km、4挡90km、5挡100km。

（7）使用优质汽油：新车在磨合期内使用的汽油不能低于厂家规定的标号，应尽量添加优质汽油，切勿添加抗磨损的精油，以免里程数已够而磨合不足。

（二）磨合期的注意事项

（1）机油、冷却水、轮胎气等，一定要充足，无泄漏现象发生，发现亏欠时应及时补充。

（2）各部位如有不正常的响声，要及时检修，磨合期间的机械故障对车辆造成的影响，往往比度过磨合期的车辆受机械故障的影响要大得多。

（3）一般车上在仪表盘中都有警报灯，有的车上甚至还装了电脑。及时发现仪表盘和电脑里的警报信息，才能更好地掌控车辆的状况。

（4）处于磨合期的车辆装载质量一定不要超过额定载重量的70%，满载、超载对新车各个构件都会造成极大的损害。

三、养护车身常识三要三不要

（一）养护车身常识三要

（1）车身要定期检查。车身外观最让人烦恼的就是锈蚀，造成锈蚀的原因主要是钣金金属直接与外界接触。除了常见的原因，如碰撞、刮伤、放着不管、日久生锈以外，还有一种情况，就是行车时，前车车胎弹起的小石块造成的点撞，会使漆面出现一个个剥落的小点，产生小锈斑。这种小痕迹常被人们忽视，平时要定期检查车体、发动机盖和车身四周，一旦发现就要马上处理。

（2）汽车的前期漆面要保养。买了新车后应该在车身上一层镜面釉。镜面釉以高分子聚合物为主要成分，它直接作用于车漆表面。上釉时，先清洗车身，然后用抛光机将镜面釉通过振动挤压进车漆内部，形成如同网状的牢固的保护膜，它大大提高了漆面的硬度。同时，其耐高温抗紫外线的特性更好地保护了车漆，如果定时洗车打蜡的话，镜面釉效果可以保持一年之久。

（3）车上放管普通牙膏。一旦发现有小小的新蹭痕，就随手涂上一点。下雨或洗车后，别忘了再涂一下，可简单地起到隔绝作用，短期内没问题。这只是个简单应付之法，最终还是要到美容店去彻底去除。若想既省事也省钱，可等车身上类似的破损处多了再集中修理。

（二）养护车身常识三不要

（1）不要用掸子擦车身。很多司机习惯性地用掸子擦擦前风挡玻璃、拂拭车漆表面的灰尘。这其实是自欺欺人的做法。掸子里夹带了大量的沙尘，车主每天用同一把掸子擦车，就如同用锉刀在车漆上蹭，亲手在车漆上制造细微的划痕；劣质洗车机的毛轮使用尼龙丝等硬质材料，洗车时毛轮高速旋转，对车漆表面有很强的切削力；普通的车蜡中都会添加一些研磨粒子，装饰工人为车上蜡时，会转着圈打磨抛光，将车漆磨亮的实质是这些肉眼看不到的颗粒将车漆抛光的过程。水蜡较柔软，易挥发，依靠手工摩擦无法渗透进车漆内部，只能增强车漆的亮度，对车漆的光泽并无修复功能。

（2）停放在室外的车辆不要罩车衣。一旦遇上刮风下雨的天气，风吹雨打在车衣外面，车衣的内层就会反复抽打车漆，在车身上划出无数道细小的划痕，这些划痕遍布全车，清洗或打蜡都不能完全去除，时间一长还会造成漆面发乌。

（3）车门内部不要积留水。车身容易积水的地方，如轮弧内外缘、车门和行李箱的底部、边角等处，时间长了，也容易产生锈蚀。如果车门下缘的排水口堵塞或不是很顺畅，下雨或洗车时渗入的水分长期积留在车门内部，一段时间以后，就会由内向外开始生锈，等到发现时，就很难处理了。

第七节　汽车常用运行材料安全选用

汽车在使用的过程中会用到不同油料，主要包括燃油、机油、齿轮油等。

一、汽油

我们通常使用的汽车都是用内燃机作动力，根据其工作方式的不同又分为汽油机和柴油机，所使用的燃油分别是汽油和柴油。

（一）汽油的主要特点

汽油是从石油中提炼制成的。远古时期的动、植物遗体由于地壳的运动被压在地层深处，在高温、高压和缺氧的条件下，经过复杂的化学变化而逐渐形成石油。从地下开采出来的原油在厂里经过非常复杂的炼制工序，最终提炼出汽油、柴油和煤油等燃料。为改善汽油的抗爆性，人们在基础油中加入了一些添加剂。早期添加了四乙基铅的汽油称为有铅汽油，由于燃烧后污染较大，自 2000 年起我国已规定在全国城市停止对有铅汽油的使用。添加了甲基叔丁醚或者叔丁醇的汽油，燃烧后不会形成含铅的有毒物质，故称为无铅汽油，现在我们采用的都是无铅汽油。

（二）汽油的性能指标

汽油的性能指标用蒸发性、抗爆性、氧化安定性及防腐性来衡量。其中最主要的是汽油的抗爆性和蒸发性。

（1）抗爆性。抗爆性是指汽油在发动机气缸内燃烧时抵抗爆燃的能力，常用辛烷值表示。辛烷值越高，汽油的牌号亦越高，其抗爆性能越好。

爆燃是因为气缸内温度或压力过高，导致可燃混合气自燃的一种不正常的燃烧现象。爆燃不但会引起发动机过热、油耗过高，而且还会导致发动机内部机件损坏，产生异响，时间一长易引发严重的机械故障。这时就必须使用高牌号汽油来保证不形成爆燃，牌号越高，形成爆燃的概率越小。

发动机要产生动力，必须压缩发动机汽缸内的油气混合物，在做功冲程将混合物用电火花引爆，产生强大的膨胀气体，推动活塞及连杆做功输出动力。气体压缩越强，爆发力越大，发动机动力越澎湃。但压缩比越大，形成爆燃的可能性就越大。所谓爆燃，是指汽油发动机火花塞的电极中心形成电火花后，以电极为中心形成一个焰心，焰峰以一定方向和速率向整个燃烧室传播，远离焰心的油气混合物在焰峰到达前开始形成爆炸性燃烧，形成强烈的振动与冲击性压力波。

（2）蒸发性。汽油的蒸发性是指汽油由液态变为气态的难易程度。

汽油的蒸发性越好，就越易气化，形成的油气混合物也越均匀。气化良好的混合气燃烧速度快，发动机易起动，加速及时，油门响应快，同时可以减少发动机的机械磨损，降低油耗及汽车尾气有害物质的排放。但汽油蒸发性过高，在炎热气候和大气压较低的地区易形成汽油蒸气，发生气阻。一旦发生气阻，车辆易出现加油不畅、加速不利、易熄火等现象。

（三）汽油的选用

在车辆的日常使用中，我们无法清楚汽油的蒸发性等汽油性能参数，也没必要花时间去了解，但有一点我们很容易知道而且需要用心选用，那就是汽油的辛烷值，也就是汽油的牌号。

目前最常用的辛烷值测定方法有两种：马达法和研究法，两种方法测出辛烷值数值不一样。现在我国车用汽油的牌号采用研究法测定的数值，主要有 90 号、93 号及 97 号，部分沿海城市有 98 号汽油供应。

发动机必须根据压缩比的不同选用不同牌号的汽油，这在每辆车的使用手册上都会标明，同时在油箱加油口的门上一般都有相应的油品要求。一般来说，压缩比越大的发动机应选用牌号越高的汽油。因为压缩比越大，油气混合物压缩越强，爆发力越大，发动机动力越澎湃，但压缩比越大，形成爆燃的可能性就越大，所以我们应选用高牌号的汽油。若将低牌号的汽油加在高压缩比的发动机上，除了会产生爆震外，还会使发动机功率下降、油耗上升，发动机内部零件损坏，严重缩短发动机的正常寿命；同样，高牌号的汽油加在低压缩比发动机上，除用车成本增加外，更会产生着火慢、燃烧时间长，而导致功率下降，此外还容易因燃烧气体温度过高而烧坏进排气门的座圈，导致气门关闭不严。

二、柴油

柴油和汽油一样也是从石油中提炼制成的。柴油是将石油加热到2600～3500℃时，从石油中提炼出来的碳氢化合物，柴油一般分为轻柴油、重柴油和军用柴油等，汽车均选用轻柴油。

柴油有五大品质要求：良好的蒸发和雾化性能；良好的低温流动性能；良好的燃烧性能；良好的安定性和抗腐蚀性及低磨损性。

（一）柴油的基本特性

1. 蒸发性和雾化。为了保证高速柴油机的正常运转，轻柴油要有良好的蒸发性，以便与空气形成均匀的可燃混合气，柴油的蒸发性用馏程和闪点两个指标来评定。（1）馏程：柴油的馏程在200～365℃。（2）闪点又叫闪火点，它是在规定条件下，加热油品所溢出的蒸汽组成的混合物与火焰接触瞬间闪火时的最低温度，以℃表示。柴油的闪点既是控制柴油蒸发性的项目，也是保证柴油安全性的项目。

2. 流动。柴油的流动性主要是用黏度、凝点和冷滤点来表示。

（1）黏度是柴油重要的使用性能指标，在标准要求的黏度范围内，才能保证柴油对发动机燃油系统的良好润滑性，保证柴油有较好的雾化性能和供给量，从而保证柴油有较好的燃烧性能。

（2）凝点是指在规定条件下，柴油遇冷开始凝固而失去流动性的最高温度，是柴油储存、运输和收发作业的界限温度。

（3）冷滤点是指柴油在规定条件下不能通过滤网的最高温度。同种柴油，冷滤点高于凝点4～6℃。

3. 燃烧性。柴油的燃烧性也叫发火性，它表示柴油自燃的能力。评定柴油燃烧性能的指标是十六烷值。十六烷值是指和柴油燃烧性能相同的标准燃料中所含正十六烷的体积百分数。使用十六烷值高的柴油易于启动，燃烧均匀且完全，发动机功率大，油耗低。

4. 安定性。柴油的安定性是指柴油在储运和使用过程中抵抗氧化的能力。评定轻柴油安定性的指标主要用总不溶物和10%蒸余物残炭表示，其值越大，说明柴油的安定性越差，越易氧化变质，颜色加深变黑，胶质增大，越容易在发动机内生成积炭，对柴油的储存和使用有很大影响。

5. 腐蚀性。不论是轻柴油还是重柴油，都不能有大的腐蚀性，否则会腐蚀发动机，缩短其使用寿命。柴油的腐蚀性用含硫量、酸度、铜片腐蚀三个指标控制。

（二）柴油的选用

轻柴油按凝点分为10号、5号、0号、-10号、-20号、-35号和-50号七个牌号。选用柴油牌号必须以保证柴油冷滤点高于使用环境的最低气温为原则，根据不同地区、气温和季节，选用不同牌号的轻柴油。气温低，选用凝点较低的轻柴油；反之，则选用凝点较高的轻柴油。一般可按下列情况选用：

10号轻柴油适合于有预热设备的高速柴油机使用；

5号轻柴油适合于风险率为10%的最低气温在8℃以上的地区使用；

0号轻柴油适合于风险率为10%的最低气温在4℃以上的地区使用；

-10号轻柴油适合于风险率为10%的最低气温在-5℃以上的地区使用；

-20号轻柴油适合于风险率为10%的最低气温在-14℃以上的地区使用；

-35号轻柴油适合于风险率为10%的最低气温在-29℃以上的地区使用；

-50号轻柴油适合于风险率为10%的最低气温在-44℃以上的地区使用。

三、发动机润滑油

（一）发动机润滑油的特点及使用

汽车用润滑剂种类很多，有润滑机油、润滑脂、齿轮油、自动变速器油等，我们重点介绍发动机润滑油，又称机油。

发动机润滑油的主要作用是润滑，其次还有冷却、密封、清洗、减振、防锈等功能。发动机润滑油是由基础油和添加剂两部分组成。基础油是从石油中提炼的精选成分，具有最基本的黏度特征，但是单靠基础油并不能满足发动机机油诸多的性能要求，所以必须加入添加剂。

发动机润滑油的等级分类有黏度分类法和质量分类法两种。

1. 黏度分类法。黏度等级分类法是美国汽车工程师协会（SAE）的机油等级标准。按其规定，润滑油可分为夏季用的高温型、冬季用的低温型和冬夏通用的全天候型。具体含义如下：

高温型（如SAE20～SAE50）：其标明的数字表示100℃时的黏度，数字越大黏度越高。说明机油在高温下的保护性能越好，但较高黏度的机油对运动部件的阻力也相对较高，耗费功率、增加油耗，而且机油容易氧化、影响冷起动。

低温型（如SAE0W～SAE25W）：W是Winter（冬天）的缩写，表示仅用于冬天，数字越小黏度越低，低温流动性越好，代表可供使用的环境温度越低，在冷启动时对发动机的保护能力越好。

全天候型（如 SAE15W/40、10W/40、5W/50）：表示低温时的黏度等级分别符合 SAE15W、10W、5W 的要求、高温时的黏度等级分别符合 SAE40、50 的要求，属于冬夏通用型。

高温型和低温型机油也叫单级机油，全天候型机油也叫多级机油。

市场中现有的单级机油的类型有 0W、5W、10W、15W、20W、25W、20、30、40，50 等几种类型；多级机油的类型有 5W－20、5W－30、5W－40、5W－50、10W－20、10W－30、10W－40、10W－50、15W－20、15W－30、15W－40、15W－50、20W－20、20W－30、20W－40、0W－50 等类型。

2. 质量分类法。质量分类法是美国石油协会（API）的机油等级标准。根据该标准，润滑油分成汽油机用和柴油机用两大类，通过 API 测试认证的油品可以在机油瓶身标打上 API 的双环标志。

汽油机用润滑油的等级有 SA、SB、SC、SD、SE、SF、SG、SH、SJ、SL10 种等级，字母排序越靠后，润滑油的品质越高。

SL 级别的油适用的车型：奔驰、宝马、保时捷、沃尔沃等一流车型；

SI 级别的油适用的车型：奥迪、福特、别克、帕萨特、本田、现代等中高档车型；

SG 级别的油适用的车型：捷达、长期在外奔驰的出租车等轿车；

SF 级别的油适用的车型：夏利、云雀、桑塔纳、富康、长安之星、奥拓等车型。

柴油机用润滑油的等级有 CD、CE、CF、CF－4、CG－4、CH－4 等几种，字母排序越靠后，润滑油的品质越高。

发动机润滑油的选用主要有使用级的选择和黏度级的选择。

在选用发动机润滑油的时候，要严格按照汽车使用说明书所规定的机油使用级别选用，若无相同级别的机油，可以使用高一级的机油，但绝不能用低级别的代替。一般而言，新型号的发动机对机油使用级别要求更高。

机油黏度级选择的主要依据是环境温度的高低。一般情况下，在 4～9 月全国大部分地区都可选用 20～40 号的各级夏季用机油，但实际上，目前我们在选用发动机用润滑油时大多采用多级机油。需要注意的是，在选用发动机润滑油的黏度级时还必须考虑发动机的负荷、转速和磨损情况。如果发动机负荷大、转速低或磨损严重，应该选用黏度较大的机油，反之则应选用黏度较小的机油。

（二）齿轮油的特点及使用

汽车齿轮油用于机械式变速器、驱动桥和转向器的齿轮、轴承等零件的润滑，起到润滑、冷却、防锈和缓冲的作用。由于汽车齿轮工作条件复杂，接触压力大，速度快，油温高，故对齿轮油的要求较高。其中双曲线齿轮传动的工作条件更苛刻，对相应齿轮油使用性能要求更高，使用中如果不能正确选用合适的齿轮油，就不能保证齿轮的正常润滑，容易导致齿轮较早磨损和擦伤，甚至会造成大的车辆和人身事故。因此，汽车齿轮油的正确选用非常重要。

美国石油学会（API）将齿轮油分为 GL－1、GL－2、GL－3、GL－4、GL－5 等质量级别。级别中数值排列越靠后，级别越高，表示齿轮油越能满足更为苛刻的工作要求。选用齿轮油首先要看这个质量级别标志。

随着汽车发动机功率的提高和转速的增加，传动齿轮机构的工作强度也相应增加。齿轮的负荷重、滑动速度等数值越高，对齿轮油的要求就越高。因此，我们要选择的质量级别也越高。

选用齿轮油时只看质量级别还不够，还要看黏度级别。美国汽车工程师学会（SAE）将齿轮油划分为：90、140、75W/90、80W/90、85W/90、85W/140 等黏度级别。在选用齿轮油的时候，要根据当地的环境温度及车辆的实际使用情况来定，一般夏天选用的齿轮油的黏度稍高一些；冬季选用黏度稍低一些的齿轮油。另外，汽车齿轮油必须严格按车辆使用说明书的规定，正确选用齿轮油；齿轮油加注要适量。加注量不足，润滑不良，磨损增加；加注过多，增加动力损失和造成密封漏油。

汽车齿轮油在使用中性能逐渐劣化，对汽车齿轮油的更换通常采用定期更换。一般国产载货汽车行驶 24000km、乘用车 30000～40000km 更换一次齿轮油。南京依维柯行驶 60000～65000km 需更换齿轮油。

第八节　汽车火灾的成因及预防

车辆火灾事故屡屡发生，每一起车辆火灾事故，轻则使车辆报废，重则造成伤亡，使国家财产和人民生命财产遭受巨大损失。因此，研究发现汽车火灾发生原因，制定切实可行的防范措施，最大限度减少人员伤亡，已成为当前汽车消防安全工作中迫切需要解决的问题。

一、汽车火灾常见的原因

（一）燃油系统故障引起的火灾

燃油系统的功能主要是将燃油与空气按一定比例混合供给发动机气缸燃烧后产生动力。汽车燃油系统故障引起火灾的原因主要有以下三种：一是供油系统容器破裂或输油管松动引起漏油，遇到静电、火花就会起火引起火灾；二是输送给发动机汽缸内的混合气体比例失调，使化油器回火引起火灾；三是气缸内汽油燃烧不充分引起火灾。

（二）电路系统故障引起的火灾

其主要原因有以下几个：一是内部电气线路短路引起火灾。电源线相接或相碰撞、电气线路接触电阻过大，发热将绝缘层引燃引起火灾；二是线路接点接触不良，局部电阻过大发热使导线或接点受热熔化，引燃导线或周围的可燃物引起火灾；三是蓄电池内的电流倒回发电机，使发电机线圈产生高温引起火灾。

（三）夏季高温引起的汽车火灾

主要有以下两种原因：一是高温易使一些车辆的橡胶部件软化、储液密封容器内的压力加大，易造成汽车机油等液体泄漏，遇到静电、火花就会起火引起火灾；二是夏季汽车在阳光下暴晒时间过长，车内温度最高能够达到50～70℃，这时车内的一次性打火机或装在压力容器里的喷雾剂等物件，都很可能因高温发生爆燃，从而引起汽车燃烧。

（四）违章用火引起火灾

驾驶员或乘客不注意安全，在车内吸烟时，吸烟者常在烟头或火柴未熄灭的情况下乱抛乱扔，若烟头接触易燃的坐椅、坐垫，或烟头直接掉落在可燃物或可燃装饰材料上常会发生火灾事故。

二、预防汽车火灾发生的措施

（一）预防汽车火灾的发生须消防宣传教育先行，增强汽车驾驶人员的消防安全意识

一是消防部门应开展形式多样的消防安全宣传教育，增强消防安全意识，使汽车驾驶人员充分认识到汽车火灾事故的危害性、严重性；二是组织驾驶人员进行消防安全专项培训，结合案例系统讲解车辆防火的基本常识，就如何预防火灾、发现排除火灾隐患、发生火灾后组织人员疏散和自救的方法进行培训，提高扑救能力；三是进行消防器材实际操作演练，使驾驶人员掌握灭火器使用常识，做到小火可自救，大火能控制。

（二）预防汽车火灾的发生须严把车辆质量关，以整体上减少车辆自身的隐患

消防部门应联合质监部门对车辆质量安全、车辆的防火性能进行技术分析，对不符合要求的汽车生产商提出整改意见，改进车体设计，增强车体防火性能，制定有效的技术标准，从整体上减少车辆自身的隐患：一是车内用

品应用新型耐火材质，对车上的座椅及内部装饰物品进行阻燃处理，增强其耐火性能。二是提高车内电气系统耐高温、抗老化性能，增强绝缘性。电线应选用阻燃电线，将易产生电火花的接头进行防爆处理。三是油路系统选用耐腐蚀、高强度的材质，尽量减少漏油、泄油事故。在油箱、输油管、发动机等汽油容易泄漏形成爆炸性混合气体部位的电气线路应考虑防爆问题。四是大型客车增设非常应急出口及根据各种车辆的特点设计制造合适的车载灭火器。

（三）驾驶员应养成良好的习惯，将问题消灭在萌芽状态

一是驾驶人员应坚持对车辆日常保养、定期保养和换季保养，确保车况良好。行车前做好安全检查，检查高、低压电路是否存在短路、漏电、松动等情况。检查化油器是否回火、油路是否漏油、排气管是否放炮，如有问题，应立即检修。要保持蓄电池通气孔畅通，务必将问题消灭在萌芽状态。二是车内易燃易爆物品要集中有序管理，注意打火机、灭蚊剂等易燃易爆品的摆放，应统一放入杂物篮中，切勿将易燃物品放在仪表盘上。三是汽车不可违章操作，汽车内部线路不要乱接，以免造成局部负荷过大，令线路发热。四是当车辆进行修理或更换零件时应尽量选择正规修理厂和正规零配件。五是在停车时，也要尽量避开太阳曝晒的地方。

（四）加强客运车辆监督管理，消除火灾隐患

一是公安、消防、交通三部门应定期对客运系统进行消防安全专项整治联合检查，切实加强对营运车辆的管理，扎实做好消防安全工作；二是客运驾驶人员应做好乘客上车前的检查工作，严禁乘车人员携带易燃易爆化学危险物品上车，确保人、车的安全，注意统一管理旅客携带的行李物品；三是公交、客运、出租汽车车辆上应设醒目的禁止吸烟标志，禁止使用明火等标志。

第九节　汽车故障应急处理与检查

随着汽车工业的迅猛发展以及汽车消费的迅速普及，汽车已经成为一种代步工具进入千家万户，就像冰箱、彩电一样成为我们生活的必需品。现在，会开车的人越来越多，可是要真正懂车可就难了。车辆行驶在途中随时可能会出现各种各样的问题，驾车人在平时注意保养自已爱车的同时，也要掌握一些必要的故障识别处理能力，才能在问题出现的时候不至于手忙脚乱。下面介绍一些汽车故障问题的应急处理方法。

一、熄火

病症：夏季行车首先检查燃油的油量，燃油保持油表指示1/3以上的位置，因燃油箱的燃油越少所产生的气阻也就越大，越易产生熄火。

处方：避免长时间行驶，如长途可适当休息以降低燃油温度。注意观察水温，避免高温行驶，高温也会造成熄火。如在途中熄火不要慌乱，要注意安全，这时刹车及转向虽没有助力但同样有效。

如在途中熄火可将车停放于安全位置后打开燃油加注口及引擎盖约半小时可再次启动，但要注意听一下燃油泵是否有异常响声，如没有可正常行驶。

二、自燃

病症：夏季汽车自燃事故发生的频率要远远高于其他季节。

处方：造成汽车自燃的原因多种多样。常见的有：车体内的电线因维修或加装车内配置等原因暴露在外，行驶中发生摩擦、破损而造成短路起火；因油路有问题而产生漏油等现象，一旦出现静电火花往往起火。所以，在夏季驾驶员更应该对汽车的电路和油路做进一步的检查（现在轿车的技术越来越复杂，建议新驾驶员在维修站里请专业的技术人员进行检查）；随车一定要配备消防工具，以防万一。此外，不可加油过满。汽车油箱盖都有通气孔，如果汽油加得太满，行驶的颠簸会使汽油溢出，遇上静电就会引发火灾。

不要在车内放置打火机、可乐等易拉罐饮料，特别是仪表台上。强烈的太阳光穿过弯曲的风挡玻璃后，足以使以液化气、汽油为燃料的打火机发生爆炸或自燃引发火灾，也可以使罐装饮料炸开。

三、开锅

病症：“开锅”是炎热季节行车最常见的问题。对于驾驶者来讲，只要水温表显示偏高（一般轿车水温表进入红色区域内为水温过高），车就最好不要再开了。

处方：夏季开车时应随时留意水温表，发现水温偏高，应立即停车降温。预防开锅，平时应经常检查散热系统，如发动机散热器的叶片上是否有积垢，保持风扇、散热器等部件的机件灵敏，这些是发动机升温的重要原因；每天出车前检查一下水箱冷却液是否足够，如果不足应及时加满（如果临时没有防冻液可加，可用水代替，但最好使用纯净水）。

四、爆胎

病症：汽车在高温条件下行驶时，车辆运行轮胎散热慢，易使气压增高而引起爆胎，严重的将导致交通事故。

处方：夏季应经常注意轮胎气压，特别是在上高速公路行驶以前，更是要仔细检查。一般来讲，夏季轮胎的气压要低于正常胎压值 10% 左右。用胎压表可以测量到准确的胎压，最好去维修站测量。用户检查胎压最简单的方法就是学会目测车胎，通过观察轮胎接触地面的变形程度来判断轮胎的胎压是否正常。

夏日柏油路面容易软化，使车轮与路面的摩擦系数降低，制动性能下降，行驶中要注意控制车速，采取措施谨防侧滑。

附录：交通警察车辆管理常识手册

一、驾驶证业务常识

1. 驾驶证式样已经改变。新版驾驶证采用全国统一异形字体，发证机关印章为支队，增加了英文注释，取消了照片上的钢印，有效期签注方式变为与记分周期相对应，取消审验章，照片要求为一寸免冠白底彩照。

2. 驾驶证转籍不再需要提取档案，直接网络转档。

3. 增加了有效期为十年和长期的驾驶证。

4. 机动车驾驶证准驾车型对照表，见附表一。

5. 机动车驾驶证申请条件汇总表，见附表二。

二、机动车业务常识

1. 机动车检验周期一览表，见附表三。

2. 机动车号牌的分类规格及适用范围表，见附表四。

3. 机动车使用年限及行驶里程参考值汇总表，见附表五。

4. 六类残疾人可以驾驶的汽车，见附表六。

5. 机动车查验记录表，见附表七。

6. 校车查验记录表，见附表八。

7. 机动车安全检验记录单，见附表九。

8. 机动车规格术语分类表，见附表十。

9. 机动车结构术语分类表，见附表十一。

10. 机动车使用性质细类表，见附表十二。

附表一 机动车驾驶证准驾车型对照表

准驾车型	代号	准驾的车型	准驾的其他车型	每年提交身体条件证明	考试车辆的要求
大型客车	A1	大型载客汽车	A3、B1、B2、C1、C2、C3、C4、M	需要	车长不小于9米的大型普通载客汽车
牵引车	A2	重型、中型全挂、半挂汽车列车	B1、B2、C1、C2、C3、C4、M	需要	车长不小于12米的半挂汽车列车
城市公交车	A3	核载10人以上的城市公共汽车	C1、C2、C3、C4	需要	车长不小于9米的大型普通载客汽车
中型客车	B1	中型载客汽车（含核载10人以上19人以下的城市公共汽车）	C1、C2、C3、C4、M	需要	车长不小于5.8米的中型普通载客汽车
大型货车	B2	重型、中型载货汽车；大、重、中型专项作业车	C1、C2、C3、C4、M	需要	车长不小于9米，轴距不小于5米的重型普通载货汽车
小型汽车	C1	小型、微型载客汽车；轻型、微型载货汽车及轻、小、微型专项作业车	C2、C3、C4	70周岁以下不需要	车长不小于5米的轻型普通载货汽车，或者车长不小于4米的小型普通载客汽车，或者车长不小于4米的轿车
小型自动挡汽车	C2	小型、微型自动挡载客汽车以及轻型、微型自动挡载货汽车		70周岁以下不需要	车长不小于5米的轻型自动挡普通载货汽车，或者车长不小于4米的小型自动挡普通载客汽车，或者车长不小于4米的自动挡轿车
低速载货汽车	C3	低速载货汽车（原四轮农用运输车）	C4	70周岁以下不需要	由省级公安机关交通管理部门负责制定
三轮汽车	C4	三轮汽车（原三轮农用运输车）		70周岁以下不需要	由省级公安机关交通管理部门负责制定

续表

准驾车型	代号	准驾的车型	准驾的其他车型	每年提交身体条件证明	考试车辆的要求
残疾人专用小型自动挡载客汽车	C5	残疾人专用小型、微型自动挡载客汽车（只允许右下肢或者双下肢残疾人驾驶）		需要	
普通三轮摩托车	D	发动机排量大于50ml或者最大设计车速大于50km/h的三轮摩托车	E、F	70周岁以下不需要	至少有四个速度挡位的普通正三轮摩托车或者普通侧三轮摩托车
普通二轮摩托车	E	发动机排量大于50ml或者最大设计车速大于50km/h的二轮摩托车	F	70周岁以下不需要	至少有四个速度挡位的普通二轮摩托车
轻便摩托车	F	发动机排量小于等于50ml，最大设计车速小于等于50km/h的摩托车		70周岁以下不需要	由省级公安机关交通管理部门负责制定
轮式自行机械车	M	轮式自行机械车		70周岁以下不需要	由省级公安机关交通管理部门负责制定
无轨电车	N	无轨电车		需要	由省级公安机关交通管理部门负责制定
有轨电车	P	有轨电车		需要	由省级公安机关交通管理部门负责制定

附表二　机动车驾驶证申请条件汇总表

准驾车型	可否初学	身体条件		年龄条件		增驾条件	可否在暂住地申请
		身高 cm	视力	申请年龄岁	允许年龄岁	驾驶经历及记分情况	
A1	否	155	5.0	26～50	26～60	B1、B2 五年以上或 A2 两年以上，并且连续 5 个周期内无满分记录无死亡事故中负同等以上责任的记录，醉酒驾车、被吊销或者撤销机动车驾驶证未满十年的	不可
A2	否	155	5.0	24～50	24～60	B1、B2 三年以上或 A1 一年以上，且连续 3 个周期内无满分记录，无死亡事故中负同等以上责任的记录，醉酒驾车、被吊销或者撤销机动车驾驶证未满十年的	不可
A3	可	155	5.0	20～50	20～50	前一个周期内无满分记录	不可
B1	否	150	5.0	21～50	21～60	A3、B2、C1、C2、C3、C4 三年以上且连续 3 个周期内无满分记录无死亡事故中负同等以上责任的记录，醉酒驾车、被吊销或者撤销机动车驾驶证未满十年的	不可
B2	可	155	5.0	21～50	20～50	前一个周期内无满分记录无死亡事故中负同等以上责任的记录，醉酒驾车、被吊销或者撤销机动车驾驶证未满十年的	不可
C1	可	不限	4.9	18～70	18～	前一个周期内无满分记录	可
C2	可	不限	4.9	18～70	18～	前一个周期内无满分记录	可
C3	可	不限	4.9	18～60	18～70	前一个周期内无满分记录	可
C4	可	不限	4.9	18～60	18～70	前一个周期内无满分记录	可
C5	可	不限	4.9	18～70	18～		不可
D	可	不限	4.9	18～60	18～70	前一个周期内无满分记录	可
E	可	不限	4.9	18～60	18～70	前一个周期内无满分记录	可
F	可	不限	4.9	18～70	18～	前一个周期内无满分记录	可
M	可	不限	4.9	18～60	18～70	前一个周期内无满分记录	不可
N	可	155	5.0	21～50	20～50	前一个周期内无满分记录	不可
P	可	不限	5.0	21～50	20～50	前一个周期内无满分记录	不可

附表三　机动车检验周期一览表

车　型	两年一检	一年一检	一年两检	备注
营运载客汽车	——	5 年内	5 年以上	
载货汽车和大型、中型非营运载客汽车	——	10 年内	10 年以上	
小型、微型非营运载客汽车	6 年内	6 ~ 15 年	15 年以上	
摩托车	4 年内	4 年以上	——	
专用校车和非专用校车			全使用过程	
其他机动车	——	全使用过程	——	

附表四　机动车号牌的分类规格及适用范围表

序号	分类	外廓尺寸 mm × mm	颜色	数量	适用范围
1	大型汽车号牌	前：440 × 140 后：440 × 220	黄底黑字黑框线	2	中型（含）以上载客、载货汽车和专项作业车；半挂牵引车；电车
2	挂车号牌	440 × 220		1	全挂车和不与牵引车固定使用的半挂车
3	小型汽车号牌	440 × 140	蓝底白字白框线	2	中型以下的载客、载货汽车和专项作业车
4	使馆汽车号牌		黑底白字，红“使”“领”字白框线		驻华使馆的汽车
5	领馆汽车号牌				驻华领事馆的汽车
6	港澳入出境车号牌		黑底白字，白“港”“澳”字白框线		港澳地区入出内地的汽车
7	教练汽车号牌		黄底黑字，黑“学”字黑框线		教练用汽车
8	警用汽车号牌		白底黑字，红“警”字黑框线		汽车类警车
9	普通摩托车号牌	后：220 × 140	黄底黑字黑框线	1	普通二轮摩托车和普通三轮摩托车
10	轻便摩托车号牌		蓝底白字白框线		轻便摩托车
11	使馆摩托车号牌		黑底白字，红“使”“领”字白框线		驻华使馆的摩托车
12	领馆摩托车号牌				驻华领事馆的摩托车
13	教练摩托车号牌		黄底黑字，黑“学”字黑框线		教练用摩托车
14	警用摩托车号牌	220 × 140	白底黑字，红“警”字黑框线		摩托车类警车

续表

序号	分类	外廓尺寸 mm × mm	颜色	数量	适用范围
15	低速车号牌	300 × 165	黄底黑字黑框线	2	低速载货汽车、三轮汽车和轮式自行机械车
16	临时行驶车号牌	220 × 140	天（酞）蓝底纹黑字黑框线	2	行政辖区内临时行驶的载客汽车
				1	行政辖区内临时行驶的其他机动车
			棕黄底纹黑字黑框线	2	跨行政辖区临时移动的载客汽车
				1	跨行政辖区临时移动的其他机动车
			棕黄底纹黑字黑框线 黑“试”字	2	试验用载客汽车
				1	试验用其他机动车
			棕黄底纹黑字黑框线 黑“超”字	1	特型机动车，质量参数和/或尺寸参数超出 GB 1589 规定的汽车、挂车和汽车列车
17	临时入境汽车号牌	220 × 140	白底棕蓝色专用底纹，黑字黑边框	1	临时入境汽车
18	临时入境摩托车号牌	88 × 60		1	临时入境摩托车
19	拖拉机号牌	按 NY 345. 1 – 2005 执行			上道路行驶的拖拉机

附表五 机动车使用年限及行驶里程参考值汇总表

<table>
<tr><th colspan="5">车辆类型与用途</th><th>使用年限（年）</th><th>行驶里程参考值（万千米）</th></tr>
<tr><td rowspan="23">汽车</td><td rowspan="15">载客</td><td rowspan="11">营运</td><td rowspan="3">出租客运</td><td>小、微型</td><td>8</td><td>60</td></tr>
<tr><td>中型</td><td>10</td><td>50</td></tr>
<tr><td>大型</td><td>12</td><td>60</td></tr>
<tr><td colspan="2">租赁</td><td>15</td><td>60</td></tr>
<tr><td rowspan="3">教练</td><td>小型</td><td>10</td><td>50</td></tr>
<tr><td>中型</td><td>12</td><td>50</td></tr>
<tr><td>大型</td><td>15</td><td>60</td></tr>
<tr><td colspan="2">公交客运</td><td>13</td><td>40</td></tr>
<tr><td rowspan="3">其他（公路客运、旅游客运）</td><td>小、微型</td><td>10</td><td>60</td></tr>
<tr><td>中型</td><td>15</td><td>50</td></tr>
<tr><td>大型</td><td>15</td><td>80</td></tr>
<tr><td colspan="3">专用校车</td><td>15</td><td>40</td></tr>
<tr><td rowspan="3">非营运</td><td colspan="2">小、微型客车、大型轿车*</td><td>无</td><td>60</td></tr>
<tr><td colspan="2">中型客车</td><td>20</td><td>50</td></tr>
<tr><td colspan="2">大型客车</td><td>20</td><td>60</td></tr>
<tr><td colspan="2" rowspan="6">载货</td><td colspan="2">微型</td><td>12</td><td>50</td></tr>
<tr><td colspan="2">中、轻型</td><td>15</td><td>60</td></tr>
<tr><td colspan="2">重型</td><td>15</td><td>70</td></tr>
<tr><td colspan="2">危险品运输</td><td>10</td><td>40</td></tr>
<tr><td colspan="2">三轮汽车、装用单缸发动机的低速货车</td><td>9</td><td>无</td></tr>
<tr><td colspan="2">装用多缸发动机的低速货车</td><td>12</td><td>30</td></tr>
<tr><td colspan="2" rowspan="2">专项作业</td><td colspan="2">有载货功能</td><td>15</td><td>50</td></tr>
<tr><td colspan="2">无载货功能</td><td>30</td><td>50</td></tr>
<tr><td colspan="3" rowspan="4">挂车</td><td rowspan="3">半挂车</td><td>集装箱</td><td>20</td><td>无</td></tr>
<tr><td>危险品运输</td><td>10</td><td>无</td></tr>
<tr><td>其他</td><td>15</td><td>无</td></tr>
<tr><td colspan="2">全挂车</td><td>10</td><td>无</td></tr>
<tr><td colspan="3" rowspan="2">摩托车</td><td colspan="2">正三轮</td><td>12</td><td>10</td></tr>
<tr><td colspan="2">其他</td><td>13</td><td>12</td></tr>
<tr><td colspan="5">轮式专用机械车</td><td>无</td><td>50</td></tr>
</table>

* 商务部、发展改革委、公安部、环境保护部联合发布的，商务部 2012 年第 12 号令《机动车强制报废标准规定》自 2013 年 5 月 1 日起施行。

附表六　六类残疾人可以驾驶的汽车

序号	残疾类型	准驾车型	可驾驶的汽车类型
1	左下肢残疾	小型自动挡汽车 C2	小型、微型自动挡载客汽车和轻型、微型自动挡载货汽车
2	右下肢残疾	残疾人专用小型自动挡载客汽车 C5	残疾人专用小型、微型自动挡载客汽车
3	双下肢残疾	残疾人专用小型自动挡载客汽车 C5	残疾人专用小型、微型自动挡载客汽车
4	有听力障碍	小型汽车 C1、小型自动挡汽车 C2	小型、微型载客汽车和轻型、微型载货汽车（含手动和自动挡）
5	手指末节残缺或者左手有三指健全，且双手手掌完整	小型汽车 C1、小型自动挡汽车 C2、低速载货汽车 C3、三轮汽车 C4	小型、微型载客汽车和轻型、微型载货汽车（含手动和自动挡）、低速载货汽车、三轮汽车
6	一只手掌缺失，另一只手拇指健全，其他手指有两指健全，上肢和手指运动功能正常，且下肢符合本项第 3 目规定的	残疾人专用小型自动挡载客汽车 C5	残疾人专用小型、微型自动挡载客汽车

附表七　机动车查验记录表

号牌号码（流水号或其他与车辆能对应的号码）：　　　　　　　　　　　号牌种类：

<table>
<tr><td colspan="8">业务类型：□注册登记　□转入　□转移登记　□变更迁出　□变更车身颜色　□核发检验合格标志
□更换车身或者车架　□更换发动机　□变更使用性质　□重新打刻 VIN　□重新打刻发动机号
□更换整车　□加装/拆除操纵辅助装置　□申领登记证书　□补领登记证书　□监销　□其他</td></tr>
<tr><td>类别</td><td>序号</td><td>查验项目</td><td>判定</td><td>类别</td><td>序号</td><td>查验项目</td><td>判定</td></tr>
<tr><td rowspan="9">通用项目</td><td>1</td><td>车辆识别代号</td><td></td><td rowspan="4">大中型客车、危险化学品运输车</td><td>14</td><td>灭火器</td><td></td></tr>
<tr><td>2</td><td>发动机型号/号码</td><td></td><td>15</td><td>行驶记录装置、车内外录像监控装置</td><td></td></tr>
<tr><td>3</td><td>车辆品牌/型号</td><td></td><td>16</td><td>应急出口/应急锤、乘客门</td><td></td></tr>
<tr><td>4</td><td>车身颜色</td><td></td><td>17</td><td>外部标识/文字、喷涂</td><td></td></tr>
<tr><td>5</td><td>核定载人数</td><td></td><td rowspan="2">其　他</td><td>18</td><td>标志灯具、警报器</td><td></td></tr>
<tr><td>6</td><td>车辆类型</td><td></td><td>19</td><td>安全技术检验合格证明</td><td></td></tr>
<tr><td>7</td><td>号牌/车辆外观形状</td><td></td><td colspan="4" rowspan="3">查验结论：</td></tr>
<tr><td>8</td><td>轮胎完好情况</td><td></td></tr>
<tr><td>9</td><td>安全带、三角警告牌</td><td></td></tr>
<tr><td rowspan="4">货车挂车</td><td>10</td><td>外廓尺寸、轴数</td><td></td><td colspan="4" rowspan="2">查验员：
年　月　日</td></tr>
<tr><td>11</td><td>轮胎规格</td><td></td></tr>
<tr><td>12</td><td>侧后部防护装置</td><td></td><td rowspan="2">复检合格</td><td colspan="3" rowspan="2">查验员：
年　月　日</td></tr>
<tr><td>13</td><td>车身反光标识和车辆尾部标志板、喷涂</td><td></td></tr>
<tr><td colspan="4">机动车照片
（注册登记、转移登记、需要制作照片的变更登记、转入、监销）</td><td colspan="4">备　注：</td></tr>
<tr><td colspan="8">车辆识别代号（车架号）拓印膜
（注册登记、转移登记、转出、转入、更换车身或者车架、更换整车、申领登记证书、重新打刻 VIN）</td></tr>
</table>

说明：1. 填表时在对应的业务类型名称上画“√”；2. 对按照规定不需查验的项目，在对应的判定栏内画“—”；3. 本表所列查验项目判定不合格时在对应栏画“×”，本表以外的查验项目不合格时，在备注栏内注明情况，查验结论签注为“不合格”；所有查验项目合格，查验结论签注为“合格”；4. 复检合格时，查验员签字并签注日期；复检仍不合格的，不签注；5. 注册登记查验时，“车身颜色、核定载人数、车辆类型”判定栏内签注查验确定的相应内容，若相关凭证记载有相应的内容，在签注内容后签注“√”或“×”；变更颜色查验时签注车身颜色。

附表八　校车查验记录表

号牌号码（流水号或其他与车辆能对应的号码）：　　　　　　校车种类：□专用校车□非专用校车

<table>
<tr><td colspan="8">业务类型：□注册登记　□转入　□更换整车　□转移登记　□变更迁出　□更换车身或者车架
□申请校车使用许可　□核发检验合格标志/期满换发校车标牌　□非专用校车不再作为校车使用</td></tr>
<tr><td>类别</td><td>序号</td><td>查验项目</td><td>判定</td><td>类别</td><td>序号</td><td>查验项目</td><td>判定</td></tr>
<tr><td rowspan="9">通用项目</td><td>1</td><td>车辆识别代号</td><td></td><td rowspan="6">校车专用项目</td><td>16</td><td>车身外观标识</td><td></td></tr>
<tr><td>2</td><td>发动机型号/号码</td><td></td><td>17</td><td>照管人员座位</td><td></td></tr>
<tr><td>3</td><td>车辆品牌/型号</td><td></td><td>18</td><td>汽车安全带</td><td></td></tr>
<tr><td>4</td><td>车身颜色</td><td></td><td>19</td><td>车内外录像监控系统</td><td></td></tr>
<tr><td>5</td><td>核定载人数</td><td></td><td>20</td><td>辅助倒车装置</td><td></td></tr>
<tr><td>6</td><td>车辆类型</td><td></td><td>21</td><td>校车标牌</td><td></td></tr>
<tr><td>7</td><td>号牌/车辆外观形状</td><td></td><td>其他</td><td>22</td><td>安全技术检验合格证明</td><td></td></tr>
<tr><td>8</td><td>轮胎完好情况</td><td></td><td colspan="4" rowspan="4">查验结论：</td></tr>
<tr><td>9</td><td>三角警告牌</td><td></td></tr>
<tr><td rowspan="6">校车专用项目</td><td>10</td><td>校车标志灯</td><td></td></tr>
<tr><td>11</td><td>停车指示标志</td><td></td></tr>
<tr><td>12</td><td>具有行驶记录功能的卫星定位装置</td><td></td><td colspan="4" rowspan="2">查验员：
年　月　日</td></tr>
<tr><td>13</td><td>应急出口/应急锤</td><td></td></tr>
<tr><td>14</td><td>干粉灭火器</td><td></td><td colspan="2" rowspan="2">复检合格</td><td colspan="2" rowspan="2">查验员：
年　月　日</td></tr>
<tr><td>15</td><td>急救箱</td><td></td></tr>
<tr><td colspan="4">机动车照片
（核发检验合格标志/期满换发校车标牌
及专用校车变更迁出除外）</td><td colspan="4">备　注：
机动车所有人/申请人：
年　月　日</td></tr>
<tr><td colspan="8">车辆识别代号（车架号）拓印膜
（注册登记、转入、更换整车、转移登记、变更迁出、更换车身或者车架）</td></tr>
</table>

说明：1. 填表时在对应的校车类型和业务类型名称上画“√”；2. 对按照规定不需查验的项目，在对应的判定栏内画“—”；3. 本表所列查验项目判定不合格时在对应栏画“×”，本表以外的查验项目不合格时，在备注栏内注明情况，查验结论签注为“不合格”；所有查验项目合格，查验结论签注为“合格”；4. 复检合格时，查验员签字并签注日期；复检仍不合格的，不签注；5. 专用校车注册登记查验时，“车身颜色、核定载人数、车辆类型”判定栏内签注查验确定的相应内容；6. 非专用校车申请校车使用许可查验时，按照幼儿校车、小学生校车、中小学生校车、初中生校车四种情形分别核定乘坐的学生数和成人数，并签注在备注栏内。

附表九 机动车安全检验记录单

××××机动车安全检测站 代号：××× 检测流水号：×××

号牌（自编）号		车主			
号牌种类		车辆类型		前照灯制	
厂牌型号		燃料类别		检验类别	
发动机号		驱动形式		检测项目	
VIN（或车架）号		驻车轴		登录员	
出厂年月		初次登记日期		检验日期	
台 试 检 测 数 据				引车员：	

代号	项目		轮（轴）重（kg）		最大制动力（daN）		过程差最大差值点（daN）		制动率（%）	不平衡率（%）	阻滞率（%）		单项判定	项目判定	单项次数
			左	右	左	右	左	右			左	右			
B	制动	一轴													
		二轴													
		三轴													
		四轴													
		驻车													
		整车													

代号		项目	远光	远光偏移		近光偏移		灯中心高 mm		
			光强度（cd）	垂直（cm/dam）	水平（cm/dam）	垂直（cm/10m）	水平（cm/dam）			
H	前照灯	左外灯								
		左内灯								
		右内灯								
		右外灯								

代号									
X	排放	高怠速	CO（%）	HC（10^{-6}）	判定	怠速	CO（%）	HC（10^{-6}）	判定
		加速模拟工况	CO（%）	HC（10^{-6}）		NO（10^{-6}）			判定
		光吸收系数（m^{-1}）		烟度（R_B）				平均值	

续表

<table>
<tr><td>N</td><td>喇叭声级</td><td colspan="5">dB（A）</td><td></td><td></td></tr>
<tr><td>S</td><td>车速表</td><td colspan="5">km/h</td><td></td><td></td></tr>
<tr><td>A</td><td>侧滑</td><td colspan="5">m/km</td><td></td><td></td></tr>
<tr><td colspan="9">路　试　制　动　性　能</td></tr>
<tr><td colspan="2">制动距离（m）</td><td colspan="3"></td><td>检验员</td><td></td><td></td><td></td></tr>
<tr><td colspan="2">MFDD（m/s^2）</td><td></td><td>协调时间（s）</td><td></td><td>检验员</td><td></td><td></td><td></td></tr>
<tr><td colspan="2">制动稳定性</td><td colspan="3"></td><td>检验员</td><td></td><td></td><td></td></tr>
<tr><td colspan="9">人　工　检　验　结　果</td></tr>
<tr><td>1</td><td>外观检查不合格项</td><td colspan="3"></td><td>检验员</td><td></td><td></td><td></td></tr>
<tr><td>2</td><td>底盘动态检验不合格项</td><td colspan="3"></td><td>检验员</td><td></td><td></td><td></td></tr>
<tr><td>3</td><td>地沟检查不合格项</td><td colspan="3"></td><td>检验员</td><td></td><td></td><td></td></tr>
<tr><td colspan="2" rowspan="2">主任检验员
意见及签章</td><td colspan="3" rowspan="2"></td><td colspan="2">整车判定/总不合格次数</td><td></td><td></td></tr>
<tr><td rowspan="2">单位
盖章</td><td colspan="3" rowspan="2"></td></tr>
<tr><td colspan="2">备　　注</td><td colspan="3"></td></tr>
</table>

标记说明：O：合格　　×：不合格　　——：未检　　※：车轮抱死

附表十　机动车规格术语分类表

<table>
<tr><th colspan="3">分　类</th><th>说　明[c]</th></tr>
<tr><td rowspan="4">汽车</td><td rowspan="4">载客汽车a</td><td>大型</td><td>车长大于等于 6000mm 或者乘坐人数大于等于 20 人的载客汽车</td></tr>
<tr><td>中型</td><td>车长小于 6000mm 且乘坐人数为 10 ~ 19 人的载客汽车</td></tr>
<tr><td>小型</td><td>车长小于 6000mm 且乘坐人数小于等于 9 人的载客汽车，但不包括微型载客汽车</td></tr>
<tr><td>微型</td><td>车长小于等于 3500mm 且发动机气缸总排量小于等于 1000mL 的载客汽车</td></tr>
<tr><td rowspan="7">汽车</td><td rowspan="6">载货汽车</td><td>重型</td><td>最大允许总质量（以下简称总质量）大于等于 12000kg 的载货汽车</td></tr>
<tr><td>中型</td><td>车长大于等于 6000mm 或者总质量大于等于 4500kg 且小于 12000kg 的载货汽车，但不包括低速货车</td></tr>
<tr><td>轻型</td><td>车长小于 6000mm 且总质量小于 4500kg 的载货汽车，但不包括微型载货汽车和低速汽车（三轮汽车和低速货车的总称，下同）</td></tr>
<tr><td>微型</td><td>车长小于等于 3500mm 且总质量小于等于 1800kg 的载货汽车，但不包括低速汽车</td></tr>
<tr><td>三轮
（三轮汽车）</td><td>以柴油机为动力，最大设计车速小于等于 50km/h，总质量小于等于 2000kg，长小于等于 4600mm，宽小于等于 1600mm，高小于等于 2000mm，具有三个车轮的货车。其中，采用方向盘转向、由传递轴传递动力、有驾驶室且驾驶人座椅后有物品放置空间的，总质量小于等于 3000kg，车长小于等于 5200mm，宽小于等于 1800mm，高小于等于 2200mm。三轮汽车不应具有专项作业的功能</td></tr>
<tr><td>低速
（低速货车）</td><td>以柴油机为动力，最大设计车速小于 70km/h，总质量小于等于 4500kg，长小于等于 6000mm，宽小于等于 2000mm，高小于等于 2500mm，具有四个车轮的货车。
低速货车不应具有专项作业的功能</td></tr>
<tr><td colspan="2">专项作业车</td><td>专项作业车的规格术语分为重型、中型、轻型、微型，具体参照载货汽车的相关规定确定</td></tr>
<tr><td colspan="3">有轨电车</td><td>有轨电车的规格术语参照载客汽车的相关规定确定</td></tr>
<tr><td rowspan="2">摩托车</td><td colspan="2">普通</td><td>最大设计车速大于 50km/h 或者发动机气缸总排量大于 50mL 的摩托车</td></tr>
<tr><td colspan="2">轻便</td><td>最大设计车速小于等于 50km/h，且若使用发动机驱动，发动机气缸总排量小于等于 50mL 的摩托车</td></tr>
</table>

续表

<table>
<tr><th colspan="2">分　类</th><th>说　明[c]</th></tr>
<tr><td rowspan="3">挂车[b]</td><td>重型</td><td>总质量大于等于 12000kg 的挂车</td></tr>
<tr><td>中型</td><td>总质量大于等于 4500kg 且小于 12000kg 的挂车</td></tr>
<tr><td>轻型</td><td>总质量小于 4500kg 的挂车</td></tr>
<tr><td colspan="3">a 对《道路机动车辆生产企业及产品公告》记载的乘坐人数为区间的国产载客汽车（包括以载运人员为主要目的的专用汽车），以《道路机动车辆生产企业及产品公告》上记载的乘坐人数上限确定其规格术语。乘坐人数包括驾驶人。
b 不适用于设计和制造上需由拖拉机牵引的挂车。
c 机动车实车的车长与《道路机动车辆生产企业及产品公告》或者其他技术资料记载的机动车车长的公差应符合相关管理规定。</td></tr>
</table>

附表十一　机动车结构术语分类表

分类			说明
汽车	载客汽车	普通客车	车身为长方体或近似长方体，单层地板，一厢或两厢式结构，安装座椅的载客汽车，但不包括面包车
		双层客车	车身为长方体或近似长方体，双层地板，一厢或两厢式结构，安装座椅的载客汽车
		卧铺客车	车身为长方体或近似长方体，单层地板，一厢或两厢式结构，安装卧铺的载客汽车
		铰接客车	车身为长方体或近似长方体，单层地板，由铰接装置连接两个车厢且连通，安装座椅的载客汽车
		轿车	车身结构为两厢式且乘坐人数不超过5人，或者车身结构为三厢式且乘坐人数小于等于9人的载客汽车
		面包车	平头或短头车身结构，单层地板，发动机中置（指发动机缸体整体位于汽车前后轴之间的布置形式），宽高比（指整车车宽与车高的比值）小于等于0.90，乘坐人数小于等于9人，安装座椅的载客汽车
		专用校车	设计和制造上专门用于运送3周岁以上学龄前幼儿或义务教育阶段学生的载客汽车
		专用客车	需经特殊布置安排后才能载运人员（通常为特定人员）的载客汽车，如囚车、殡仪车、救护车、客车整车改装的运钞车等，包括旅居车、乘坐人数大于6人的专用汽车（如电力工程车），但不包括专用校车
		无轨电车[a]	以电动机驱动，与电力线相连，具有四个或四个以上车轮的非轨道承载道路车辆
		越野客车[a]	车身结构为一厢式或者两厢式，所有车轮能够同时驱动，接近角、离去角、纵向通过角、最小离地间隙等技术参数按照高通过性设计的载客汽车
	载货汽车[b]	普通货车	载货部位的结构为栏板的载货汽车（包括具有随车起重装置的栏板载货汽车），但不包括具有自动倾卸装置的载货汽车
		厢式货车	载货部位的结构为厢体且与驾驶室各自独立的载货汽车；厢体的顶部应封闭、不可开启
		仓栅式货车	载货部位的结构为仓笼式或栅栏式且与驾驶室各自独立的载货汽车；载货部位的顶部应安装有与侧面栅栏固定的、不能拆卸和调整的顶棚杆

续表

<table>
<tr><th colspan="3">分 类</th><th>说 明</th></tr>
<tr><td rowspan="11">汽车</td><td rowspan="9">载货汽车[b]</td><td>封闭货车</td><td>载货部位的结构为封闭厢体且与驾驶室连成一体，车身结构为一厢式或两厢式的载货汽车</td></tr>
<tr><td>罐式货车</td><td>载货部位的结构为封闭罐体的载货汽车</td></tr>
<tr><td>平板货车</td><td>载货部位的地板为平板结构且无栏板的载货汽车</td></tr>
<tr><td>集装箱车</td><td>载货部位为框架结构，专门运输集装箱的载货汽车</td></tr>
<tr><td>车辆运输车</td><td>载货部位经过特殊设计和制造，专门用于运输商品车的载货汽车</td></tr>
<tr><td>特殊结构货车</td><td>载货部位为特殊结构、专门运输特定物品的载货汽车，但不包括车辆运输车，如混凝土搅拌运输车</td></tr>
<tr><td>自卸货车[c]</td><td>载货部位的结构为栏板且具有自动倾卸装置的载货汽车</td></tr>
<tr><td>半挂牵引车</td><td>不具有载货结构，专门用于牵引半挂车的载货汽车</td></tr>
<tr><td>全挂牵引车</td><td>不具有载货结构，专门用于牵引全挂车的载货汽车</td></tr>
<tr><td rowspan="2">专项作业车</td><td>无载货功能的专项作业车（非载货专项作业车）</td><td>不具有载货结构，或者虽具有载货结构但核定载质量小于1000kg的专项作业车</td></tr>
<tr><td>有载货功能的专项作业车（载货专项作业车）</td><td>核定载质量大于等于1000kg的专项作业车</td></tr>
<tr><td rowspan="4">摩托车</td><td colspan="2">二轮摩托车</td><td>装有两个车轮的摩托车</td></tr>
<tr><td colspan="2">正三轮载客摩托车</td><td>装有与前轮对称分布的两个后轮，具有载客装置的摩托车</td></tr>
<tr><td colspan="2">正三轮载货摩托车</td><td>装有与前轮对称分布的两个后轮，具有载货装置的摩托车</td></tr>
<tr><td colspan="2">侧三轮摩托车</td><td>在二轮摩托车的右侧装有边车的摩托车</td></tr>
</table>

续表

分 类		说 明
全挂车	普通全挂车	载货部位为栏板结构的全挂车
	厢式全挂车	载货部位为封闭厢体结构的全挂车；厢体的顶部应封闭、不可开启
	仓栅式全挂车	载货部位的结构为仓笼式或栅栏式的全挂车；载货部位的顶部安装有与侧面栅栏固定的、不能拆卸和调整的顶棚杆
	罐式全挂车	载货部位为封闭罐体结构的全挂车
	平板全挂车	载货部位的地板为平板结构且无栏板的全挂车
	集装箱全挂车	载货部位为框架结构且无地板，专门运输集装箱的全挂车
	自卸全挂车[c]	载货部位的结构为栏板且具有自动倾卸装置的全挂车
	旅居全挂车	装备有必要的生活设施，用于旅游和野外工作人员宿营的全挂车
	专项作业全挂车	装置有专用设备或器具，用于专项作业的全挂车
中置轴挂车	中置轴旅居挂车	装备有必要的生活设施，用于旅游和野外工作人员宿营的中置轴挂车
	中置轴车辆运输车	设计和制造上专门用于运输商品车的并装双轴框架式中置轴挂车
	中置轴普通挂车	中置轴旅居挂车和中置轴车辆运输车以外的其他中置轴挂车
半挂车	普通半挂车	载货部位为栏板结构的半挂车
	厢式半挂车	载货部位为封闭厢体结构的半挂车；厢体的顶部应封闭、不可开启
	仓栅式半挂车	载货部位的结构为仓笼式或栅栏式的半挂车；载货部位的顶部应安装有与侧面栅栏固定的、不能拆卸和调整的顶棚杆
	罐式半挂车	载货部位为封闭罐体结构的半挂车
	平板半挂车	载货部位的地板为平板结构且无栏板的半挂车
	集装箱半挂车	载货部位为框架结构且无地板，专门运输集装箱的半挂车
	自卸半挂车[c]	载货部位的结构为栏板且具有自动倾卸装置的半挂车
	低平板半挂车	采用低货台（货台承载面离地高度不大于1150mm）、轮胎规格最大为8.25－20（8.25R20）、与牵引车的连接为鹅颈式且车长大于等于13m时车轴为轴线结构（一线二轴或二线四轴等）的半挂车
	车辆运输半挂车	载货部位经过特殊设计和制造，专门用于运输商品车的半挂车
	特殊结构半挂车	载货部位为特殊结构，专门运输特定物品的半挂车，但不包括车辆运输半挂车
	旅居半挂车	装备有必要的生活设施，用于旅游和野外工作人员宿营的半挂车
	专项作业半挂车	装置有专用设备或器具，用于专项作业的半挂车

续表

<table>
<tr><th colspan="2">分　类</th><th>说　明</th></tr>
<tr><td rowspan="3">轮式专用机械车</td><td>轮式装载机械</td><td>具有装卸设备的轮胎式自行机械</td></tr>
<tr><td>轮式挖掘机械</td><td>具有挖掘设备的轮胎式自行机械</td></tr>
<tr><td>轮式平地机械</td><td>具有平地设备的轮胎式自行机械</td></tr>
<tr><td colspan="3">[a]符合无轨电车或越野客车结构术语定义的汽车，即使同时符合其他客车结构术语的定义，也应确定为无轨电车或越野客车；同时符合两者结构术语定义的汽车，应确定为无轨电车。
[b]邮政车、冷藏车、保温车等以载运货物为主要目的的专用汽车，以及非客车整车改装的运钞车，根据其载货部位的结构特征确定为相对应的载货汽车。
[c]货车、全挂车和半挂车的载货部位为非栏板结构时，若载货部位具有自动倾卸装置，结构术语确定为“载货部位的结构特征 + 自卸”，如“平板自卸”。</td></tr>
</table>

附表十二　机动车使用性质细类表

分类		说明[a]
营运	公路客运	专门从事公路旅客运输的机动车
	公交客运	城市内专门从事公共交通客运的机动车
	出租客运	以行驶里程和时间计费，将乘客运载至其指定地点的机动车
	旅游客运	专门运载游客的机动车
	租赁	专门租赁给其他单位或者个人使用，以租用时间或者租用里程计费的机动车
	教练	专门从事驾驶技能培训的机动车
	货运	专门从事货物（危险货物除外）运输的机动车
	危化品运输	专门用于运输剧毒化学品、爆炸品、放射性物品、腐蚀性物品等危险化学品的机动车
非营运	警用	公安机关、国家安全机关、监狱、劳动教养管理机关和人民法院、人民检察院用于执行紧急职务的机动车
	消防	公安消防部队和其他消防部门用于灭火的专用机动车和现场指挥机动车
	救护	急救、医疗机构和卫生防疫部门用于抢救危重病人或处理紧急疫情的专用机动车
	工程救险	防汛、水利、电力、矿山、城建、交通、铁道等部门用于抢修公用设施、抢救人民生命财产的专用机动车和现场指挥机动车
	营转非	原为营运机动车，现改为非营运机动车
	出租转非	原为出租客运机动车，现改为非营运机动车
运送学生	运送幼儿（幼儿校车）	用于有组织地接送3周岁以上学龄前幼儿上下学的7座及7座以上载客汽车
	运送小学生（小学生校车）	用于有组织地接送小学生上下学的7座及7座以上载客汽车
	运送中小学生（中小学生校车）	用于有组织地接送义务教育阶段学生（小学生和初中生）上下学的7座及7座以上载客汽车
	运送初中生（初中生校车）	用于有组织地接送初中生上下学的7座及7座以上载客汽车

[a]非营运机动车没有对应细类的，使用性质确定为“非营运”。除使用性质确定为“非营运”“营转非”“出租转非”以外的机动车，为生产经营性车辆。

参考文献

[1] 王和主编:《道路交通管理通论》,浙江科学技术出版社 2008 年版。

[2] 汤三红、程志凯、胡大鹤主编:《道路交通管理教程》,中国人民公安大学出版社 2007 年版。

[3] 张传仁主编:《车辆管理学》,《城市交通管理》编辑部 1986 年版。

[4] 翟良贵等主编:《车辆与驾驶员管理》,群众出版社 1990 年版。

[5] 王建勇著:《中国道路交通和交通管理》,警官教育出版社 1995 年版。

[6] 丁立民主编:《道路交通管理》,警官教育出版社 1999 年版。

[7] 李啸、卢玫、韩三厚主编:《车辆管理教程》,中国人民公安大学出版社 2009 年版。

[8] 国家质量监督检验检疫总局产品质量监督司编:《机动车安全技术检验基础讲座》(专业篇),中国标准出版社 2006 年版。

[9] 公安部道路交通管理标准化技术委员会编:《〈机动车运行安全技术条件〉理解与实施》(GB7258-2004),中国标准出版社 2004 年版。

[10] 李兵主编:《道路交通管理学》,安徽人民出版社 1993 年版。

[11] 李俊著:《人性化城市交通发展研究》,中国社会科学出版社 2007 年版。

[12] 崔俊杰、张保成、续彦芳编著:《汽车安全与保养》,冶金工业出版社 2006 年版。

[13] 庄继德著:《汽车系统工程》,机械工业出版社 1997 年版。

[14] 胡大鹤主编:《车辆管理学》,黄河出版社 2000 年版。

[15] 金治富主编:《交通心理学》,中国人民公安大学出版社 2003 年版。

[16] 谷志杰主编:《车辆与驾驶员管理》,中国人民公安大学出版社 2001 年版。

[17] 王炜、过秀成等编著:《交通工程学》,东南大学出版社 2011 年版。

[18] 陆化普编著:《城市交通现代化管理》,人民交通出版社 1999 年版。

[19] 刘舒燕主编:《交通运输系统工程》,人民交通出版社 2006 年版。

［20］过秀成编著：《道路交通安全学》，东南大学出版社 2001 年版。

［21］黄卫、陈里得编著：《智能运输系统（ITS）概论》，人民交通出版社 1999 年版。

［22］李江、傅晓光、李作敏著：《现代道路交通管理》，人民交通出版社 2000 年版。

［23］徐吉谦著：《交通工程总论》，人民交通出版社 2002 年版。

［24］冯桂炎著：《实用交通工程学》，湖南大学出版社 1987 年版。

［25］段里仁：《中国交通安全问题及对策》，载《中国公共安全》2002 年第 3 期。

［26］刘玉增著：《公安交通管理导论》，四川大学出版社 2004 年版。

［27］陆化普等著：《城市交通管理评价体系》，人民交通出版社 2003 年版。

［28］谢忠华：《论汽车新技术与未来发展趋势》，载《现代商贸工业》2013 年第 4 期。

［29］胡安生：《汽车新动力的发展趋势研究（下）》，载《汽车工业研究》2005 年第 9 期。

［30］张晓艳：《汽车新技术的应用与发展现状研究》，载《电子制作》2014 年第 20 期。

［31］诸彤宇、王家川、陈志宏：《车联网技术初探》，载《公路交通科技》2011 年第 5 期。

［32］熊和金：《智能汽车系统研究的若干问题》，载《交通运输工程学报》2001 年第 2 期。

［33］史文库：《现代汽车新技术》，国防工业出版社 2011 年版。

［34］魏帮顶：《现代汽车安全技术》，北京理工大学出版社 2012 年版。